示范性应用技术大学系列创新教材

SERIES OF TEACHING MATERIALS OF INNOVATION FOR EXEMPLARY UNIVERSITIES OF APPLIED TECHNOLOGY

高等学校电子信息类专业系列教材

单片机原理及应用

(基于 C51+Proteus 仿真)

主　编　李文方

副主编　李海霞　乐丽琴　付瑞玲

西安电子科技大学出版社

内 容 简 介

本书共分为 11 章，涵盖了 AT89S51 单片机应用技术的基本内容。其中，第 1 章介绍了单片机的基本概念、发展历史及发展趋势等；第 2 章介绍了 AT89S51 单片机的硬件结构及硬件资源；第 3 章介绍了 C51 语言的编程基础、Keil C51 开发软件的使用及 Proteus 虚拟仿真平台的基本功能及使用方法；第 4 章介绍了 AT89S51 单片机 I/O 端口的基本应用，包括系统的显示与键盘接口的实现，为综合应用的学习打下基础；第 5 章至第 7 章分别介绍了 AT89S51 单片机的中断系统、定时器/计数器及串行口的工作原理及应用案例；第 8 章至第 10 章介绍了单片机并行扩展技术、串行扩展技术、模/数及数/模转换技术等；第 11 章介绍了单片机应用系统设计的方法，并介绍了各种常见的应用设计案例，供读者参考借鉴。

本书可作为高等院校机械设计与自动化、电子信息工程、测控技术与仪器、电气工程及其自动化等专业的单片机课程教材，也适于单片机爱好者自学和工程技术人员参考之用。

图书在版编目(CIP)数据

单片机原理及应用：基于 C51+Proteus 仿真 / 李文方主编. --西安：西安电子科技大学出版社，2023.10
ISBN 978–7–5606–6922–9

Ⅰ.①单… Ⅱ.①李… Ⅲ.① 单片微型计算机 Ⅳ.① TP368.1

中国国家版本馆 CIP 数据核字(2023)第 128453 号

策　　划　秦志峰
责任编辑　赵婧丽
出版发行　西安电子科技大学出版社(西安市太白南路 2 号)
电　　话　(029)88202421　88201467　　　邮　　编　710071
网　　址　www.xduph.com　　　　　　电子邮箱　xdupfxb001@163.com
经　　销　新华书店
印刷单位　咸阳华盛印务有限责任公司
版　　次　2023 年 10 月第 1 版　　2023 年 10 月第 1 次印刷
开　　本　787 毫米×1092 毫米　1/16　印　张　17
字　　数　400 千字
印　　数　1～2000 册
定　　价　45.00 元

ISBN 978-7-5606-6922-9/TP

XDUP 7224001-1

如有印装问题可调换

前　言

通用计算机系统和嵌入式计算机系统是现代计算机技术的两大分支，单片机是嵌入式计算机系统中的典型代表，也是各种智能型电子产品设计中常用的控制器。单片机控制技术是融计算机技术与自动控制技术为一体的综合性、实践性比较强的一门技术，也是很多大中专院校中电子信息和机电类专业学生的必修课，其先修课程为电路分析、模拟电子技术和数字电子技术等。

MCS-51 系列机型的出现是单片机产业发展中的里程碑，历经 40 多年发展，MCS-51 已经形成为品种多、功能全、性价比高、用户群庞大的系列产品，是 8 位单片机的技术标准，也是国内高校最为流行的单片机教学机型。本书以 AT89S51 单片机为主体，介绍单片机的原理、结构和应用。

本书是编者多年来在单片机教学研究和工程实践基础上参阅了相关资料编写而成的。全书分为三个部分——原理和结构、接口及应用、仿真开发工具，全面讲述了 AT89S51 单片机的硬件结构、C51 编程及 Proteus 仿真、外围接口技术及应用，并介绍了单片机应用系统设计的一般方法、步骤和设计实例。全书力求反映近年来单片机应用及教学领域的新发展和新趋势。每章后面附有习题，便于读者对相关内容的学习。

本书在编写体例和内容选择上具有以下鲜明特色：

(1) 虚拟仿真工具 Proteus 贯穿课程的教学及设计开发中的应用，大量的应用实例可以用作课外设计之参考；突破了传统教学模式及传统设计开发形式，将仿真融入课程教学，体现了本课程改革的趋势和方向。

(2) 采用了 C51 编程，并与工程实际应用紧密结合。为了提高读者的编程调试能力，还对 C51 开发调试工具 Keil μVision4 进行了介绍。

(3) 重点突出单片机的实用性和实践性，在讲解基本理论知识的基础上结合工程设计实际列举了大量的实例，培养学生的综合素质与创新能力。

(4) 对仿真开发系统的功能及使用进行了较详细的说明，以加强读者系统开发能力的培养。

李文方担任本书主编，李海霞、乐丽琴、付瑞玲担任副主编。具体分工如下：李文方负责全书体例的设计、程序的运行和调试，并完成了第 4 章至第 7 章的编写；李海霞完成了第 1 章至第 3 章的编写及全书的统稿工作；乐丽琴完成了第 10 章和第 11 章的编写；付瑞玲完成了第 8 章和第 9 章的编写。

由于编者学识有限，书中难免存在错误和疏漏之处，敬请广大读者批评指正，可同本书主编联系(邮箱：41441677@qq.com)。

编　者

2022 年 11 月

目　录

第 1 章　单片机概述

1.1　单片机的定义

单片机的全称是单芯片微型计算机(Single Chip Microcomputer)，也称作微控制器(Micro Controller Unit)，它是将中央处理单元 CPU(Center Processing Unit，微处理器)、数据存储器 RAM(Random Access Memory，随机读写存储器)、程序存储器 ROM(Read Only Memory，只读存储器)以及 I/O(Input/Output，输入/输出)接口集成在一块芯片上，构成的一个计算机系统。

单片机是计算机技术发展史上的重要里程碑，它的出现标志着计算机正式形成了通用计算机系统和嵌入式计算机系统两大分支。所谓嵌入式计算机系统，就是嵌入到对象体系中的专用计算机系统。嵌入性、专用性与计算机系统是嵌入式系统的三个基本要素。对象体系则是指嵌入式系统中所嵌入的宿主系统。按照上述嵌入式系统的定义，只要满足定义中三要素的计算机系统，都可称为嵌入式系统。嵌入式系统按形态可分为设备级(工控机)、板级(单板、模块)、芯片级(MCU、SOC(System On Chip)，片上系统)，单片机是嵌入式系统中的一种常用器件。

单片机按用途可分为通用型和专用型两大类。

(1) 通用型单片机。通用型单片机是指单片机内部可开发的资源全部提供给用户，用户根据需要，配以外围接口电路及外围设备，并编写相应软件来满足各种不同的系统设计需求。

(2) 专用型单片机。专用型单片机是专门针对某些产品的特定用途而制作的，其基本结构和工作原理以通用型单片机为基础。例如，在各种家用电器或汽车电子中，单片机制造商家会与产品厂家合作，设计和生产"专用"的单片机，这种单片机在设计时会综合考虑性价比，以达到系统结构最简化、可靠性和成本最佳化。

1.2　单片机的特点及应用

由于单片机本身就是一个微型计算机，因此只要在单片机的外部适当增加一些必要的外围扩展电路，就可以灵活地构成各种应用系统，如工业自动检测监视系统、数据采集系统、自动控制系统、智能仪器仪表等。

单片机以其独有的优良性能，被广泛应用到各个领域，其特点可概括如下。

(1) 集成度高、体积小。单片机把各个功能部件集成在一块芯片上，内部采用总线结构，减少了各芯片之间的连接，从而使单片机的体积大大减小，方便组装，方便嵌入各种功能控制设备和仪器，真正做到了机、电、仪一体化。

(2) 可靠性高、适用温度范围宽。单片机具有较强的抗干扰能力和适应能力，对于强磁场环境易采取屏蔽措施，适合于在恶劣环境下工作。这是其他计算机产品无法比拟的。

(3) 性能价格比优良。单片机功能较强、价格便宜，并且应用系统的印刷电路板小、插接件少，同时应用系统的硬件设计较为简单，研制周期较短，性价比较高，易于产品化，这是单片机推广应用的重要因素，也是各大公司竞争的主要策略。

(4) 控制功能强。单片机是微型计算机中一个重要的发展分支，虽然它的体积小，但是"五脏俱全"，它适用于专门的控制用途。在工业测控应用中，单片机的逻辑控制功能及运行速度均高于同一档次的微型计算机。

(5) 外部总线丰富、功能扩展性强。单片机可以很容易构成各种规模的应用系统，易实现多机和分布式控制，从而使整个控制系统的效率和可靠性提高。

(6) 低功耗。单片机适用于各种携带式产品和家用电器产品。

单片机在测控系统中发挥着重要的作用。单片机出现后，绝大部分运算和控制功能由单片机软件程序实现，信号前端处理及输出显示等功能则由片内外围功能部件实现。

单片机在我们的日常生活和工作中无处不在：家用电器中的电子表、洗衣机、电饭煲、豆浆机、电子秤；住宅小区的监控系统、电梯智能化控制系统；汽车电子设备中的 ABS、GPS、ESP、TPMS；医用设备中的呼吸机、各种分析仪、监护仪、病床呼叫系统；公交汽车、地铁站的 IC 卡读卡机，滚动显示车次和时间的 LED 点阵显示屏；电脑的外设，如键盘、鼠标、光驱、打印机、复印件、传真机、调制解调器；计算机网络的通信设备；智能化仪表中的万用表、示波器、逻辑分析仪；工厂流水线的智能化管理系统，成套设备中关键工作点的分布式监控系统；导弹的导航装置，飞机上的各种仪表等。

1.3　单片机的发展历史

单片机的发展可以分为四个阶段。

单片机发展的第一阶段：最早的单片机诞生于 1974 年 12 月，美国仙童公司推出了 8 位的 F8 单片机，实际上只包括了 8 位 CPU、64B RAM 和 2 个并行口。这是单片机发展的最初期阶段。

单片机发展的第二阶段：具有代表性的事件是 1976 年 Intel 公司推出了 MCS-48 单片机系列的第一款产品 8048。这款单片机在一个芯片内集成了超过 17 000 个晶体管，包含一个 CPU，1KB 的 EPROM(Erasable Programmable Read Only Memory，可擦可编程只读存储器)，64 字节的 RAM，27 个 I/O 端口和一个 8 位的定时器。8048 很快就成为控制领域的工业标准，起初被广泛用于替代诸如洗衣机和交通灯等产品中的控制部分。

单片机发展的第三阶段：1980 年，Intel 公司在 MCS-48 的基础上推出了 MCS-51 系列的第一款单片机 8051，单片机的功耗、大小和复杂程度都提高了一个数量级。与 8048 相比，8051 集成了超过 60 000 个晶体管，拥有 4KB 的 ROM，128B 的 RAM，32 个 I/O 接口，1 个串行通信接口和 2 个 16 位的定时器。经过四十多年的发展，MCS-51 系列单片机已经形成了一个规模庞大、功能齐全、资源丰富的产品群。

单片机发展的第四阶段：20 世纪 90 年代是单片机的大发展时期，Mortorola、Intel、ATMEL、德州仪器(TI)、三菱、日立、PHILIPS、LG 等公司开发了一大批性能优越的单片机。近年来，不少新型高集成度的单片机涌现。

目前，除 8 位单片机得到广泛应用外，16 位单片机、32 位单片机也受到广大用户青睐，并在现阶段得到了飞速的发展和应用。

1.4 MCS-51 系列单片机及其主要类型

MCS-51 系列单片机是 Intel 公司生产的一个系列的单片机的总称。20 世纪 80 年代中期以后，由于 Intel 公司将重点放在高档微处理器芯片的开发上，所以将其 MCS-51 系列中的 80C51 内核使用权以专利互换或出售的形式转让给了全世界许多著名 IC 设计厂家，如 AMTEL、PHILIPS、ANALOG DEVICES、DALLAS 等。这些厂家生产的单片机是 MCS-51 系列单片机的兼容产品，或者说是与 MCS-51 指令系统兼容的单片机。MCS-51 系列单片机是商业化单片机的鼻祖，多年来积累的技术资料和开发经验是其他系列单片机所不能比拟的，事实上 MCS-51 系列单片机已经成为 8 位单片机的行业标准。所以，本书以 MCS-51 系列单片机的典型代表(AT89S51 单片机型号)为对象进行讲述。

目前，市面上的单片机型号繁多，凡是采用 8051 内核且使用 8051 指令系统的单片机，习惯上统称为 8051 单片机或 MCS-51 系列单片机。

MCS-51 系列单片机按照功能可以划分为基本型单片机和增强型单片机。

(1) 基本型单片机。基本型的典型产品有 8031/8051/8751。8031 内部包括 1 个 8 位 CPU、128B RAM、21 个特殊功能寄存器(SFR)、4 个 8 位并行 I/O 口、1 个全双工串行口、2 个 16 位定时器/计数器、5 个中断源，但片内无程序存储器，需外扩程序存储器芯片。8051 是在 8031 的基础上，片内集成的 4KB ROM 作为程序存储器，所以 8051 是一个程序不超过 4 KB 的小系统。ROM 内的程序是公司制作芯片时代为用户烧制的。8751 与 8051 相比，片内集成 4 KB EPROM 取代 8051 的 4KB ROM 作为程序存储器。

(2) 增强型单片机。增强型的典型产品有 8032/8052/8752。8052 内部的 RAM 增加到 256B，片内程序存储器扩展到 8KB，16 位定时器/计数器增至 3 个，有 6 个中断源，串行口通信速率提高 5 倍。表 1-1 列出了基本型和增强型单片机的片内硬件资源。

表 1-1 MCS-51 系列单片机的片内硬件资源

	型号	片内程序 存储器	片内数据 存储器/B	I/O 口线 /位	定时器/计数器 /个	中断源 个数/个
基本型	8031	无	128	32	2	5
	8051	4KB ROM	128	32	2	5
	8751	4KB EPROM	128	32	2	5
增强型	8032	无	256	32	3	6
	8052	8KB ROM	256	32	3	6
	8752	8KB EPROM	256	32	3	6

目前,应用比较广泛的单片机有 ATMEL 公司的 AT89S51/52 单片机、STC 系列单片机、MSP430 系列单片机、AVR 单片机等,可以满足不同的设计系统对功耗、速度以及成本等方面的需求。此外,某些品种又增加了一些新功能,如看门狗定时器 WDT、IAP(In Appplication Program,在应用中可编程)、ISP(In System Programming,在系统编程,也称在线编程)及 SPI 串行接口技术等,使得单片机系统的开发越来越方便。

1.5 单片机的发展趋势

目前,单片机的发展有以下几个主要的趋势。

(1) 低功耗。单片机多数是采用 CMOS(金属栅氧化物)半导体工艺生产的。CMOS 芯片除了低功耗这一特性之外,还具有功耗的可控性。CMOS 电路的特点是低功耗、高密度、低速度、低价格。采用双极型半导体工艺的 TTL 电路速度快,但功耗和芯片面积较大。随着技术和工艺水平的提高,又出现了 HMOS(高密度、高速度 MOS)和 CHMOS(互补金属氧化物 HMOS)工艺。CHMOS 工艺是 CMOS 工艺和 HMOS 工艺的结合。目前生产的 CHMOS 电路已达到 LSTTL 的速度,传输延迟时间小于 2ns,它的综合优势已优于 TTL 电路。因而,在单片机领域 CMOS 正在逐渐取代 TTL 电路。几乎所有的单片机都有 WAIT、STOP 等省电运行方式,允许使用的电压范围越来越宽,一般在 3~6 V 范围内工作。8051F9XX 单片机的最低电压为 0.9 V,而 ATMEL 公司的 0.7 V TinyAVR 可以使用一个钮扣电池供电。

(2) 外围电路内装。目前单片机的集成度不断提高,除了必须具有的 CPU、ROM、RAM、定时器/计数器等以外,片内集成的部件还有模/数转换器、人机界面、通信接口、I^2C、SPI 、CAN、USB 总线等。人机界面技术开始只在高端单片机产品上,现在已经延伸到中低端单片机上,这就是工业产品的消费化趋势。AVR、PIC 单片机都支持 LCD、触摸传感功能。ATMEL 的 Qtouch 技术与 Pico Power MCU 和触摸软件库形成低成本方案。伴随着互联网的广泛应用,各种有线和无线的通信方式与单片机结合得越发紧密。CAN、USB、Ethernet 已经成为 32 位单片机的基本组成部分。无线技术在工业和消费电子产品中的应用越来越多。如 TI 公司的 CC2430,称为无线单片机,它是一种集成了单片机和无线收发模块的 SOC。

(3) 大容量。为了适应复杂控制领域的要求,单片机生产厂家纷纷运用新的工艺,使片内存储器大容量化。目前单片机内 ROM 最大可达 64 KB,RAM 最大可达 2 KB。

(4) 高速化。高速化主要是指进一步加强 CPU 的性能,加快指令运算的速度和提高系统控制的可靠性。采用精简指令集(RISC)结构和流水线技术,可以大幅度提高运行速度。现阶段单片机的指令速度已高达 100MIPS(Million Instruction Per Seconds,即兆指令每秒),并加强了位处理、中断和定时控制功能。这类单片机的运算速度比标准的单片机高出 10 倍以上。由于这类单片机有极高的指令速度,可以使用软件模拟其 I/O 功能,因此引入了虚拟外设的新概念。

(5) 低价格、小容量。以 4 位、8 位机为中心的小容量、低价格化也是发展趋势之一。这类单片机的用途是把以往用数字逻辑集成电路组成的控制电路单片化,可广泛应用于家电产品。

第 2 章　AT89S51 单片机的结构和原理

　　对学习单片机而言，掌握其基本的结构和原理是对学习者的基本要求，也是整个学习过程的基础。本章主要介绍 AT89S51 单片机的结构和原理，包括内部结构、外部引脚及功能，并介绍了其工作方式以及单片机工作过程中时序的概念和指令时序，为后续单片机的学习奠定基础。

2.1　AT89S51 单片机的结构

2.1.1　AT89S51 单片机的内部结构

　　AT89S51 单片机的内部结构如图 2-1 所示。

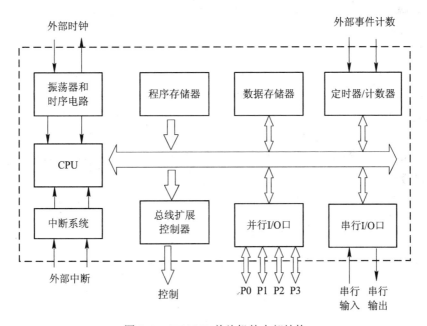

图 2-1　AT89S51 单片机的内部结构

1. 中央处理器 CPU

　　CPU 即中央处理器，是单片机内部的核心部件，由运算器和控制器两大部分组成，它决定了单片机的字长、数据处理和运行速度、中断和实时控制等主要功能特性。下面分别介绍。

1) 运算器

运算器是计算机的运算部件,用于完成算术运算、逻辑运算、位运算、数据传送等操作。它是由算术逻辑单元 ALU(Arithmetic Logic Unit)、累加器 ACC(Accumulator)、寄存器 B、程序状态寄存器 PSW(Program Status Word)和专门用于位操作的布尔处理器等组成的。

(1) 算术逻辑单元 ALU。ALU 是一个 8 位加法器,用来完成布尔代数的逻辑运算和二进制数的四则运算,并且通过对运算结果的判断,影响程序状态寄存器 PSW 的相关标志位。

(2) 累加器 ACC。累加器 ACC 也可以简称为累加器 A,它是 CPU 中使用频率最高的一个 8 位寄存器。大部分指令的操作数和全部运算的中间结果都存放在累加器 ACC 中。

(3) 寄存器 B。寄存器 B 是一个 8 位寄存器,在执行乘法指令时,寄存器 B 用于存放另一个乘数和乘积的高 8 位;在执行除法指令时,寄存器 B 用于存放除数和余数。此外,寄存器 B 也可作为一般的数据寄存器使用。

(4) 程序状态寄存器 PSW。程序状态寄存器 PSW 是一个 8 位特殊功能寄存器,它的各位包含了程序运行的状态信息,以供程序查询和判断。PSW 也称为程序状态字,其格式及含义如表 2-1 所示。

表 2-1　PSW 状态字格式及含义

PSW 位地址	D7H	D6H	D5H	D4H	D3H	D2H	D1H	D0H
字节地址	CY	AC	F0	RS1	RS0	OV	F1	P

• CY (PSW.7)进位标志位。CY 是 PSW 中最常用的标志位。由硬件或软件置位和清零。它的功能有两个:一是表示运算结果是否有进位(或借位),在执行加法运算时如果运算结果 D7 位向更高位有进位或者在执行减法运算时 D7 位向更高位有借位,则 CY 由硬件置 1,否则 CY 被清 0;二是在位操作中,作为累加器 C 使用。

• AC (PSW.6)辅助进位标志位。在执行加、减运算过程中,当低四位向高四位产生进位或借位时,AC 由硬件置 1;否则,AC 被自动清 0。

• F0 (PSW.5)用户标志位。它是供用户定义的标志位,可通过软件置位或清 0。在编程时,由它的状态控制程序的转移方向。

• RS1 和 RS0 (PSW.4 和 PSW.3)工作寄存器组选择位。这两位的值决定选择哪一组工作寄存器为当前工作寄存器组。由用户通过软件改变 RS1 和 RS0 值的组合,以切换当前选用的工作寄存器组。工作寄存器组的选择规律如表 2-2 所示。

表 2-2　通用工作寄存器组的选择

RS1	RS0	寄存器组	片内 RAM 地址
0	0	第 0 组	00H～07H
0	1	第 1 组	08H～0FH
1	0	第 2 组	10H～17H
1	1	第 3 组	18H～1FH

• OV(PSW.2)溢出标志位。它反映运算结果是否溢出,溢出时则由硬件将 OV 置 1,否则清 0。

- F1(PSW.1)用户标志位，同 F0(PSW.5)。

- P(PSW.0)奇偶标志位，表明累加器 ACC 中 1 的个数的奇偶性。在每条指令执行完后，单片机根据 ACC 的内容对 P 位自动置位或复位。若累加器 ACC 中有奇数个 1，则 P=1；若累加器 ACC 中有偶数个 1，则 P=0。

2) 控制器

控制器是 CPU 的大脑中枢。它包括指令寄存器 IR(Instruction Register)、程序计数器 PC(Program Counter)、指令译码器 ID(Instruction Decoder)、数据指针寄存器 DPTR(Data Pointor Register)、堆栈指针 SP(Stack Pointer)以及控制电路(时序电路、中断控制电路、微操作控制电路)等。它能够对存储器中的指令进行译码，并在规定的时刻通过定时电路和控制电路发出各种控制信号，使各部件协调统一工作，完成规定的指令。

(1) 程序计数器 PC。PC 是一个 16 位的地址指针，用于存放将要执行的下一条指令的地址，具有自动加 1 的功能，从而可以控制指令执行的顺序。它可对 64 KB 的程序存储器直接寻址。复位时，PC=0000H，使程序初始化。

因为 PC 本身没有具体的地址，所以用户无法对它进行直接读/写操作，但可以通过转移、调用、返回等指令改变 PC 值，从而实现程序执行顺序的改变。

(2) 数据指针寄存器 DPTR。DPTR 是一个 16 位寄存器，具有两种功能：一是当访问外部程序存储器和外部数据存储器时，它用于存放 16 位的地址；二是编程时，DPTR 可按 16 位寄存器使用，或者按两个 8 位寄存器分开使用，即 DPH 和 DPL，DPH 为 DPTR 的高 8 位，DPL 为 DPTR 的低 8 位。

2．定时器/计数器

AT89S51 单片机内有两个 16 位可编程的定时器/计数器：定时器/计数器 0 和定时器/计数器 1，记为 T0(Timer 0)和 T1(Timer 1)。它们分别由两个 8 位寄存器组成，即 T0 由 TH0(高 8 位)和 TL0(低 8 位)构成，T1 由 TH1(高 8 位)和 TL1(低 8 位)构成。在定时工作时，时钟由单片机内部提供；在计数工作时，时钟脉冲由外部提供。

3．串行口

AT89S51 单片机内部有一个串行数据缓冲寄存器 SBUF，占用内部 RAM 地址单元 99H，可直接寻址。在机器内部实际上有两个 8 位数据缓冲寄存器，即发送缓冲寄存器和接收缓冲寄存器，可单独或同时收、发数据。

4．中断系统

AT89S51 单片机可以接收 5 个中断源，即 2 个外部中断源、2 个定时器/计数器中断源和 1 个串行口中断源，每个中断分为高级和低级两个优先级别。它可以接受外部中断申请、定时器/计数器中断申请和串行口中断申请，便于故障自动处理、实时操作控制等。

2.1.2　AT89S51 单片机外部引脚及功能

AT89S51 有不同的封装形式，其中标准的 40 引脚双列直插封装(Dual In-line Package，DIP)方式引脚排列如图 2-2 所示，从引脚功能来看，可将引脚分为 4 个部分。

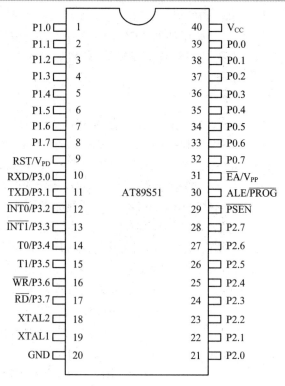

图 2-2　AT89S51 单片机引脚排列

1．电源引脚

(1) V_{CC}：接+5 V 电源。

(2) GND：接地。

2．时钟引脚

XTAL1 和 XTAL2：时钟引脚，外接晶体引线端。当使用芯片内部时钟时，此两引脚端用于外接石英晶体振荡器和微调电容；当使用外部时钟时，XTAL2 引脚接外部时钟脉冲信号，XTAL1 引脚接地。

3．控制信号引脚

(1) RST/V_{PD}：RST 是复位信号输入端，V_{PD} 是备用电源输入端。当 RST 输入端保持 2 个机器周期以上高电平时，单片机完成复位初始化操作。

当主电源 V_{CC} 发生故障而突然下降到一定低电压或断电时，第二功能 V_{PD} 将为片内 RAM 提供电源，以保护片内 RAM 中的信息不丢失。

(2) ALE/$\overline{PROG}$：地址锁定允许信号输出端。在访问外部存储器时，ALE 用于锁存出现在 P0 口的低 8 位地址信号，以实现低位地址和数据的分离。当单片机正常工作后，ALE 端以时钟振荡频率的 1/6 固定频率周期性地向外输出正脉冲信号。此引脚的第二功能 $\overline{PROG}$ 是对片内带有 4K 字节 EPROM 的 8751 固化程序时作为编程脉冲输入端。

(3) $\overline{PSEN}$：程序存储器允许输出端。它是片外程序存储器的读选通信号，低电平有效。CPU 从外部程序存储器取指令时，$\overline{PSEN}$ 信号会自动产生负脉冲，作为外部程序存储器的选通信号。

(4) $\overline{\text{EA}}/\text{V}_{\text{PP}}$：程序存储器地址允许输入端。当 $\overline{\text{EA}}$ 为高电平时，CPU 执行片内程序存储器指令，但当 PC 中的值超过 0FFFH 时，将自动转向执行片外程序存储器指令；当 $\overline{\text{EA}}$ 为低电平时，CPU 只执行片外程序存储器指令。对 8031 单片机，$\overline{\text{EA}}$ 必须接低电平；对 AT89S51 单片机，该端接高电平；在 8751 中，当对片内 EPROM 编程时，该端接 21 V 的编程电压。

4．I/O 口

(1) P0.0～P0.7：P0 口为 8 位双向 I/O 口。

(2) P1.0～P1.7：P1 口为 8 位准双向 I/O 口。

(3) P2.0～P2.7：P2 口为 8 位准双向 I/O 口。

(4) P3.0～P3.7：P3 口为 8 位准双向 I/O 口。

2.2　AT89S51 单片机的存储器

数据存储器 RAM 也叫随机存取存储器，主要用来存放暂时性的输入/输出数据、运算的中间结果、标志位以及数据的暂存和缓冲等。程序存储器 ROM 也叫只读存储器，用来存放程序和表格。

AT89S51 单片机的存储器空间可分为 4 类，包括片内 RAM、片外 RAM、片内 ROM、片外 ROM。其结构如图 2-3 所示。

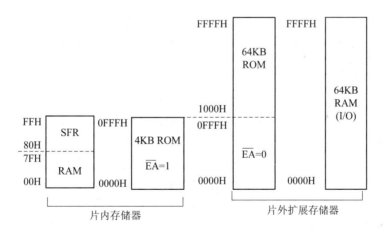

图 2-3　AT89S51 单片机的存储器空间

2.2.1　程序存储器

程序存储器 ROM 分为片内程序存储器和片外程序存储器。

片内程序存储器为 4KB 的 Flash 存储器，编程和擦除全是电气实现，且速度快。可用通用编程器编程，也可在线编程。片内 ROM 的地址范围为 0000H～0FFFH，当片内 4KB 的 Flash 存储器不够用时，可在片外扩展程序存储器。AT89S51 单片机有 16 条地址总线，最多可扩展至 64 KB 程序存储器。

　　单片机在工作时，CPU 访问片内 ROM 还是片外 ROM，可由 $\overline{EA}$ 引脚电平决定。当 $\overline{EA}$ 端接高电平时，AT89S51 单片机的程序计数器 PC 在 0000H～0FFFH 地址范围内(即前 4KB 地址时)执行片内 ROM 中的程序，在 1000H～FFFFH 地址范围内时自动执行片外程序存储器中的程序；当 $\overline{EA}$ 端接低电平时，只能读取外部程序存储器的程序代码，片外存储器可以从 0000H 开始编址。

2.2.2　数据存储器

1. 片外数据存储器 RAM

　　一般需要外部扩展时才使用，最多可扩展 64 KB 的片外 RAM，地址为 0000H～FFFFH。

2. 片内数据存储器 RAM

　　片内 RAM 共有 128B，地址范围为 00H～7FH。按照它的用途划分为工作寄存器区、位寻址区和用户 RAM 区，如表 2-3 所示。

表 2-3　片内 RAM 低 128B 功能分布

30H～7FH	用户 RAM 区(数据缓冲区、堆栈区)
20H～2FH	位寻址区(00H～7FH)
18H～1FH	工作寄存器第 3 区(R0～R7)
10H～17H	工作寄存器第 2 区(R0～R7)
08H～0FH	工作寄存器第 1 区(R0～R7)
00H～07H	工作寄存器第 0 区(R0～R7)

　　1) 工作寄存器区

　　工作寄存器的功能和使用不作预先的规定，所以又称为通用寄存器。它可以存放操作数和中间结果等，字节地址为 00H～1FH，共 32B，又分为 4 个寄存器组，每个组有 8 个单元，用 R0～R7 来表示，如表 2-3 所示。

　　在任一时刻，CPU 只能使用其中的一组寄存器，并且把正在使用的那组寄存器称为当前工作寄存器组，这个组的 8 个单元分别是 R0～R7 工作寄存器。如果选择某个组后，其他 3 个寄存器组只能作为数据存储器使用。具体哪个组是当前工作寄存器组，由程序状态字寄存器 PSW 中的 RS0 位和 RS1 位来决定。当前工作寄存器组为 CPU 提供了便利的就近数据存储条件，提高了单片机的运算速度和编程的灵活性。

　　2) 位寻址区

　　内部 RAM 中的 20H～2FH，是 16 个单元的位寻址区。它是布尔处理区，有自己的位地址，统一编址为 00H～7FH，一个地址代表一位，共 128 位。

　　位寻址区既可以采用字节寻址，也可采用位寻址。16 个字节单元共 128 位，每位有位地址，以便进行位操作，CPU 能直接寻址这些位，执行置 1、清 0、求反、转移、传送等操作。位地址分配如表 2-4 所示，其中，MSB(Most Significant Bit)表示最高有效位，LSB(Lost Significant Bit)表示最低有效位。

表 2-4 内部 RAM 位寻址区的位地址分配表

字节地址	MSB ← 位地址 → LSB							
	D7	D6	D5	D4	D3	D2	D1	D0
2FH	7FH	7EH	7DH	7CH	7BH	7AH	79H	78H
2EH	77H	76H	75H	74H	73H	72H	71H	70H
2DH	6FH	6EH	6DH	6CH	6BH	6AH	69H	68H
2CH	67H	66H	65H	64H	63H	62H	61H	60H
2BH	5FH	5EH	5DH	5CH	5BH	5AH	59H	58H
2AH	57H	56H	55H	54H	53H	52H	51H	50H
29H	4FH	4EH	4DH	4CH	4BH	4AH	49H	48H
28H	47H	46H	45H	44H	43H	42H	41H	40H
27H	3FH	3EH	3DH	3CH	3BH	3AH	39H	38H
26H	37H	36H	35H	34H	33H	32H	31H	30H
25H	2FH	2EH	2DH	2CH	2BH	2AH	29H	28H
24H	27H	26H	25H	24H	23H	22H	21H	20H
23H	1FH	1EH	1DH	1CH	1BH	1AH	19H	18H
22H	17H	16H	15H	14H	13H	12H	11H	10H
21H	0FH	0EH	0DH	0CH	0BH	0AH	09H	08H
20H	07H	06H	05H	04H	03H	02H	01H	00H

3) 用户 RAM 区

用户 RAM 区是位寻址区之后的 30H～7FH 单元，共 80B。单片机对用户 RAM 区的使用没有任何规定或限制，这些单元可作为数据缓冲区使用，在一般应用中，常把堆栈开辟在此区中。

2.2.3 特殊功能寄存器(SFR)

AT89S51 单片机片内有 26 个特殊功能寄存器，11 个可位寻址的特殊功能寄存器是不连续地分布在内部 RAM 的高 128 单元之中的。对特殊功能寄存器只能使用直接寻址方式，书写时既可使用寄存器符号，也可使用寄存器单元地址。AT89S51 单片机片内 26 个特殊功能寄存器的名称、符号及字节地址如表 2-5 所示。

表 2-5　特殊功能寄存器表

SFR 符号	名称	位地址/位符号(寄存器名.位序)								字节地址	复位值
B	B 寄存器	F7H	F6H	F5H	F4H	F3H	F2H	F1H	F0H	F0H	00H
A	累加器	E7H	E6H	E5H	E4H	E3H	E2H	E1H	E0H	E0H	00H
PSW	程序状态寄存器	D7H	D6H	D5H	D4H	D3H	D2H	D1H	D0H	D0H	00H
		CY	AC	F0	RS1	RS0	OV	F1	P		
IP	中断优先级控制寄存器	BFH	BEH	BDH	BCH	BBH	BAH	B9H	B8H	B8H	××000000B
		—	—	—	PS	PT1	PX1	PT0	PX0		
P3	P3 端口寄存器	B7H	B6H	B5H	B4H	B3H	B2H	B1H	B0H	B0H	FFH
		P3.7	P3.6	P3.5	P3.4	P3.3	P3.2	P3.1	P3.0		
IE	中断允许控制寄存器	AFH	AEH	ADH	ACH	ABH	AAH	A9H	A8H	A8H	0××00000B
		EA	—	—	ES	ET1	EX1	ET0	EX0		
WDTRST	看门狗复位寄存器									A6H	×××××× ××B
AUXR1	辅助寄存器									A2H	×××××× ×0B
P2	P2 端口寄存器	A7H	A6H	A5H	A4H	A3H	A2H	A1H	A0H	A0H	FFH
		P2.7	P2.6	P2.5	P2.4	P2.3	P2.2	P2.1	P2.0		
SBUF	串行口缓存寄存器									99H	×××××× ××B
SCON	串行口控制寄存器	9FH	9EH	9DH	9CH	9BH	9AH	99H	98H	98H	00H
		SM0	SM1	SM2	REN	TB8	RB8	TI	RI		
P1	P1 端口寄存器	97H	96H	95H	94H	93H	92H	91H	90H	90H	FFH
		P1.7	P1.6	P1.5	P1.4	P1.3	P1.2	P1.1	P1.0		

续表

SFR 符号	名称	位地址/位符号(寄存器名.位序)								字节地址	复位值
AUXR	辅助寄存器									8EH	×××00×× 0H
TH1	T1 高 8 位									8DH	00H
TH0	T0 高 8 位									8CH	00H
TL1	T1 低 8 位									8BH	00H
TL0	T0 低 8 位									8AH	00H
TMOD	串行方式控制寄存器	GATE	C/$\overline{\text{T}}$	M1	M0	GATE	C/$\overline{\text{T}}$	M1	M0	89H	00H
TCON	定时控制寄存器	8FH TF1	8EH TR1	8DH TF0	8CH TR0	8BH IE1	8AH IT1	89H IE0	88H IT0	88H	00H
PCON	电源控制寄存器	SMOD	—	—	—	GF1	GF0	PD	IDL	87H	0×××0000B
DPH1	DPTR1 高 8 位									85H	00H
DPL1	DPTR1 低 8 位									84H	00H
DPH0	DPTR0 高 8 位									83H	00H
DPL0	DPTR0 低 8 位									82H	00H
SP	堆栈指针									81H	07H
P0	P0 端口寄存器	87H P0.7	86H P0.6	85H P0.5	84H P0.4	83H P0.3	82H P0.2	81H P0.1	80H P0.0	80H	FFH

2.3　AT89S51 单片机的并行 I/O 口

AT89S51 单片机有 4 个 8 位并行 I/O 端口，称为 P0、P1、P2、P3 口，各端口均由输出锁存器、输出驱动器和输入缓冲器组成，每个端口均可按字节输入、输出，也可以按位进行输入、输出。它们是 CPU 与外部设备的典型输入/输出端口，可以很方便地实现 CPU 与外部设备及芯片的信息交换。本节详细介绍了这 4 个并行 I/O 口的位结构。

2.3.1　P0 口

P0 口既可以作为单片机系统的地址/数据总线使用，也可作为通用 I/O 口使用。因此，在 P0 口的电路中有一个多路转接电路 MUX。

P0 口的位结构如图 2-4 所示，它由一个数据输出锁存器、两个三态数据输入缓冲器、一个数据输出的驱动电路和一个输出控制电路组成。当对 P0 口进行写操作时，由锁存器和驱动电路构成数据输出通路。由于通路中已有输入锁存器，因此数据输出时可以与外部设备直接连接，而不需再加数据锁存电路。

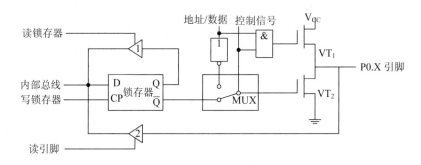

图 2-4　P0 口的位结构图

在控制信号的作用下，多路转接电路 MUX 可以分别接通锁存器输出或地址/数据线。

(1) P0 口作为通用的 I/O 口使用时，内部的控制信号为 0，封锁与门，将输出电路的上拉场效应管(FET)截止，同时使多路转接电路 MUX 接通锁存器 $\overline{Q}$ 端的输出通路。

① 当 P0 口作为输出口使用时，内部的写脉冲加在 D 触发器的 CP 端，数据写入锁存器，并向端口输出。需要注意的是，当 P0 口进行一般的 I/O 输出时，由于输出电路是漏极开路电路，因此必须外接上拉电阻才能有高电平输出。

② 当 P0 口作为输入口使用时，应区分读引脚和读端口两种情况，为此，在端口电路中有两个用于读入驱动的三态缓冲器。所谓读引脚即读芯片引脚的数据，这时使用数据缓冲器 2，由读引脚信号将缓冲器打开，把端口引脚上的数据从缓冲器通过内部总线读进来。当 P0 口进行读引脚输入时，必须先向电路中的锁存器写入 1 使 FET 截止，以避免锁存器为 0 状态时对引脚读入的封锁。

读端口是指通过缓冲器 1 读锁存器 Q 端的状态。在端口已处于输出状态的情况下，Q 端与引脚信号是一致的，这样安排的目的是为了适应对端口进行读—修改—写操作指令的需要。对于这类读—修改—写指令，不直接读引脚而读锁存器是为了避免可能出现的错误。因为在端口已处于输出状态的情况下，如果端口的负载恰是一个晶体管的基极，导通了的 PN 结会把端口引脚的高电平拉低，这样直接读引脚就会把本来的 1 误读为 0；但若从锁存器 Q 端读，就能避免这样的错误，得到正确的数据。

(2) 在扩展系统中，P0 口作为地址/数据总线使用时，用作输出低 8 位地址总线和输入/输出 8 位数据总线。

① 分时输出低 8 位地址及 8 位数据。P0 口分时输出低 8 位地址及 8 位数据时，若地址/数据总线的状态为 1，则场效应管 VT_1 导通，VT_2 截止，引脚状态为 1；若地址/数据总线的状态为 0，则场效应管 VT_1 截止，VT_2 导通，引脚状态为 0；P0.X 的状态正好与地址/数据的状态相同。

② 输入 8 位数据。P0 口输入 8 位数据时，控制信号自动转为 0，使多路开关拨向锁存器 $\overline{Q}$ 端，CPU 自动向 P0 口写入 FFH，这时 VT_1 和 VT_2 同时截止，引脚悬空(高阻状态)，在读引脚信号的作用下，传送到引脚上的外部数据经三态缓冲器 2 读入内部数据总线。

2.3.2　P1 口

P1 口是唯一的单功能口，仅能作为通用 I/O 口使用，所以在电路结构上与 P0 口有一些不同之处。首先它不再需要多路转接电路 MUX；其次是电路的内部有上拉电阻，与场效应管共同组成输出驱动电路。所以，P1 口作为输出口使用时，已经能向外提供推拉电流负载，不需要再外接上拉电阻。当 P1 口作为输入口使用时，同样也需先向锁存器写 1，使输出驱动电路的 FET 截止。P1 口的内部结构如图 2-5 所示。

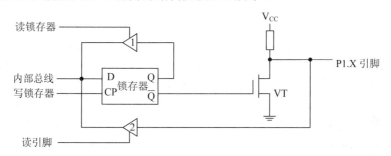

图 2-5　P1 口的位结构图

P1 口作为通用输出口使用时，数据经内部总线、锁存器反相输出端 $\overline{Q}$、VT 管栅极和漏极到 P1.X 引脚。若 CPU 输出 1，在写锁存器时钟作用下，锁存器反相输出端 $\overline{Q}$ 为低电平，场效应管 VT 截止，漏极输出高电平，P1.X 引脚输出 1；若 CPU 输出 0，在写锁存器时钟作用下，锁存器反相输出端 $\overline{Q}$ 为高电平，场效应管 VT 导通，漏极输出低电平(场效应管漏、源之间的导通电阻很小，仅为几十欧到几百欧，而漏极等效上拉电阻一般为数十千欧，分压后，P1.X 引脚电位近似为 0，故 P1.X 引脚输出低电平)，P1.X 引脚输出 0。

P1 口作为通用输入口使用时，根据指令的不同，也有读锁存器和读引脚两种输入方式。读锁存器时，锁存器输出端 Q 的状态经输入缓冲器三态门 1 进入内部总线；读引脚时，必须先向锁存器写 1，使场效应管 VT 截止，P1.X 引脚上的电平状态经输入缓冲器三态门 2 进入内部总线。

2.3.3　P2 口

P2 口结构与 P0 口类似，也是一个双功能口，在结构上比 P0 口电路少了一个输出转换控制部分，多路转接电路 MUX 由 CPU 命令控制，且 P2 口的内部接有固定的上拉电阻。P2 口结构如图 2-6 所示。

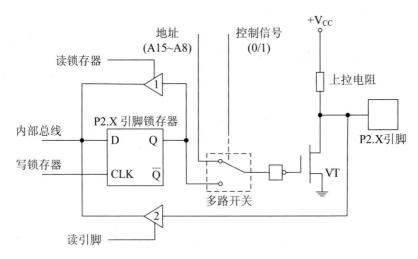

图 2-6　P2 口的位结构图

(1) P2 口可用作通用输入/输出口，也是一个准双向口。P2 口用作通用输入/输出口时，电路中控制线上的开关控制信号为 0，多路开关受开关控制信号的作用，将开关拨向锁存器的 Q 端。

① P2 口用作输出口时，若 CPU 输出 1，内部总线上的数据在写锁存器信号的作用下由 D 端进入锁存器，则 Q = 1，Q 端的状态通过多路开关经反相器反相后送至场效应管 VT，使场效应管 VT 截止，所以 P2.X 引脚的输出为 1；同理，若 CPU 输出 0，则 Q = 0，场效应管 VT 导通，P2.X 引脚的输出为 0。

② P2 口用作输入口时，根据指令的不同也有读锁存器和读引脚两种输入方式。读锁存器时，锁存器的输出端 Q 的状态经输入缓冲器进入内部总线；读引脚时，必须先向锁存器写 1，使场效应管 VT 截止，外部传送到 P2.X 引脚上的电平状态经输入缓冲器三态门 2 进入内部总线。

(2) 当系统中有片外存储器时，P2 口用于输出高 8 位地址。此时，MUX 在 CPU 的控制下，接通地址信号，开关控制信号为 1，地址信号经反相器和场效应管两次反相送到 P2.X 引脚。因此，若地址线为 1，则使场效应管 VT 截止，P2.X 引脚的输出为 1；若地址线为 0，则场效应管 VT 导通，P2.X 引脚的输出为 0。

应当注意：当 P2 口的 8 位不需要全部用作地址总线时(根据片外存储器的扩展容量而定)，剩余的口线不可以再用作通用输入/输出端口。

2.3.4　P3 口

P3 口也是双功能口，其内部结构如图 2-7 所示。

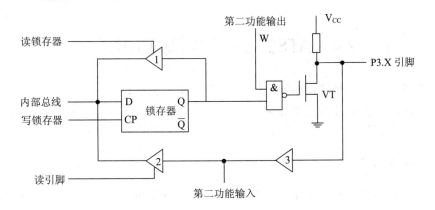

图 2-7　P3 口的位结构图

在实际应用电路中，P3 口的第二功能显得更为重要。因此，它既可作为通用 I/O 口使用，又具有第二功能，当工作于第二功能时，各位的定义如表 2-6 所示。

表 2-6　P3 口的第二功能

口线	第 二 功 能	信 号 名 称
P3.0	RXD	串行数据接收
P3.1	TXD	串行数据发送
P3.2	$\overline{INT0}$	外部中断 0 申请
P3.3	$\overline{INT1}$	外部中断 1 申请
P3.4	T0	定时器/计数器 0 计数输入
P3.5	T1	定时器/计数器 1 计数输入
P3.6	$\overline{WR}$	外部 RAM 写选通
P3.7	$\overline{RD}$	外部 RAM 读选通

(1) P3 口作为 I/O 使用时，单片机硬件自动将第二功能输出端置 1，与非门开通，这时与非门相当于一个反相器，锁存器的输出可通过与非门反相后送至场效应管，再输出到引脚。此时，若 CPU 输出 1，则 Q＝1，场效应管 VT 截止，P3.X 引脚的输出为 1；若 CPU 输出 0，则 Q＝0，场效应管 VT 导通，P3.X 引脚的输出为 0。

当实现读引脚输入时，也需要先对锁存器写 1，使场效应管 VT 截止，传至引脚上的信息通过缓冲器三态门 3 和三态门 2 进入内部总线

(2) P3 口输出第二功能信号时，该位的锁存器自动置 1，使与非门对第二功能信号的输出是畅通的，从而实现第二功能信号的输出。

若第二功能输出端输出为 1，则场效应管 VT 截止，P3.X 引脚的输出为 1；若第二功能输出端输出为 0，则场效应管 VT 导通，P3.X 引脚的输出为 0。

(3) P3 口输入第二功能信号时，第二功能输出端与 Q 端均为高电平 1，场效应管 VT 截止，P3.X 引脚的第二功能信号通过缓冲器三态门 3 送到第二功能输入端。

P3 口第二功能的信号是单片机的主要控制信号，在实际使用时，总是按需要优先选用它的第二功能，剩下不用的才作为输入/输出线使用。

2.4　AT89S51 单片机的工作方式

单片机的工作方式是进行系统设计的基础,也是单片机应用技术人员必须熟悉的问题。AT89S51 系列单片机的工作方式很多,本节主要介绍其中的几种,包括复位方式、程序执行方式、节电方式等。

2.4.1　复位工作方式

复位是单片机的初始化操作,复位后,PC 初始化 0000H,使单片机从 0000H 单元开始执行程序。所以单片机除了正常的初始化外,当程序运行出错或由于操作错误而使系统处于死循环时,也需要按复位键以重新启动机器。复位不影响片内 RAM 存放内容,而 ALE 和 $\overline{PSEN}$ 在复位期间将输出高电平。

单片机复位后,程序计数器 PC 和特殊功能寄存器的状态如表 2-7 所示。

表 2-7　单片机复位后有关寄存器的状态

寄存器	复位状态	寄存器	复位状态
PC	0000H	TCON	00H
ACC	00H	TL0	00H
PSW	00H	TH0	00H
SP	07H	TL1	00H
DPTR	0000H	TH1	00H
P0～P3	FFH	SCON	00H
IP	××000000B	SBUF	×××××××B
IE	0×000000B	PCON	0×××0000B
TMOD	00H		

RST 引脚是复位信号的输入端,复位信号为高电平有效。当高电平持续 24 个振荡脉冲周期(即 2 个机器周期)以上时,单片机完成复位。假如使用晶振频率为 6 MHz,则复位信号持续时间应不小于 4 μs。

复位分为上电自动复位和按键手动复位两种方式。复位电路中的电阻、电容数值是为了保证在 RST 端能够保持 2 个机器周期以上的高电平以完成复位而设定的。上电自动复位是在单片机接通电源时,对电容充电来实现的,如图 2-8(a)所示。上电瞬间,RST 端电位与 V_{CC} 相同。随着充电电流的减小,RST 端的电位逐渐下降,只要在 RST 端有足够长的时间保持阈值电压,单片机便可自动复位。

按键手动复位实际上是上电复位兼按键手动复位。当手动开关常开时,为上电复位。按下按键再松开,可以实现上电自动复位。按键手动复位电路如图 2-8(b)所示。

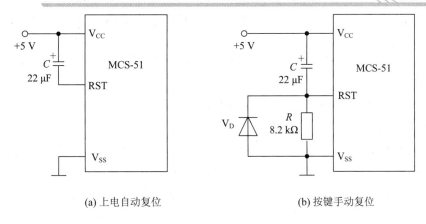

(a) 上电自动复位　　　　　　　　　　　(b) 按键手动复位

图 2-8　　AT89S51 单片机复位电路

上述电路图中的电阻、电容参数适于 6～12 MHz 晶振。

2.4.2　程序执行方式

程序执行方式是单片机的基本工作方式，由于复位后 PC=0000H，因此程序总是从地址 0000H 开始执行的。程序执行方式又可分为连续执行和单步执行两种。

1．连续执行方式

连续执行方式是从指定地址开始连续执行程序存储器 ROM 中存放的程序。单片机按照程序的顺序逐条执行程序指令，连续执行方式是单片机工作过程中最常见的方式。

2．单步执行方式

程序的单步执行方式是在单步运行键的控制下实现的，每按一次单步运行键，程序顺序执行一条指令。单步执行方式通常只在用户调试程序时使用，用于逐条指令地观察程序的执行情况。

2.4.3　节电方式

采用 CHMOS 工艺的 51 系列单片机是 CMOS 和 HMOS 相结合的产物，不仅运行时耗电少，而且还提供了 2 种省电工作方式，即空闲工作方式和掉电工作方式，目的是尽可能地降低系统的功耗。在掉电工作方式下，单片机由后备电源供电。掉电工作方式是由电源控制寄存器 PCON 中的相关位来控制的，PCON 寄存器的控制格式如表 2-8 所示。

表 2-8　　PCON 寄存器的控制格式

位序	D7	D6	D5	D4	D3	D2	D1	D0
位符号	SMOD	—	—	—	GF1	GF0	PD	IDL

其中，表 2-8 中各位的说明如下。

SMOD：波特率倍频位。当串行端口工作于方式 1、方式 2、方式 3，并且使用定时器作为波特率产生器时，若其为 1，则波特率加倍。

GF1、GF0：一般用途标志位，用户可自行设定或清除这两个标志。通常使用这两个标志位来指明中断是在正常操作还是在待机期间发生的。

PD：掉电方式控制位。此位置为 1 时，进入掉电工作方式；此位置为 0 时，结束掉电工作方式。

IDL：空闲方式控制位。此位置为 1 时，进入空闲工作方式；此位置为 0 时，结束空闲工作方式。

如果 PD 和 IDL 两位都被置为 1，则 PD 优先有效。

1. 空闲工作方式

可通过置位 PCON 寄存器的 IDL 位来进入空闲工作方式。在空闲工作方式下，内部时钟不向 CPU 提供，只供给中断、串行口、定时器部分。CPU 的内部状态维持，即包括堆栈指针 SP、程序计数器 PC、程序状态寄存器 PSW、累加器 ACC 的所有内容保持不变，片内 RAM 和端口状态也保持不变，所有中断和外围功能仍然有效。

2. 掉电工作方式

可通过置位 PCON 寄存器的 PD 位来进入掉电工作方式。在掉电工作方式下，内部振荡器停止工作，由于没有振荡时钟，所有的功能部件都将停止工作，但内部 RAM 区和特殊功能寄存器的内容被保留。退出掉电方式的唯一方法是由硬件复位，复位后将所有特殊功能寄存器的内容初始化，但不改变片内 RAM 区的数据。

2.5 AT89S51 单片机时钟电路及工作时序

单片机的 CPU 实质上是一个复杂的同步时序电路，这个时序电路是在时钟脉冲的推动下工作的。单片机的工作时序，是指在指令执行过程中，CPU 的控制器所发出的一系列特定的控制信号在时间上的先后关系。本节主要介绍了单片机的时钟电路及工作时序的基本概念，然后论述了 AT89S51 单片机在执行指令过程中的时序关系。

2.5.1 AT89S51 单片机的时钟电路

为了保证单片机各部分同步工作，电路应在唯一的时钟信号控制下，严格地按规定时序工作。而时钟电路就用于产生单片机工作所需要的时钟信号。AT89S51 单片机时钟振荡电路示意图如图 2-9 所示。

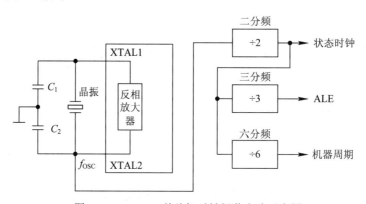

图 2-9 AT89S51 单片机时钟振荡电路示意图

在 AT89S51 芯片内部有一个高增益反相放大器，用于构成振荡器。反相放大器的输入端为引脚 XTAL1，输出端为引脚 XTAL2，在芯片的外部通过这两个引脚跨接晶体振荡器和微调电容 C_1、C_2 形成反馈电路，可构成稳定的自激振荡器，振荡频率范围通常是 1.2～12 MHz。晶体振荡频率高，则系统的时钟频率也高，单片机的运行速度也就快。

在图 2-9 中，使用晶体振荡器时，C_1、C_2 取值(30 ± 10) pF；使用陶瓷振荡器时，C_1、C_2 取值(40 ± 10) pF。C_1、C_2 的取值虽然没有严格的要求，但电容的大小影响振荡电路的稳定性和快速性，通常取值 20～30 pF。在设计印制电路板时，晶振和电容等应尽可能靠近芯片，以减少分布电容，保证振荡器振荡的稳定性。

振荡电路产生的振荡脉冲并不直接使用，而是经分频后再为系统所用。振荡脉冲在片内通过一个时钟发生电路二分频后才作为系统的时钟信号。片内时钟发生电路实质上是一个二分频的触发器，其输入来自振荡器，输出为二相时钟信号，即状态时钟信号，其频率为 $f_{osc}/2$；状态时钟三分频后为 ALE 信号，其频率为 $f_{osc}/6$；状态时钟六分频后为机器周期信号，其频率为 $f_{osc}/12$。

也可以由外部时钟电路向片内输入脉冲信号作为单片机的振荡脉冲。这时外部脉冲信号是经 XTAL1 引脚引入的，而 XTAL2 引脚悬空或接地。对外部信号的占空比没有要求，但高低电平持续的时间不应小于 20 ns。这种方式常用于多块芯片同时工作，便于同步。其外部脉冲接入方式如图 2-10 所示。

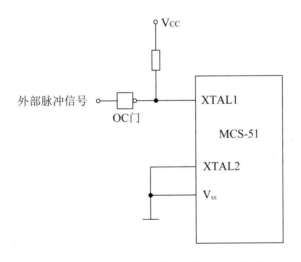

图 2-10　AT89S51 单片机外部时钟输入接线图

2.5.2　AT89S51 单片机的时序

CPU 在执行指令时所需控制信号的时间顺序称为时序，它是用定时单位来描述的。AT89S51 单片机的时序单位有四个，分别是振荡周期、状态周期、机器周期和指令周期。

(1) 振荡周期。振荡周期是时序中的最小单位，定义为单片机提供时钟信号的振荡源 OSC 的周期，也称为时钟周期，又称为节拍，用 P 表示。

(2) 状态周期。两个振荡周期为一个状态周期，用 S 表示。两个振荡周期作为两个节拍，前半周期对应的节拍定义为 P1，后半周期对应的节拍定义为 P2。在状态周期的前半周期 P1 有效时，通常完成算术逻辑操作；在后半周期 P2 有效时，一般进行内部寄存器之间的传输。

(3) 机器周期。通常将完成一个基本操作所需的时间称为机器周期。MCS-51 单片机中规定一个机器周期包含 12 个时钟周期，即有 6 个状态，分别表示为 S1～S6。若晶振为 6 MHz，则机器周期为 2 μs；若晶振为 12 MHz，则机器周期为 1 μs。

(4) 指令周期。执行一条指令所需要的时间称为指令周期。它是时序中的最大单位。一个指令周期通常含有 1～4 个机器周期。指令所包含的机器周期数决定了指令的运算速度，机器周期数越少的指令，其执行速度越快。

各时序单位关系如图 2-11 所示。

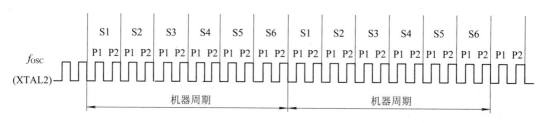

图 2-11　节拍、状态周期、机器周期的关系

本 章 小 结

本章介绍了以 AT89S51 为代表的 MCS-51 单片机的结构及工作原理，主要包括以下内容。

1. AT89S51 单片机的内部结构主要包括 CPU、只读存储器 ROM、随机存储器 RAM，定时器/计数器、I/O 接口电路、中断系统等部件。MCS-51 单片机的存储结构的特点之一是将程序存储器和数据存储器分开，并有各自的寻址空间和寻址方式。

2. AT89S51 单片机在物理上有 4 个存储空间：片内程序存储器和片外程序存储器，片内数据存储器和片外数据存储器。AT89S51 单片机内有 256B 的数据存储器 RAM 和 4 KB 的程序存储器 ROM(8031/80C31/8032 除外)。除此以外，还可以在片外扩展 RAM 和 ROM，并且各有 64 KB 的寻址范围，也就是最多可以在外部扩展 2×64 KB 的存储器。

3. AT89S51 单片机有 3 个存储器地址空间：片内/片外统一的 64 KB 的程序存储器地址空间、256B 内部数据存储器地址空间及 64KB 外部数据存储器地址空间。这三个空间的地址要么完全重叠，要么部分重叠，因此，在访问这三个不同的地址空间时应采用不同形式的指令。

4. AT89S51 单片机共有 4 个 8 位并行 I/O 端口，分别记为 P0、P1、P2、P3，共有 32 根 I/O 线，每一根 I/O 线都能够独立地用作输入/输出线。每个并行口主要由 4 个部分组成：端口锁存器、输入缓冲器、输出驱动器和外部引脚。P0～P3 口被归入特殊功能寄存器之列，具有字节寻址和位寻址能力。

习　题

1. MCS-51 单片机的存储器结构与一般微型计算机有何不同？程序存储器和数据存储器各有何功能？

2. AT89S51 单片机的 $\overline{EA}$ 信号有何功能？在使用 80C51 单片机时，$\overline{EA}$ 信号的引脚应该如何处理？

3. AT89S51 单片机的内部数据存储器可分为哪几个不同区域？说明各区域的使用特点。

4. MCS-51 系列单片机的 ALE/$\overline{PROG}$ 引脚的作用是什么？

5. 程序状态寄存器 PSW 中各位的含义是什么？

6. AT89S51 单片机引脚中有多少输入/输出线？它们与单片机片外的地址总线、数据总线和控制总线有什么关系？地址总线和数据总线各是几位？

7. P1 口某位锁存器置 0，其相应的引脚能否作为输入用？为什么？

8. 当振荡脉冲频率为 12 MHz 时，请分别计算振荡周期、状态周期、机器周期。

9. 使单片机复位有几种方式？复位后机器的初始状态如何？

10. AT89S51 单片机 ALE 引脚的作用是什么？

第 3 章　C51 编程基础及单片机仿真开发工具简介

MCS-51 单片机的编程语言常用的有两种，一种是汇编语言，一种是 C 语言。汇编语言的机器代码生成效率高，但可读性并不强；C 语言在大多数情况下其机器代码生成效率和汇编语言相当，但可读性和可移植性远远超过汇编语言。本章主要介绍了 C51 数据类型及基本运算、C51 程序基本语句、C51 函数、C51 开发工具及单片机系统仿真工具等。

3.1　C51 数据类型及基本运算

Keil C51 是美国 Keil Software 公司出品的 51 系列兼容单片机 C 语言软件开发系统，与汇编语言相比，C 语言在功能、结构性、可读性、可维护性上有明显的优势，因而易学易用。本节主要介绍 C51 数据类型，C51 变量及其存储模式，另外还介绍了 C51 的运算符和基本表达式。

3.1.1　C51 数据类型

C51 和 ANSI C 的数据类型基本类似，数据类型可分为基本数据类型和复杂数据类型，复杂数据类型由基本数据类型构造而成。基本数据类型有 char、int、short、long、float 和 double。对于 C51 编译器来说，short 类型与 int 类型相同，double 类型与 float 类型相同。下面简要介绍。

C51 基本数据类型概括起来有如下四种。

1. char(字符型)

char 有 signed char(带符号数)和 unsigned char(无符号数)之分，默认值为 signed char。它们的长度均为一个字节，用于存放一个单字节的数据。对于 signed char 类型数据，数值的表示范围是 −128～+127；对于 unsigned char 类型数据，数值的表示范围是 0～255。

2. int(整型)

int 有 signed int 和 unsigned int 之分，默认值为 signed int。它们的长度均为两个字节，用于存放一个双字节的数据。signed int 是有符号整型数，所能表示的数值范围是 −32 768～+32 767。unsigned int 是无符号整型数，所能表示的数值范围是 0～65 535。

3. long(长整型)

long 有 signed long 和 unsigned long 之分，默认值为 signed long。它们的长度均为四个字节。signed long 是有符号的长整型数据，数值的表示范围是 −2 147 483 648～+2 147 483 647。unsigned long 是无符号长整型数据，数值的表示范围是 0～4 294 967 295。

4. float(浮点型)

float 是符合 IEEE-754 标准的单精度浮点型数据，在十进制数中具有 7 位有效数字。float 类型数据占用四个字节(32 位二进制数)，在内存中的存放格式如表 3-1 所示。

表 3-1　float 类型数据在内存中存放格式

字节地址	+0	+1	+2	+3
浮点数内容	S EEEEEEE	E MMMMMMM	MMMMMMMM	MMMMMMMM

其中，S 为符号位，0 表示正，1 表示负；E 为阶码，占用 8 位二进制数，存放在两个字节中。注意，阶码 E 值是以 2 为底的指数再加上偏移量 127，这样处理的目的是为了避免出现负的阶码值，而指数是可正可负的。阶码 E 的正常取值是 1～254，从而实际指数的取值范围为 −126～+127。M 为尾数的小数部分，用 23 位二进制数表示，存放在三个字节中。尾数的整数部分永远为 1，因此不予保存，但它是隐含存在的。小数点位于隐含的整数位 1 后面。

C51 扩展的数据类型，如表 3-2 所示。

表 3-2　C51 扩展的数据类型

类型名	位数	数据范围
bit	1	0 或 1
sfr	8	0～255
sfr16	18	0～65 535
sbit	1	可位寻址的特殊功能寄存器的绝对位地址

(1) 位变量 bit。

bit 的值可以是 1(true)，也可是 0(false)。这是 Keil C51 编译器的一种扩充数据类型，利用它可定义一个位变量，但不能定义位指针，也不能定义位数组。

(2) 特殊功能寄存器 sfr。

利用 sfr 可以定义 MCS-51 单片机的所有内部 8 位特殊功能寄存器。sfr 型数据占用一个内存单元，其取值范围是 0～255。

(3) 16 位特殊功能寄存器 sfr16。

sfr16 占用两个内存单元，取值范围是 0～65 535，利用它可以定义 MCS-51 单片机内部 16 位特殊功能寄存器。

(4) sbit。

利用 sbit 可以定义 MCS-51 单片机特殊功能寄存器中的可寻址位。

C51 编译器除了能支持以上这些基本数据之外，还能支持复杂的构造类型数据，如结构类型、联合数据等。

3.1.2　变量及其存储模式

变量是一种在程序执行过程中其值能不断变化的量。使用一个变量之前，必须进行定义，用一个标识符作为变量名并指出它的数据类型和存储模式，以便编译系统为它分配相应的存储单元。在 C51 中对变量进行定义的格式如下：

[存储种类] 数据类型 [存储器类型] 变量名表

其中，存储种类和存储器类型是可选项。变量的存储种类有四种：自动(auto)、外部(extern)、静态(static)和寄存器(register)。定义一个变量时如果省略存储种类选项，则该变量将为自动(auto)变量。定义一个变量时除了需要说明其数据类型之外，Keil C51 编译器还允许说明变量的存储器类型。Keil C51 编译器完全支持 51 系列单片机的硬件结构和存储器结构，对于每个变量可以准确地赋予其存储器类型，使之能够在单片机系统内准确地定位。表 3-3 列出了 Keil C51 编译器所能识别的存储器类型。

表 3-3 Keil C51 编译器所能识别的存储器类型

存储类型	存储区	说　明
data	DATA	直接寻址的片内数据存储器(128B)，访问速度最快
bdata	BDATA	可位寻址的片内数据存储器(16B)，允许位与字节混合访问
idata	IDATA	间接寻址的片内数据存储器(256B)，允许访问群报片内地址
pdata	PDATA	分页寻址的片外数据存储器(256B)，用 MOVX @Ri 指令访问
xdata	XDATA	片外数据存储器(64 KB)，用 MOVX @DPTR 指令访问
code	CODE	程序存储器(64 KB)，用 MOVC @A+DPTR 指令访问

变量存储类型定义举例如下：

(1) char data x1;　　　//字符变量 x1 被定义为 data 型，分配在片内 RAM 低 128 字节中
(2) int idata ab;　　　//整型变量 a 和 b 被定义为 idata 型，定位在片内 RAM 中，只能用间接寻址方式寻址
(3) bit bdata p;　　　//位变量 p 被定义为 bdata 型，定位在片内 RAM 中的位寻址区
(4) unsigned char xdata a[2] [4];　//无符号字符型二维数组变量 a[2][4]被定义为 xdata 存储类型，定位在片外 RAM 中，占据 2*4=8 字节，相当于使用@DPTR 间接寻址

3.1.3 运算符与表达式

C51 的基本运算类似于 ANSI C，主要包括赋值运算、算术运算、关系运算、逻辑运算和位运算及其表达式等。

1．赋值运算符

在 C 语言中，符号=是一个特殊的运算符，称之为赋值运算符。赋值语句的格式如下：

变量＝表达式；

该语句的意思是先计算出右边表达式的值，然后将该值赋给左边的变量。例如：

x=9;　　　//将常数 9 赋给变量 x
x=y=8;　　//将常数 8 同时赋给变量 x 和 y

2．算术运算符

C 语言中的算术运算符有：+为加或取正值运算符；−为减或取负值运算符；*为乘运算符；/为除运算符；%为取余运算符。

用算术运算符将运算对象连接起来的式子即为算术表达式。算术运算的一般形式为

表达式 1　　算术运算符　　表达式 2

例如，x + y/(a + b)，(a + b)*(x-y)都是合法的算术表达式。C 语言中规定了运算符的优先级和结合性。在求一个表达式的值时，要按运算符的优先级别进行。

3．增量和减量运算符

++为增量运算符；

−−为减量运算符。

增量和减量运算符是 C 语言中特有的一种运算符，它们的作用分别是对运算对象作加 1 或减 1 运算。例如：++i，i++，--j，j--等。

【例 3-1】　使用增量"++"和减量"--"运算符的例子。

程序如下：

```
#include <stdio.h>
main(){
    int x,y,z;
    x=y=8;z=++x;
    printf("\n %d %d %d",y,z,x);
    x=y=8;z=x++;
    printf("\n %d %d %d",y,z,x);
    x=y=8;z=--x;
    printf("\n %d %d %d",y,z,x);
    x=y=8;z=x--;
    printf("\n %d %d %d",y,z,x);
    printf("\n");
    while(1);
}
```

程序执行结果：

8 9 9

8 8 9

8 7 7

8 8 7

4．关系运算符

判断两个数之间的关系时用关系运算符，C 语言中有 6 种关系运算符。

(1) >表示大于；

(2) <表示小于；

(3) >=表示大于等于；

(4) <=表示小于等于；

(5) ==表示等于；

(6) !=表示不等于。

前 4 种关系运算符具有相同的优先级，后两种关系运算符也具有相同的优先级；但前 4 种的优先级高于后两种。用关系运算符将两个表达式连接起来即成为关系表达式，关系表达式的一般形式为

表达式 1　　关系运算符　　表达式 2

关系运算符通常用来判别某个条件是否满足，关系运算符的结果只有 0 和 1 两种值。当所指定的条件满足时结果为 1，条件不满足时结果为 0。

【例 3-2】　使用关系运算符的例子。

程序如下：

```c
#include <stdio.h>
main() {
    int x,y,z;
    printf("input data x,y?\n");
    scanf("%d %d",&x,&y);
    printf("\n x   y   x<y   x<=y   x>y   x>=y   x!=y   x==y");
    printf("\n%5d%5d",x,y);
    z=x<y; printf("%5d",z);
    z=x<=y;printf("%5d",z);
    z=x>y; printf("%5d",z);
    z=x>=y;printf("%5d",z);
    z=x!=y;printf("%5d",z);
    z=x==y;printf("%5d",z);
}
```

程序执行结果 1：

input data x,y?

5 3 回车

x	y	x<y	x<=y	x>y	x>=y	x!=y	x==y
5	3	0	0	1	1	1	0

程序执行结果 2：

input data x,y?

-5 -3 回车

x	y	x<y	x<=y	x>y	x>=y	x!=y	x==y
-5	-3	1	1	0	0	1	0

程序执行结果 3：

input data x,y?

4 4 回车

x	y	x<y	x<=y	x>y	x>=y	x!=y	x==y
4	4	0	1	0	1	0	1

5. 逻辑运算符

C 语言中有 3 种逻辑运算符：

(1) ‖　逻辑或；

(2) **&&**　逻辑与；

(3) **!**　逻辑非。

逻辑运算符用来求某个条件式的逻辑值，用逻辑运算符将关系表达式或逻辑量连接起来就是逻辑表达式。逻辑运算的一般形式如下。

(1) 逻辑与：条件式 1 **&&** 条件式 2；

(2) 逻辑或：条件式 1 ‖ 条件式 2；

(3) 逻辑非：**!** 条件式。

进行逻辑与运算时，首先对条件式 1 进行判断，如果结果为真(非 0 值)，则继续对条件式 2 进行判断，当结果也为真时，表示逻辑运算的结果为真(值为 1)；反之，如果条件式 1 的结果为假，则不再判断条件式 2，而直接给出逻辑运算的结果为假(值为 0)。

进行逻辑或运算时，只要两个条件式中有一个为真，逻辑运算的结果便为真(值为 1)，只有当条件式 1 和条件式 2 均不成立时，逻辑运算的结果便为假(值为 0)。

逻辑运算符的优先级为(由高至低)：逻辑非、逻辑与、逻辑或，即逻辑非的优先级最高。

【例 3-3】使用逻辑运算的例子。

程序如下：

```
#include <stdio.h>
main() {
    int x,y,z;
    printf("input data x,y?\n");
    scanf("%d %d",&x,&y);
    printf("\n x    y   !x   x‖y   x&&y");
    printf("\n%5d%5d",x,y);
    z=!x;      printf("%8d",z);
    z=x‖y;     printf("%8d",z);
    z=x&&y;    printf("%8d",z);
    printf("\n");
    while(1);
}
```

程序执行结果 1：

input data x,y?

12 8 回车

x   y   !x   x‖y   x&&y

12   8   0   1   1

程序执行结果 2：

input data x,y?

9 -3 回车

x   y   !x   x‖y   x&&y

```
9   -3    0    1    1
```

程序执行结果 3：

```
input data x,y?
0 81 回车
x    y    !x    x‖y    x&&y
0    81   1     1      0
```

程序执行结果 4：

```
input data x,y?
-23 0 回车
x    y    !x    x‖y    x&&y
-23  0    0     1      0
```

程序执行结果 5：

```
input data x,y?
0 0 回车
x    y    !x    x‖y    x&&y
0    0    1     0      0
```

6. 位运算符

能对运算对象进行按位操作是 C 语言的一大特点，正是由于这一特点使 C 语言具有了汇编语言的一些功能，从而使之能对计算机的硬件直接进行操作。C 语言中有 6 种位运算符。

(1) ~ 表示按位取反；

(2) << 表示按位左移；

(3) >> 表示按位右移；

(4) & 表示按位逻辑与；

(5) ^ 表示按位异或；

(6) | 表示按位逻辑或。

位运算符的作用是按位对变量进行运算，并不改变参与运算的变量的值。若希望按位改变运算变量的值，则应利用相应的赋值运算。另外，位运算符不能用来对浮点型数据进行操作。位运算符的优先级从高到低依次是：按位取反、按位左移和右移、按位逻辑与、按位异或、按位逻辑或。位运算的一般形式为

变量 1　位运算符　变量 2

【例 3-4】 位逻辑运算

程序如下：

```
#include <stdio.h>
main() {
    unsigned int x=0x57db,y=0xb0f3;
    printf("\n  x    y    x&y    x^y    x|y    ~x");
    printf("\n%6x%6x%6x%6x%6x%6x",x,y,x&y,x^y,x|y,~x);
```

```
    printf("\n");
    while(1);
}
```

程序执行结果：

x	y	x&y	x^y	x|y	~x
57db	b0f3	10d3	e728	f7fb	a824

7．复合赋值运算符

在赋值运算符＝的前面加上其他运算符，就构成了复合赋值运算符，复合赋值运算符如下：

(1) +=表示加法赋值；

(2) −=表示减法赋值；

(3) *=表示乘法赋值；

(4) /=表示除法赋值；

(5) %=表示取模赋值；

(6) <<=表示左移位赋值；

(7) >>=表示右移位赋值；

(8) &=表示逻辑与赋值；

(9) |=表示逻辑或赋值；

(10) ^=表示逻辑异或赋值；

(11) ~=表示逻辑非赋值。

复合赋值运算首先对变量进行某种运算，然后将运算的结果再赋给该变量。复合运算的一般形式为

变量　复合赋值运算符　表达式

例如，a+=3 等价于 a=a+3；x*=(y+8)等价于 x=x*(y+8)。凡是二目运算符，都可以和赋值运算符一起组合成复合运算符。采用复合赋值运算符，可以使程序简化，同时还可以提高程序的编译效率。

8．逗号运算符

在 C 语言中逗号"，"是一个特殊的运算符,可以用它将两个(或多个)表达式连接起来，称为逗号表达式。逗号表达式的一般形式为

表达式 1，表达式 2，…，表达式 n

程序运行时对于逗号表达式的处理，是从左至右依次计算出各个表达式的值，而整个逗号表达式的值是最右边表达式(即表达式 n)的值。

9．条件运算符

条件运算符"？："是 C 语言中唯一的一个三目运算符，它要求有三个运算对象，用它可以将三个表达式连接构成一个条件表达式。条件表达式的一般形式如下：

逻辑表达式 ？　表达式 1：表达式 2

其功能是首先计算逻辑表达式，当值为真(非 0 值)时，将表达式 1 的值作为整个条件表达式的值；当逻辑表达式的值为假(0 值)时，将表达式 2 的值作为整个条件表达式的值。

10. 指针和地址运算符

指针是 C 语言中的一个十分重要的概念,在 C 语言的数据类型中专门有一种指针类型。变量的指针就是该变量的地址,还可以定义一个指向某个变量的指针变量。为了表示指针变量和它所指向的变量地址之间的关系,C 语言提供了两个专门的运算符。

(1) *表示取内容;

(2) &表示取地址。

取内容和取地址运算的一般形式分别为

　　　变量＝* 指针变量

或

　　　指针变量＝& 目标变量

取内容运算的含义是将指针变量所指向的目标变量的值赋给左边的变量;取地址运算的含义是将目标变量的地址赋给左边的指针变量。需要注意的是,指针变量中只能存放地址(即指针型数据),不要将一个非指针型的数据赋值给一个指针变量。

【例 3-5】 指针及地址运算符的使用。

程序如下:

```
#include <stdio.h>
main() {
    int i;
    int *int_ptr;
    int_ptr=&i;
    *int_ptr=5;
    printf("\n i=%d",i);
    while(1);
}
```

程序执行结果:

　　　i=5

11. 强制类型转换运算符

C 语言中的圆括号"( )"也可作为一种运算符使用,这就是强制类型转换运算符,它的作用是将表达式或变量的类型强制转换成所指定的类型。在 C 语言程序中进行算术运算时,需要注意数据类型的转换。有两种数据类型转换方式,即隐式转换和显式转换。隐式转换是在对程序进行编译时由编译器自动处理的,隐式转换遵循以下规则。

(1) 所有 char 型的操作数转换成 int 型。

(2) 用运算符连接的两个操作数如果具有不同的数据类型,按以下次序进行转换:如果一个操作数是 float 型,则另一个操作数也转换成 float 型;如果一个操作数是 long 型,则另一个操作数也转换成 long 型;如果一个操作数是 unsigned 型,则另一个操作数也转换成 unsigned 型。

(3) 在对变量赋值时发生的隐式转换,将赋值号" ＝"右边的表达式类型转换成赋值号左边变量的类型。

(4) 在 C 语言中只有基本数据类型(即 char、int、long 和 float)可以进行隐式转换,其余的数据类型不能进行隐式转换。例如,我们不能把一个整型数利用隐式转换赋值给一个指针变量,在这种情况下就必须利用强制类型转换运算符来进行显式转换。强制类型转换运算符的一般使用形式为

　　(类型)表达式

12. sizeof 运算符

C 语言中提供了一种用于求取数据类型、变量以及表达式的字节数的运算符,即 sizeof 运算符,它的一般使用形式为

　　sizeof(表达式)

或

　　sizeof(数据类型)

应该注意的是,sizeof 是一种特殊的运算符,不要错误地认为它是一个函数。实际上,字节数的计算在程序编译时就完成了,而不是在程序执行的过程中才计算出来的。

3.1.4　C51 语言的特殊功能寄存器及位变量定义

1. 特殊功能寄存器的 C51 定义

C51 语言允许通过使用关键字 sfr、sbit 或直接引用编译器提供的头文件来对特殊功能寄存器(SFR)进行访问,AT89S51 单片机的特殊功能寄存器映射在片内 RAM 高 128 字节中,只能采用直接寻址方式。对特殊功能寄存器的访问和定义有两种方式。

(1) 使用关键字定义 sfr。为了能直接访问特殊功能寄存器 SFR,C51 提供了一种定义方法,即引入关键字 sfr,语法如下:

　　sfr 特殊功能寄存器名字=特殊功能寄存器地址;

　　例如:

```
    sfr    IE=0xA8;              //中断允许寄存器地址 A8H
    sfr    TCON=0x88;           //定时器/计数器控制寄存器地址 88H
    sfr    SCON=0x98;           //串行口控制寄存器地址 98H
```

在 8051 中,若要访问 16 位 SFR,则要用关键字 sfr16。16 位 SFR 的低字节地址须作为 sfr16 的定义地址,例如:

```
    sfr16   DPTR=0x82            //DPTR 的低 8 位地址为 82H,高 8 位地址为 83H
```

(2) 通过头文件访问 sfr。各种衍生型的 8051 单片机的特殊功能寄存器的数量与类型有时是不相同的,对其访问可通过头文件的访问来进行。

为用户处理方便,C51 把 8051(或 8052 单片机)常用的特殊功能寄存器和其中的可寻址位进行了定义,放在一个 reg51.h(或 reg52.h)的头文件中。当用户要使用时,只需在使用之前用一条预处理命令#include<reg51.h>将这个头文件包含到程序中,就可使用特殊功能寄存器名和其中的可寻址位名称了。用户可对头文件进行增减。

头文件引用举例如下:

```
    #include<reg51.h>           //包含 8051 单片机的头文件
    void    main(void)
```

```
    {
        TL0=0xb0c;          //给 T0 低字节 TL0 设置时间常数，已在 reg51.h 中定义
        TH0=0x3c;           //给定时器 T0 高字节 TH0 设置时间常数，已在 reg51.h 中定义
        TR0=1;              //启动定时器 0
        ……
    }
```

(3) 特殊功能寄存器中的位定义。对 sfr 中的可寻址位的访问，要使用关键字来定义可寻址位，共 3 种方法。

① sbit 位名=特殊功能寄存器^位置。

例如：

```
    sfr  PSW=0xd0；         //定义 PSW 寄存器的字节地址 0xd0
    sbit CY= PSW^7；        //定义 CY 位为 PSW.7，地址为 0xd0
    sbit OV= PSW^2；        //定义 OV 位为 PSW.2，地址为 0xd2
```

② sbit 位名=字节地址^位置。

例如：

```
    sbit CY= 0xd0^7；       //CY 位地址为 0xd7
    sbit OV= 0xd0^2；       //OV 位地址为 0xd2
```

③ sbit 位名=位地址。将位的绝对地址赋给变量，位地址必须在 0x80～0xff。

例如：

```
    sbit CY= 0xd7；         //CY 位地址为 0xd7
    sbit OV= 0xd2；         //OV 位地址为 0xd2
```

【例 3-6】　AT89S51 单片机片内 P1 口的寻址位的定义。

各寻址位的定义如下：

```
    sfr  P1=0x90；
    sbit P1_7= P1^7;
    sbit P1_6= P1^6;
    sbit P1_5= P1^5;
    sbit P1_4= P1^4;
    sbit P1_3= P1^3;
    sbit P1_2= P1^2;
    sbit P1_1= P1^1;
    sbit P1_0= P1^0;
```

2. 位变量的 C51 定义

(1) 由于 8051 能进行位操作，C51 扩展的 bit 数据类型用来定义位变量，这是与标准 C 语言(ANSI C)的不同之处。

C51 采用关键字 bit 来定义位变量，一般格式为

```
    bit  bit_name;
```

例如：

```
bit    ov_flag;              //将 ov_flag 定义为位变量
bit lock_pointer;           //将 lock_pointer 定义为位变量
```

(2) 函数可以包含类型为 bit 的参数，也可将其作为返回值。C51 程序函数可以包含类型为 bit 的参数，也可将其作为返回值。

例如：

```
bit    func(bit b0, bit b1);        //位变量 b0 与 b1 作为函数 func 的参数
{
    ……
    return(b1);                     //位变量 b1 作为 return 函数的返回值
}
```

(3) 位变量定义的限制。位变量不能用来定义指针和数组。

例如：

```
bit    *ptr;                    //错误，不能用位变量来定义指针
bit    array[ ];                //错误，不能用位变量来定义数组 array[ ]
```

定义位变量时，允许定义存储类型，位变量都被放入一个位段，此段总是位于 8051 的片内 RAM 中，因此其存储类型限制为 DATA 或 IDATA，如果将位变量定义成其他类型，将会导致编译时出错。

3.1.5　C51 语言的绝对地址访问

如何对 51 单片机的片内 RAM、片外 RAM 及 I/O 空间进行访问，C51 提供两种常用的访问绝对地址的方法。

1．绝对宏

编译器提供了一组宏定义对 code、data、pdata 和 xdata 空间进行绝对寻址。

程序中用#include<absacc.h>对 absacc.h 中声明的宏来访问绝对地址，包括 CBYTE、CWORD、DBYTE、DWORD、XBYTE、XWORD、PBYTE、PWORD，其中：CBYTE 以字节形式对 code 区寻址；CWORD 以字形式对 code 区寻址；DBYTE 以字节形式对 data 区寻址；DWORD 以字形式对 data 区寻址；XBYTE 以字节形式对 xdata 区寻址；XWORD 以字形式对 xdata 区寻址；PBYTE 以字节形式对 pdata 区寻址；PWORD 以字形式对 pdata 区寻址。

例如：

```
#include<absacc.h>
#define PORTA XBYTE[0x3000]
                //将 PORTA 定义为外部 I/O 口，地址为 0x3000，长度 8 位
#define NRAM    DBYTE[0x50]
                //将 NRAM 定义为片内 RAM，地址为 0x50，长度 8 位
```

【例 3-7】 片内 RAM、片外 RAM 及 I/O 定义的程序。

程序如下：

```
#include<absacc.h>
#define PORTA XBYTE[0x3000] //将 PORTA 定义为外部 I/O 口，地址为 0x3000
```

```
#define NRAM DBYTE[0x50]        //将 NRAM 定义为片内 RAM，地址为 0x50
main(   )
{
    PORTA=0x00;                 //将数据 00H 写入地址为 0x3000 的外部 I/O 端口 PORTA
    NRAM=0x01;                  //将数据 01H 写入片内 RAM 的 0x50 单元
}
```

2. 关键字_at_

关键字_at_可对指定的存储器空间的绝对地址访问，格式如下：

[存储器类型] 数据类型说明符 变量名 _at_ 地址常数

其中，存储器类型为 C51 能识别的数据类型；数据类型为 C51 支持的数据类型；地址常数用于指定变量的绝对地址，必须位于有效的存储器空间之内；使用 _at_ 定义的变量必须为全局变量。

【例 3-8】 使用关键字 _at_ 实现绝对地址的访问。

程序如下：

```
void   main(void)
{
    data unsigned char y1 _at_ 0x50;     //在 data 区定义字节变量 y1，地址为 50H

    xdata unsigned int y2 _at_ 0x4000;   //在 xdata 区定义字节变量 y2，地址为 4000H
        y1=0xff;
        y2=0x1234;
        ……
        while(1);
}
```

【例 3-9】 将片外 RAM3000H 开始的连续 256 字节清 0。

程序如下：

```
xdata unsigned char buffer[20] _at_ 0x2000;
void main(void)
{
    unsigned char i;
    for(i=0; i<255; i++)
    {
        buffer[i]=0;
    }
}
```

如把片内 RAM 40H 单元开始的 8 个单元写 0x55，程序如下：

```
data unsigned char buffer[8] _at_ 0x40;
void   main(void)
```

```
    {
        unsigned char j ;
        for(j=0;j<8;j++)
        {
            buffer[j]=0x55;
        }
    }
```

3.2　C51 程序基本语句

和 ANSI C 的程序结构类似，C51 程序结构也可以分为顺序结构、选择结构或分支结构、循环结构 3 种基本类型。下面对选择结构或分支结构、循环结构中经常用到的 C51 流程控制语句做简要介绍。

3.2.1　选择语句

选择语句包含由关键词 if 和 switch/case 组成的两种类型的语句。下面分别介绍。

1．if 语句

if 语句是用关键字 if 构成的。C 语言中提供了三种形式的 if 语句。

(1) if(条件表达式)　语句

其含义为：若条件表达式的结果为真(非 0 值)，就执行后面的语句；反之，若条件表达式的结果为假(0 值)，就不执行后面的语句。这里的语句也可以是复合语句。

(2) if(条件表达式)　语句 1　else　语句 2

其含义为：若条件表达式的结果为真(非 0 值)，就执行语句 1；反之，若条件表达式的结果为假(0 值)，即执行语句 2。这里的语句 1 和语句 2 均可以是复合语句。

(3) if(条件表达式 1)　{语句 1;}

else if(条件表达式 2)　{语句 2;}

else if(条件表达式 3)　{语句 3;}

　　⋮

　　else if(条件表达式 n)　语句 m

　　else　语句 n

【例 3-10】　条件语句的使用——求一元二次方程的根。

程序如下：

```
#include <stdio.h>
#include <math.h>
main() {
    float a,b,c,x1,x2;
    float r,s;
```

```
    a=2.0;b=3.0;c=4.0;
    r=b*b-4.0*a*c;
    if(r>0.0)
    {
      s=sqrt(r);
      x1=(-b+s)/(2.0*a);
      x2=(-b-s)/(2.0*a);
      printf("real: x1=%15.7f,x2=%15.7f\n",x1,x2);
    }
    else if(r==0.0)
      printf("double: x1,x2=%15.7\n",-b/(2.0*a));
    else
      {
        x1=-b/(2.0*a);
        x2=sqrt(-r)/(2.0*a);
        printf("complex: Re=%15.7f,Im=%15.7\n",x1,x2);
      }
      while(1);
  }
```

程序执行结果：

```
complex: Re=-0.7500000,Im=1.1989580
```

2. switch/case 语句

switch/case 语句是用关键字 switch/case 构成的，它的一般形式如下：

```
switch(表达式)
{
case    常量表达式 1：  {语句 1;}
                      break;
case    常量表达式 2：  {语句 2;}
                      break;
  ⋮
case    常量表达式 n：  {语句 n;}
                      break;
default：  {语句 d;}
}
```

switch/case 的执行过程是：将 switch 后面表达式的值与 case 后面各个常量表达式的值逐个进行比较，若遇到匹配时，就执行相应 case 后面的语句，然后执行 break 语句，break 语句又称间断语句，它的功能是中止当前语句的执行，使程序跳出 switch 语句。若无匹配的情况，则只执行语句 d。

【**例 3-11**】　switch/case 语句的使用。

程序如下：

```
#include <stdio.h>
main() {
    int year,month,len;
    while(1){
      printf("Enter year & month:\n");
        scanf("%d%d",&year,&month);
      switch(month) {
        case(1): len=31; break;
        case(3): len=31; break;
        case(4): len=30; break;
        case(5): len=31; break;
        case(6): len=30; break;
        case(7): len=31; break;
        case(8): len=31; break;
        case(9): len=30; break;
        case(10):len=31; break;
        case(11):len=30; break;
        case(12):len=31; break;
        case(2): if(year%4==0&&year%100!=0||year%100==0) len=29;
                else len=28;
                break;
        default: printf("Input error\n");
                len=0;
                break;
      }
      if (len!=0)
      printf("The lenth of %d,%dis %d\n",year,month,len);
    }
}
```

程序执行结果：

```
Enter year & month:
1996 2 回车
The lenth of 1996,2is29
```

3.2.2　循环语句

在 C 语言程序中用来构成循环控制的语句有 while 语句、do-while 语句、for 语句以及

goto 语句。

1．while 语句

采用 while 语句构成循环结构的一般形式如下：

　　while(条件表达式)

　　{语句;}

其含义为：当条件表达式的结果为真(非 0 值)时，程序就重复执行后面的语句，一直执行到条件表达式的结果变为假(0 值)时为止。这种循环结构是先检查条件表达式所给出的条件，再根据检查的结果决定是否执行后面的语句。如果条件表达式的结果一开始就为假，则后面的语句一次也不会被执行。这里的语句可以是复合语句。

2．do-while 语句

采用 do-while 语句构成循环结构的一般形式如下：

　　do　{语句;}

　　while(条件表达式);

这种循环结构的特点是先执行给定的循环体语句，然后再检查条件表达式的结果。当条件表达式的值为真(非 0 值)时，则重复执行循环体语句，直到条件表达式的值变为假(0 值)时为止。因此，用 do-while 语句构成的循环结构在任何条件下，循环体语句至少会被执行一次。

3．for 语句

采用 for 语句构成循环结构的一般形式如下：

　　for(初值设定表达式；循环条件表达式；更新表达式)

　　{语句;}

for 语句的执行过程是：先计算出初值设定表达式的值作为循环控制变量的初值，再检查循环条件表达式的结果，当满足条件时就执行循环体语句并计算更新表达式，然后再根据更新表达式的计算结果来判断循环条件是否满足，一直进行到循环条件表达式的结果为假(0 值)时退出循环体。

【例 3-12】　用 for 语句构成的循环计算自然数 1～100 的累加和。

程序如下：

```
#include <stdio.h>
main() {
    int i,s=0;
    for(i=1;i<=100;i++)
      s=s+i;
    printf("1+2+…+100=%d\n",s);
    while(1);
}
```

程序执行结果：

　　1+2+…+100=5050

在 C 语言程序的循环结构中，for 语句的使用最为灵活。它不仅可以用于循环次数已经确定的情况，而且可以用于循环次数不确定而只给出循环结束条件的情况。另外，for 语句中的三个表达式是相互独立的，并不一定要求三个表达式之间有依赖关系。并且 for 语句中的三个表达式都可能缺省，但无论缺省哪一个表达式，其中的两个分号都不能缺省。一般不要缺省循环条件表达式，以免形成死循环。

3.2.3　goto 语句

goto 语句是一个无条件转向语句，它的一般形式为

goto 语句标号；

其中，语句标号是一个带冒号(:)的标识符。将 goto 语句和 if 语句一起使用，可以构成一个循环结构。但更常见的是在 C 语言程序中采用 goto 语句来跳出多重循环。需要注意的是，只能用 goto 语句从内层循环跳到外层循环，而不允许从外层循环跳到内层循环。

在程序中采用 for 语句构成两重循环嵌套，即在第一个 for 语句的循环体中又出现了另一个 for 语句的循环体，需要时还可以构成多重循环结构。程序在最内层循环体中采用了一个 goto 语句，它的作用是直接跳出两层循环，即跳到第一层循环体外边由标号 pt:所指出的地方。前面在介绍开关语句时提到采用 break 语句可以跳出开关语句，break 语句同样可以跳出循环语句。

对于多重循环的情况，break 语句只能跳出它所处的那一层循环，而不像 goto 语句可以直接从最内层循环中跳出来。由此可见，要退出多重循环时，采用 goto 语句比较方便。需要指出的是，break 语句只能用于开关语句和循环语句之中，它是一种具有特殊功能的无条件转移语句。另外还要注意，在进行实际程序设计时，为了保证程序具有良好的结构，应当尽可能少地采用 goto 语句，以使程序结构清晰易读。

在循环结构中还可以使用一种中断语句 continue，它的功能是结束本次循环，即跳过循环体中下面尚未执行的语句，把程序流程转移到当前循环语句的下一个循环周期，并根据循环控制条件决定是否重复执行该循环体。continue 语句的一般形式为

continue；

continue 语句通常和条件语句一起用在由 while、do-while 和 for 语句构成的循环结构中，它也是一种具有特殊功能的无条件转移语句，但与 break 语句不同，continue 语句并不跳出循环体，而只是根据循环控制条件确定是否继续执行循环语句。

【例 3-13】　使用 goto 语句跳出循环结构。

本程序采用循环结构来求一整数的等差数列，该数列满足条件：头 4 个数的和值为 26，积值为 880；该数列的公差应为正整数，否则将产生负的项；该数列的首项必须小于 5，且其公差也应小于 5，否则头 4 项的和值将大于 26。

程序如下：

```
#include <stdio.h>
main() {
    int a,b,c,d,i;
    for(a=1;a<5,++a) {
```

```
    for(d=1;d<5;++d) {
        b=a+(a+d)+(a+2*d)+(a+3*d);
        c=a*(a+d)*(a+2*d)*(a+3*d);
        if(b==26 && c==880)
            goto pt;
        }
    }
pt: for(i=0;i<=10;++i)
        printf("%d,",a+i*d);
    printf("...\n");
    while(1);
    }
```

程序执行结果：

2,5,8,11,14,17,20,23,26,29,…

【例 3-14】 用 break 语句终止循环，实现上例的题目。

程序如下：

```
    #include <stdio.h>
    main() {
        int a,b,c,d,i;
        for(a=1;a<5,++a) {
        for(d=1;d<5;++d) {
            b=a+(a+d)+(a+2*d)+(a+3*d);
            c=a*(a+d)*(a+2*d)*(a+3*d);
            if(b==26 && c==880)
                break;
            }
            if(b==26 && c==880)
                break;
        }
        for(i=0;i<=10;++i)
            printf("%d,",a+i*d);
        printf("...\n");
        while(1);
        }
```

程序执行结果：

2,5,8,11,14,17,20,23,26,29,…

【例 3-15】 利用 continue 语句把 10～20 之间不能被 3 整除的数输出。

程序如下：

```
    #include <stdio.h>
```

```
main() {
    int n;
    for(n=10;n<=20;n++) {
        if(n%3==0)
        continue;
        printf("%d",n);
    }
    while(1);
}
```

程序执行结果：

10 11 13 14 16 17 19 20

3.2.4　返回语句

返回语句用于终止函数的执行，并控制程序返回到调用该函数时所处的位置。返回语句有两种形式：

return(表达式);

或

return;

如果 return 语句后边带有表达式，则要计算表达式的值，并将表达式的值作为该函数的返回值；如果使用不带表达式的第二种形式，则被调用函数返回主调用函数时，函数值不确定。一个函数的内部可以含有多个 return 语句，但程序仅执行其中的一个 return 语句返回主调用函数；一个函数的内部也可以没有 return 语句，在这种情况下，当程序执行到最后一个界限符"}"处时，就自动返回主调用函数。

3.3　C51 函数

函数是 C 语言中的一种基本模块，实际上，一个 C 语言程序就是由若干个模块化的函数构成的。在进行程序设计的过程中，如果所设计的程序较大，一般应将其分成若干个子程序模块，每个模块完成一种特定的功能。在 C 语言中，子程序是用函数来实现的。对于一些需要经常使用的子程序，可以将其设计成一个专门的函数库，以供反复调用。此外，Keil C51 编译器还提供了丰富的运行库函数，用户可以根据需要随时调用。这种模块化的程序设计方法，可以大大提高编程效率和速度。本节将详细介绍 C51 函数的定义及函数调用。

3.3.1　函数的定义

从用户的角度来看，有两种函数，即标准库函数和用户自定义函数。标准库函数是 Keil C51 编译器提供的，不需要用户进行定义，可以直接调用。用户自定义函数是用户根据自己需要编写的能实现特定功能的函数，它必须先进行定义之后才能调用。函数定义的一般

形式为

　　　　函数类型　函数名(形式参数)

　　　　　形式参数说明

　　　　　{

　　　　　　局部变量定义

　　　　　　函数体语句

　　　　　}

其中，函数类型说明了自定义函数返回值的类型。函数名是用标识符表示的自定义函数名字。形式参数表中列出的是在主调用函数与被调用函数之间传递数据的形式参数，形式参数的类型必须加以说明。ANSI C 标准允许在形式参数表中对形式参数的类型进行说明。如果定义的是无参函数，可以没有形式参数表，但圆括号不能省略。局部变量定义是对在函数内部使用的局部变量进行定义。函数体语句是为完成该函数的特定功能而设置的各种语句。

　　如果定义函数时只给出一对花括号{}而不给出其局部变量和函数体语句，则该函数为空函数，这种空函数也是合法的。在进行 C 语言模块化程序设计时，各模块的功能可通过函数来实现。开始时只设计最基本的模块，其他作为扩充功能在以后需要时再加上。编写程序时可在将来准备扩充的地方写上一个空函数，这样可使程序的结构清晰，可读性好，而且易于扩充。

　　【例 3-16】　定义一个计算整数的正整数次幂的函数。

　　程序如下：

```
int power(x,n)
int x,n;
{
    int i,p;
    p=1;
    for(i=1;i<=n;++i)
      p=p*x;
    return(p);
}
```

　　这里定义了一个返回值为整型值的函数 power()，它有两个形式参数 x 和 n。形式参数的作用是接受从主调用函数传递过来的实际参数的值。上例中形式参数 x 和 n 被说明为 int 类型。花括号以内的部分是自定义函数的函数体。上例中在函数体内定义了两个局部变量 i 和 p，它们均为整型数据。需要注意的是，形式参数的说明与函数体内的局部变量定义是完全不同的两个部分，前者应写在花括号的外面，而后者是函数体的一个组成部分，必须要写在花括号的里面。为了不发生混淆，ANSI C 标准允许在形式参数表中对形式参数的类型进行说明，如上例可以写成：int power(int x,int n)。

　　在函数体中可以根据用户的需要，设置各种不同的语句。这些语句应能完成所需要的功能。上例在函数体中最后一条语句 return(p)的作用是将 p 的值返回到主调用函数中去。return 语句后面圆括号中的值称为函数的返回值，圆括号可以省略，即 return p 和 return(p)

是等价的。由于 p 是函数的返回值，因此在函数体中进行变量定义时，应将变量 p 的类型定义得与函数本身的类型相一致。如果二者类型不一致，则函数调用时的返回值可能发生错误。如果函数体中没有 return 语句，则该函数由函数体最后面的右闭花括号"}"返回。在这种情况下，函数的返回值是不确定的。对于不需要有返回值的函数，可以将该函数定义为 void 类型(空类型)。对于上例，如果定义为 void power(int x,int n)，则可将函数体中的 return 语句去掉，这样，编译器会保证在函数调用结束时不使函数返回任何值。为了使程序减少出错，保证函数的正确调用，凡是不要求有返回值的函数，都应将其定义成 void 类型。

3.3.2　函数的调用

C 语言程序中函数是可以互相调用的。所谓函数调用就是在一个函数体中引用另外一个已经定义了的函数，前者称为主调用函数，后者称为被调用函数。函数调用的一般形式为

　　　　函数名(实际参数表)

其中，函数名指出被调用的函数。

实际参数表中可以包含多个实际参数，各个参数之间用逗号隔开。实际参数的作用是将它的值传递给被调用函数中的形式参数。需要注意的是，函数调用中的实际参数与函数定义中的形式参数必须在个数、类型及顺序上严格保持一致，以便将实际参数的值正确地传递给形式参数，否则在函数调用时会产生意想不到的结果。如果调用的是无参函数，则可以没有实际参数表，但圆括号不能省略。

在 C 语言中，可以采用三种方式完成函数的调用。

1．函数语句

在主调函数中将函数调用作为一条语句，例如：

　　　　fun1();

这是无参调用，它不要求被调用函数返回一个确定的值，只要求它完成一定的操作。

2．函数表达式

在主调函数中将函数调用作为一个运算对象直接出现在表达式中，这种表达式称为函数表达式。例如：

　　　　c=power(x,n)+power(y,m);

这其实是一个赋值语句，它包括两个函数调用，每个函数调用都有一个返回值，将两个返回值相加的结果赋值给变量 c。因此这种函数调用方式要求被调用函数返回一个确定的值。

3．函数参数

在主调函数中将函数调用作为另一个函数调用的实际参数。例如：

　　　　y=power(power(i,j),k);

其中，函数调用 power(i,j)放在另一个函数调用 power(power(i,j),k)的实际参数表中，以其返回值作为另一个函数调用的实际参数。这种在调用一个函数的过程中又调用了另外一个函数的方式，称为嵌套函数调用。在输出一个函数的值时经常采用这种方法，例如：

　　　　printf("%d",power(i,j));

其中，函数调用 power(i,j)是作为 printf()函数的一个实际参数处理的，它也属于嵌套函数调用方式。

【例 3-17】 函数调用的例子。

程序如下：

```
#include <stdio.h>
int max(int x,int y);              //对被调用函数进行说明
void main() {                      //主函数
        int a,b;                   //主函数的局部变量定义
        printf("input a and b:\n");
        scanf("%d %d",&a,&b);      //调用库输入函数
        printf("max=%d",max(a,b)); //调用库输出函数
        }
int max(int x,int y) {             //功能函数定义
    int z;                         //局部变量定义
    if(x>y)                        //函数体语句
     z=x;
    else z=y;
    return(z);
    }
```

程序执行结果：

```
input a and b:
123 456  回车
max=456
```

在这个例子中，主函数 main()先调用库输入函数 scanf()，从键盘输入两个值分别赋值给局部变量 a 和 b，然后调用库输出函数 printf()将 a、b 中较大者输出。在调用库输出函数 printf()的过程中又调用了自定义功能函数 max()，将键盘输入的 a、b 的值作为实际参数传递给 max()函数中的形式参数 x、y。在 max()函数中对实际输入值进行比较以获得较大者的值。

3.3.3 中断服务函数

Keil C51 编译器支持在 C 语言源程序中直接编写 51 单片机的中断服务函数程序，从而减轻了采用汇编语言编写中断服务程序的繁琐程度。为了在 C 语言源程序中直接编写中断服务程序，Keil C51 编译器对函数的定义进行了扩展，增加了一个扩展关键字 interrupt，它是函数定义时的一个选项，加上这个选项即可以将一个函数定义成中断服务函数。定义中断服务函数的一般形式为

函数类型　函数名(形式参数表)[interrupt n] [using n]

关键字 interrupt 后面的 n 是中断号，n 的取值范围为 0～4。常用中断号与中断源如表 3-4 所示。

表 3-4　常用中断号与中断源

中断号 n	中断源	中断向量 8n+3
0	外部中断 0	0003H
1	定时器 0	000BH
2	外部中断 1	0013H
3	定时器 1	001BH
4	串行口	0023H

51 系列单片机可以在片内 RAM 中使用 4 个不同的工作寄存器组，每个寄存器组中包含 8 个工作寄存器(R0～R7)。Keil C51 编译器扩展了一个关键字 using，专门用来选择 51 单片机中不同的工作寄存器组。using 后面的 n 是一个 0～3 的常整数，分别选中 4 个不同的工作寄存器组。在定义一个函数时 using 是一个选项，如果不用该选项，则由编译器自动选择一个寄存器组作绝对寄存器组访问。需要注意的是，关键字 using 和 interrupt 的后面都不允许跟带运算符的表达式。

关键字 using 对函数目标代码的影响如下：在函数的入口处将当前工作寄存器组保护到堆栈中；指定的工作寄存器内容不会改变；函数退出之前将被保护的工作寄存器组从堆栈中恢复。

使用关键字 using 在函数中确定一个工作寄存器组时必须十分小心，要保证任何寄存器组的切换都只在仔细控制的区域内发生，如果做不到这一点将产生错误的函数结果。另外还要注意，带 using 属性的函数原则上不能返回 bit 类型的值，并且关键字 using 不允许用于外部函数。

关键字 interrupt 也不允许用于外部函数，它对中断函数目标代码的影响如下：在进入中断函数时，特殊功能寄存器 ACC、B、DPH、DPL、PSW 将被保存入栈；如果不使用关键字 using 进行工作寄存器组切换，则将中断函数中使用到的全部工作寄存器组都入栈保存；函数退出之前所有的寄存器内容出栈恢复；中断函数由 51 单片机指令 RETI 结束。

下面给出一个带有寄存器组切换的中断函数定义的例子。

【例 3-18】　带有寄存器组切换的中断函数定义。

程序如下：

```
#include <reg51.h>
extern void alfunc(bit b0);
extern bit alarm;
int DTIMES;
char bdata flag;
sbit flag0=flag^0;
int dtimel=0x0a;

void int0() interrupt 0 using 1 {
TR1=0;
Flag0=!flag0;
```

```
        DTIMES=dtime1;
        dtime1=0;
        TR1=1;
        }


    void timer1() interrupt 3 using 3 {
      alfunc(alarm=1);
      TH1=0x3C;
      TL1=0xB0;
      dtime1=dtime+1;
      if(dtime1==0)
        {
          P0=0;
        }
    }
```

3.3.4　函数变量的存储方式

1. 局部变量与全局变量

函数变量按照变量的有效作用范围可划分为局部变量和全局变量。

(1) 局部变量。局部变量是在一个函数内部定义的变量，它只是在定义它的那个函数范围内有效。在次函数之外局部变量即失去意义，因而也就不能使用这些变量了。不同的函数可以使用相同的局部变量名，由于它们的作用范围不同，不会相互干扰。函数的形式参数也属于局部变量。在一个函数内部的复合语句中也可以定义局部变量，该局部变量只在复合语句中有效。

(2) 全局变量。全局变量是在函数外部定义的变量，又称为外部变量。全局变量可以为多个函数共同使用，其有效作用范围是从它定义的位置开始到整个程序文件结束。如果全局变量定义在一个程序文件的开始处，则在整个程序文件范围内都可以使用它。如果一个全局变量不是在文件的开始处定义的，但又希望在它的定义点之前的函数中引用该变量，这时应在引用该变量的函数中用关键字 extern 将其说明为外部变量。另外，如果在一个程序模块文件中引用另一个程序模块文件中定义的变量，则必须用 extern 进行说明。外部变量说明与外部变量定义是不相同的。外部变量定义只能有一次，定义的位置在所有函数之外。而同一个程序文件中的外部变量说明可以有多次，说明的位置在需要引用该变量的函数之内。外部变量说明的作用只是声明该变量是一个已经在外部定义过了的变量而已。

如果在同一个程序文件中，全局变量与局部变量同名，则在局部变量的有效作用范围之内，全局变量不起作用。换句话说，局部变量的优先级比全局变量高。在编写 C 语言程序时，不是特别必要的地方一般不要使用全局变量，而应当尽可能地使用局部变量。这是因为局部变量只在使用它时，才为其分配内存单元，而全局变量在整个程序的执行过程中都要占用内存单元。另外，如果使用全局变量过多，在各个函数执行时都有可能改变全局变量的值，使人们难以清楚地判断出在各个程序执行点处全局变量的值，这样会降低程序的通用性与可读性。

　　还有一点需要说明，如果程序中的全局变量在定义时赋给了初值，按 ANSI C 标准规定，在程序 main()函数之前必须先对该全局变量进行初始化，这是由连接定位器 BL51 对目标程序连接定位时在最后生成的目标代码中自动加入一段运行库"INIT.OBJ"来实现的。由于增加了这么一段代码，程序的长度会增加，运行速度也会受到影响，因此要限制使用全局变量。下面通过一个例子来说明全局变量与局部变量的区别。

【例 3-19】　局部变量与全局变量的区别。

程序如下：

```
#include <stdio.h>
int a=3,b=5;
max(int a,int b)
{
        int c;
        c=a>b? a:b;
        return(c);
}
main()
    int a=8;
    printf("%d",max(a,b));
    while(1);
}
```

程序执行结果：

8

2．变量的存储种类

　　函数变量可以按变量的存储方式为其划分存储种类。在 C 语言中变量有 4 种存储种类，即自动变量(auto)、外部变量(extern)、静态变量(static)和寄存器变量(register)。这 4 种存储种类与全局变量、局部变量之间的关系如图 3-1 所示。

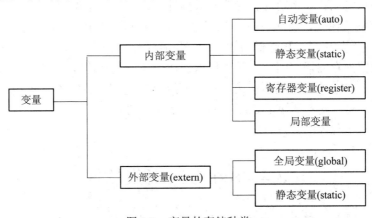

图 3-1　变量的存储种类

3．函数的参数和局部变量的存储器模式

Keil C51 编译器允许采用三种存储器模式：SMALL、COMPACT 和 LARGE。一个函数的存储器模式确定了函数的参数和局部变量在内存中的地址空间。处于 SMALL 模式下函数的参数和局部变量位于 51 单片机的内部 RAM 中，处于 COMPACT 和 LARGE 模式下函数的参数和局部变量则使用 51 单片机的外部 RAM。在定义一个函数时可以明确指定该函数的存储器模式，一般形式为

　　　　函数类型　　函数名(形式参数表)[存储器模式]

其中，存储器模式是 Keil Cx51 编译器扩展的一个选项。不用该选项时即没有明确指定函数的存储器模式，这时该函数按编译时的默认存储器模式处理。

【例 3-20】 函数的存储器模式。

程序如下：

```
#pragma large                              //默认存储模式为 LARGE
extern int calc(char i,int b) samll;       //指定 SMALL 模式
extern int func(int i,float f) large;      //指定 LARGE 模式
extern void * tcp(char xdata *cp,int ndx) samll;  //指定 SMALL 模式
int mtest(int i,int y) small               //指定 SMALL 模式
{
    return(i*y+y*i+func(-1,4.75));
}
int large_func(int i,int k)                //未指定模式，按默认的 LARGE 处理
{
    return(mtest(i,k)+2);
}
```

在这个例子中，程序的第一行用了一个预编译命令#pragma，它的意思是告诉 Keil C51 编译器在对程序进行编译时，按该预编译命令后面给出的编译控制指令 LARGE 进行编译，即本例程序编译时的默认存储器模式为 LARGE。程序中一共有 5 个函数，即 calc()、func()、*tcp()、mtest()和 large_func()，前面四个函数都在定义时明确了其存储器模式，只有最后一个函数未指定。在用 C51 进行编译时，最后一个函数按 LARGE 存储器模式处理，其余四个函数则分别按它们各自指定的存储器模式处理。这个例子也说明，Keil C51 编译器允许采用存储器的混合模式，即允许在一个程序中某个(或几个)函数使用一种存储器模式，另一个(或几个)函数使用另一种存储器模式。采用存储器混合模式编程，可以充分利用 51 系列单片机中有限的存储器空间，同时还可以加快程序的执行速度。

至此，关于 C51 语言的基本结构和语法已经介绍完毕，下面将会详细介绍 C51 的集成开发环境 Keil C51，读者掌握了 C51 程序设计的基本方法之后，可以在 Keil C51 集成开发环境中进行单片机程序的开发。

3.4　Keil C51 开发软件

Keil C51 是用于 8051 单片机的 C51 语言集成开发环境。Keil C51 标准 C 编译器为 8051

微控制器的软件开发提供了 C 语言环境，同时保留了汇编代码高效、快速的特点。Keil μVision2 是美国 Keil 公司出品的，该公司 2005 年由 ARM 公司收购；2006 年 1 月 30 日，ARM 推出全新的针对各种嵌入式处理器的软件开发工具，是集成了 Keil μVision 3 的 Real View MDK 开发环境；2009 年 2 月，Keil μVision4 发布，Keil μVision4 引入灵活的窗口管理系统，同时支持更多最新的 ARM 芯片，还添加了一些其他新功能；2013 年 10 月，Keil μVision5 IDE 正式发布。

本节主要是以 Keil μVision4 为例，介绍 Keil 软件的简单应用。

3.4.1　Keil 集成开发环境

Keil 包含一个高效的编译器、一个项目管理器和一个 Make 工具。其中 Keil C51 是一种专门为单片机设计的高效率 C 语言编译器，符合 ANSI 标准，生成的程序代码运行速度极高，所需要的存储器空间极小，完全可以与汇编语言媲美。Keil 的界面如图 3-2 所示。Keil 允许同时打开、浏览多个源文件。

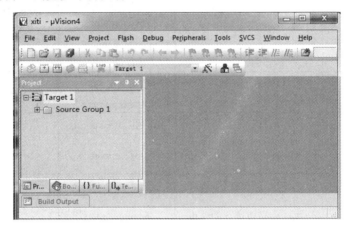

图 3-2　Keil 界面图

由图 3-2 可以看到 Keil 的工作环境，界面最上端是 Keil 集成开发环境的菜单栏，主要包括 File、Edit、View、Project、Flash、Debug、Peripherals、Tools、SVCS、Window、Help 几个菜单项，本节主要介绍 Edit、Project、Debug 等几个常用的菜单项。

1. 编辑菜单和编辑器命令 Edit

编辑菜单主要是对文档进行编辑工作，其操作方法类似于其他软件，主要进行一些编辑操作，在此不再细讲。

2. 项目菜单 Project 和项目命令

Project 菜单项是工程选项，在使用 Keil 时，我们必须首先创建一个工程，将所写程序的文档添加到这个工程中，才能够进行调试工作。现将 Project 菜单项上的主要指令和及相应的指令描述进行介绍，如表 3-6 所示。

3. 调试菜单 Debug 和调试命令

Debug 是进行仿真调试时所必须要涉及的选项，该菜单项的所有指令和相应的描述如表 3-7 所示。

表 3-6 项目菜单 Project 下拉菜单列表

菜单项目	指令描述	菜单项目	指令描述
New μVision Project	创建新项目	Options for Target	设置对象、组或文件的工具选项
New Multi-Project Workspace	创建一个多项目的工程	Rebuild Target	重新编译所有的文件并生成应用
Open Project	打开一个已经存在的项目	Build Target	编译修改过的文件并生成应用
Close Project	关闭当前的项目	Translate	编译当前文件
Select Device for Target	选择对象的 CPU	Stop Build	停止生成应用的过程

表 3-7 调试菜单 Debug 子菜单列表

菜单项目	指令描述	菜单项目	指令描述
Start/Stop Debug Session	开始/停止调试模式	Insert/Remove Breakpoint	设置/取消当前行的断点
Reset CPU	重置 CPU	Enable/Disable Breakpoint	使能/禁止当前行的断点
Run	运行程序，直到遇到一个中断	Disable All Breakpoints	禁止所有的断点
Stop	停止运行程序	Kill All Breakpoints	取消所有的断点
Step	单步执行，遇到子程序则进入	Os Support	操作系统支持
Step over	单步执行，跳过子程序	Execution Profiling	记录执行时间
Step out	执行到当前函数的结束	Memory Map	打开存储器空间设置对话框
Run to Cursor Line	运行到光标处	Inline Assembly	对某一行重新汇编，可以修改汇编代码
Show Next Statement	显示下一条指令	Function Editor	编辑调试函数和调试设置文件
Breakpoints	打开断点对话框	Debug Settings	调试设置

3.4.2 创建项目实例

了解了 Keil 的界面和相应的菜单项目，现在我们试着建立一个项目实例来充分说明如何去应用 Keil 软件，本节将设计一个流水灯程序。要创建一个应用或者一个项目，需要按下列步骤进行操作：

(1) 启动 Keil，新建一个工程，然后再新建一个文档用来编写程序；

(2) 把整个源文件添加到新建的工程项目中；

(3) 编写相应的源程序；

(4) 针对目标硬件参数等设置工具选项；

(5) 编译项目并生成可编程的.HEX 文件。

通过这 5 个基本步骤我们就不难将相应的项目建立起来了，那么究竟该如何去操作，如何实现整个流水灯程序的编写呢？下面将逐步地进行描述，从而创建一个简单的 Keil 项目。

1. 新建一个工程

(1) 选择 Project 菜单下的 New μVision Project 选项，如图 3-3 所示。在弹出的 Create New Project 对话框中选择要保存项目文件的路径并输入文件名，例如，在文件名文本框中输入项目名为 test，文件的后缀系统会默认为.uvproj，如图 3-4 所示，然后单击保存即可。

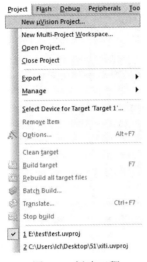
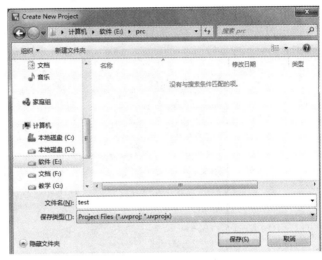

图 3-3　新建工程　　　　　　　　　　图 3-4　文件保存对话框

(2) 单击保存后会弹出一个对话框，要求选择单片机的型号。我们可以根据使用的单片机型号来选择，Keil C51 几乎支持所有的 51 内核的单片机，这里只是以常用的 AT89S51 为例来说明，如图 3-5 所示。选择 AT89S51 之后，右边 Description 栏中即显示单片机的基本说明，然后单击确定按钮。

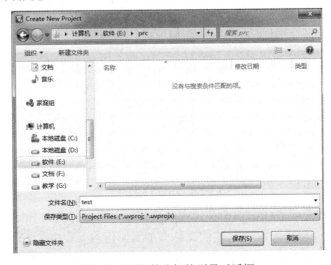

图 3-5　选择单片机的型号对话框

到此，一个新的工程被建立了，这时需要新建一个源程序文件。建立一个汇编或 C 文件，如果已经有源程序文件，可以忽略这一步。

2. 建立新的文档

(1) 选择 File/New 选项，或者在界面中点击  来创建新的文档并编辑程序。如果已建立有文档，则不用此步，直接点击 Open 打开已有文档编辑即可。

(2) 编辑完之后，需要进行文档的保存。选择 File/Save 选项，或者单击工具栏按钮，保存文件。在弹出的如图 3-6 所示的对话框中选择要保存的路径，在文件名文本框中输入文件名。注意一定要输入扩展名，如果是 C 程序文件，扩展名为.c；如果是汇编文件，扩展名为.asm；如果是 ini 文件，扩展名为. ini。这里需要存储 ASM 源程序文件，所以输入.asm 扩展名(也可以保存为其他名字，比如 new.asm 等)，单击"保存"按钮。在此例中以 test.c 为例来说明。

图 3-6　Save As 对话框图

3. 添加新建的文档到工程中

(1) 单击 Target 1 前面的+号，展开里面的内容 Source Group1，如图 3-7 所示。

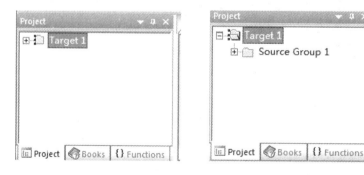

图 3-7　Target 1 展开图

(2) 用右键单击 Source Group1，在弹出的快捷菜单中选择 Add Files to Group 'Source Group1' 选项，如图 3-8 所示。将新建的文件添加到新建的工程中。选择刚才的文件 test.c，文件类型选择 C Source file；如果是汇编文件，则选择 Asm Source file；如果是目标文件，则选择 Object file；如果是库文件，则选择 Library file。最后单击"Add"按钮，如果要添加多个文件，可以不断添加。添加完毕后单击"Close"按钮，关闭该窗口。这时在 Source Group 1 目录里就有 test.c 文件。

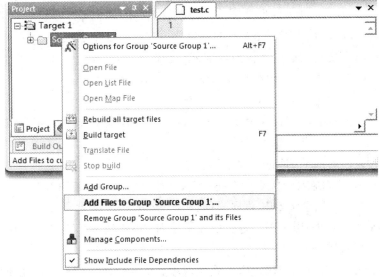

图 3-8　Add Files to Group 'Source Group1'菜单

4．进行参数的设置

接下来要对目标文件进行一些设置。用鼠标右键单击 Target 1，在弹出的菜单中选择 Options for Target"Target 1"选项，弹出 Options for Target"Target 1"对话框，其中有 11 个选项卡，下面选取几个简要介绍。

1）Target 选项卡

设置 Target 选项卡，如图 3-9 所示。

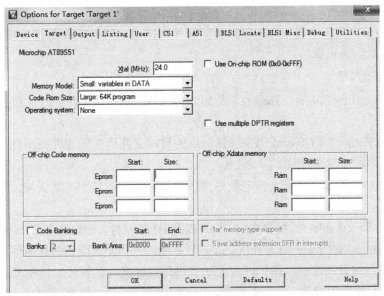

图 3-9　设置 Target 选项卡

(1) Xtal(MHz)用来设置晶振频率值，默认值是所选目标 CPU 的最高可用频率值，可根据需要重新设置。该设置与最终产生的目标代码无关，仅用于软件模拟调试时显示程序执行时间。正确设置该数值可使显示时间与实际所用时间一致，一般将其设置成与硬件目标样机所用的频率相同，如果没必要了解程序执行的时间，也可以不设置。

(2) Memory Model 用来设置 RAM 的存储器模式，有 3 个选项。

① Small：所有变量都在单片机的内部 RAM 中。

② Compact：可以使用 1 页外部 RAM。

③ Large：可以使用全部外部的扩展 RAM。

(3) Code Rom Size 用来设置 ROM 空间的使用，即程序的代码存储器模式，有 3 个选项。

① Small：只使用低于 2K 的程序空间。

② Compact：单个函数的代码量不超过 2K，整个程序可以使用 64K 程序空间。

③ Large：可以使用全部 64K 程序空间。

(4) Use on-chip ROM 用来确定是否仅使用片内 ROM 选项。注意，选中该项并不会影响最终生成的目标代码量。

(5) Operation sytstem 用来确定操作系统选项。Keil 提供了两种操作系统：Rtx tiny 和 Rtx full。通常不选操作系统，所以选用默认项 None。

(6) Off-chip Cod memory 用来确定系统扩展的程序存储器的地址范围。

(7) Off-chip Xdata memory 用来确定系统扩展的数据存储器的地址范围。

(8) Code Banking 是使用 Code Banking 技术。Keil 可以支持程序代码超过 64 KB 的情况，最大可以有 2 MB 的程序代码。如果代码超过 64 KB，那么就要使用 Code Banking 技术以支持更多的程序空间。Code Banking 支持自动的 Bank 切换，这在建立一个大型系统时是必须的。例如，在单片机里实现汉字字库或实现汉字输入法，都要用到该技术。

上述(4)、(6)、(7) 3 个选项必须根据所用硬件来决定或如果是最小应用系统，不进行任何扩展，则按默认值设置。

2) Output 选项卡

点击"Options for Target'Target1'"窗口的"Output"选项，会出现 Output 页面，如图 3-10 所示。

(1) Select Folder for Objects 用来选择最终的目标文件所在的文件夹，默认与工程文件在同一文件夹中，通常选默认。

(2) Name of Executable 用于指定最终生成的目标文件的名字，默认与工程文件相同，通常选默认。

(3) Create Executable：如果要生成.OMF 以及.HEX 文件，一般选中 Debug Information、Browse Information 和 Create HEX Eile。选中前两项，才有调试所需的详细信息，比如要调试 C 语言程序；如果不选中，调试时将无法看到高级语言写的程序。选中 Create HEX File 选项，编译之后才会生成.HEX 文件。默认是不选中的。

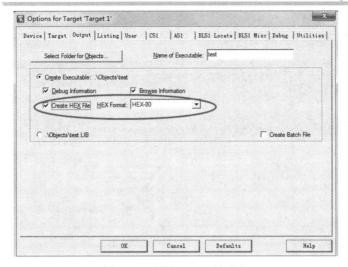

图 3-10　设置 Output 选项卡

3) 设置 Listing 选项卡

设置 Listing 选项卡，如图 3-11 所示。

图 3-11　设置 Listing 选项卡

Keil C51 在编译之后除了生成目标文件之外，还可以生成*.lst、*.m51 文件。这两个文件可以告诉程序员程序中所用的 idata、data、bit、xdata、code、RAM、ROM、stack 等相关信息，以及程序所需的代码空间。选中 Assembly Code 会生成汇编的代码。如果不知道如何用汇编来写一个 LONG 型数的乘法，那么可以先用 C 语言来写，写完之后编译，就可以得到用汇编实现的代码。对于一个高级的单片机程序员来说，既要熟悉汇编语言，也要熟悉 C 语言，这样才能更好地编写程序。某些地方用 C 语言无法实现，但用汇编语言却很容易。有些地方用汇编语言很繁琐，用 C 语言却很方便。单击 Select Folder for Listings 按钮后，在出现的对话框中可以选择生成的列表文件的存放目录。如果不做选择时，则可使用项目文件所在的目录。

4) 设置 Debug 选项卡

设置 Debug 选项卡，如图 3-12 所示。

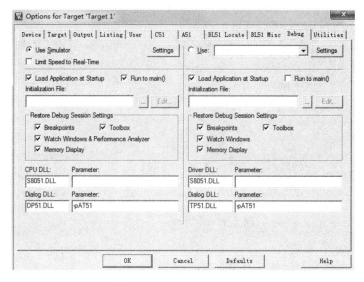

图 3-12　设置 Debug 选项卡

这里有两类仿真形式可选，Use Simulator 和 Use: Keil Monitor-51 Driver，前一种是纯软件仿真，后一种是带有 Monitor-51 目标仿真器的仿真。

Load Application at Startup：选择这项之后，Keil 才会自动装载程序代码。

Run to main：调试 C 语言程序时可以选择这一项，PC 会自动运行到 main 程序处。这里选择 Use Simulator。如果选择 Use: Keil Monitor-51 Driver，还可以单击图中的 Settings 按钮，打开新的窗口，如图 3-13 所示，其中的设置如下。

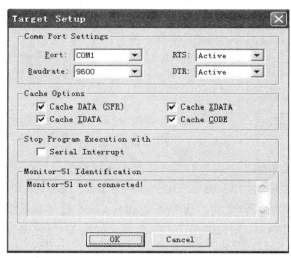

图 3-13　仿真器设置

(1) Port：设置串口号，为仿真器的串口连接线 COM_A 所连接的串口。具体的 PC 机的串口是不同的，可以通过查看个人 PC 机的设备管理器来查看自己的串口。

(2) Baudrate：设置为 9600，仿真器固定使用 9600 b/s 的波特率跟 PC 机通信。

(3) Serial Inerrupt：允许串行中断，选中它。

(4) Cache Options：可以选也可以不选，推荐选它，这样仿真机会运行得快一点。

最后，单击 OK 按钮关闭窗口。

5．进行调试工作

(1) 编译程序，选择 Project/Rebuild all target files 选项，或者点击工具栏上的 按钮，即可进行编译，如图 3-14 所示。

图 3-14　Rebuild all target files

(2) 或者单击工具栏中的 按钮，开始编译程序。如果编译成功，开发环境下面会显示编译成功的信息，如图 3-15 所示。

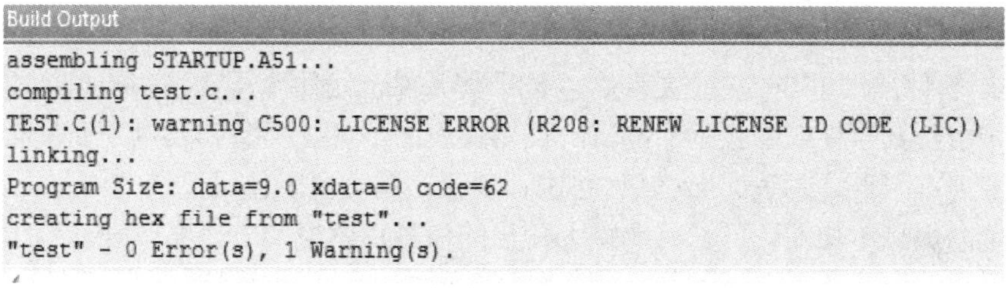

```
Build Output
assembling STARTUP.A51...
compiling test.c...
TEST.C(1): warning C500: LICENSE ERROR (R208: RENEW LICENSE ID CODE (LIC))
linking...
Program Size: data=9.0 xdata=0 code=62
creating hex file from "test"...
"test" - 0 Error(s), 1 Warning(s).
```

图 3-15　编译成功信息

(3) 编译完毕之后，选择 Debug/Start/Stop Debug Session 选项，或者单击工具栏中的 按钮即可进入仿真环境。这样就完成了一个实例的设计，并实现对应用系统进行仿真。

3.5　Proteus 软件

Proteus ISIS 是英国 Labcenter 公司开发的电路分析与实物仿真软件。它运行于 Windows 操作系统上，可以仿真、分析(SPICE)各种模拟器件和集成电路，其功能相当强大。本节主要是对 Proteus 软件进行简单的介绍，并且通过一个具体的实例来阐述 Proteus 软件的使用方法。

3.5.1　Proteus 概述

Proteus 是目前应用较为广泛的单片机仿真软件之一，其不仅能进行硬件电路的设计，还能进行仿真实验，下面我们就对 Proteus ISIS 软件进行介绍。

1．Proteus 特点

Proteus 与其他单片机仿真软件不同的是，它不仅能仿真单片机 CPU 的工作情况，也能仿真单片机外围电路或没有单片机参与的其他电路的工作情况。因此在仿真和程序调试时，关心的不再是某些语句执行时单片机寄存器和存储器内容的改变，而是从工程的角度直接看程序运行和电路工作的过程和结果。对于这样的仿真实验，从某种意义上讲，弥补了实验和工程应用之间脱节的矛盾。该软件的特点有以下几点。

(1) 实现了单片机仿真和 SPICE 电路仿真相结合。Proteus 能实现模拟电路仿真、数字电路仿真、单片机及外围电路组成的系统的仿真、RS232 动态仿真、键盘和 LCD 系统仿真；同时具有 I^{2}C 调试器、SPI 调试器以及各种虚拟仪器(如示波器、逻辑分析仪、信号发生器等)的功能。

(2) 支持单片机系统的仿真。目前支持的单片机类型有 8051 系列、AVR 系列、PIC12 系列、PIC16 系列、PIC18 系列、Z80 系列、HC11 系列以及各种外围芯片。

(3) 提供软件调试功能。在硬件仿真系统中具有全速、单步、设置断点等调试功能，同时可以观察各个变量、寄存器等的当前状态，因此在该软件仿真系统中，也具有这些功能；它同时还支持第三方的软件编译和调试环境，如 Keil C51 μVision5 等软件。

(4) 具有强大的原理图绘制功能。

总之，该软件是一款集单片机和 SPICE 分析于一身的仿真软件，功能极其强大。本章介绍 Proteus ISIS 软件的工作环境和一些基本操作。

2．软件所提供的元件资源和仪表资源

Proteus 软件提供了 30 多个元件库，数千种元件。元件涉及数字和模拟、交流和直流等。对于一个仿真软件或实验室，测试的仪器仪表的数量、类型和质量是衡量实验室是否合格的一个关键因素。在 Proteus 软件包中，不存在同类仪表使用数量的问题。Proteus 还提供了一个图形显示功能，可以将线路上变化的信号以图形的方式实时地显示出来，其作用与示波器相似但功能更多。

3．Proteus 软件所提供的调试方法

Proteus 提供了比较丰富的测试信号，用于电路的测试。这些测试信号包括模拟信号和数字信号。对于单片机硬件电路和软件的调试，Proteus 提供了两种方法：一种是系统总体执行效果，一种是对软件的分步调试。

对于总体执行效果的调试方法，只需要执行 Debug 菜单下的 Execute 菜单项或 F12 快捷键启动执行，用 Debug 菜单下的 Pause Animation 菜单项或 Pause 键暂停系统的运行；或用 Debug 菜单下的 Stop Animation 菜单项或 Shift-Break 组合键停止系统的运行。其运行方式也可以选择工具栏中的相应工具进行。对于软件的分步调试，应先执行 Debug 菜单下的 Start/Restart Debugging 菜单项命令，此时可以选择 Stepover、Step into 和 Step out 命令执行程序(可以用快捷键 F10、F11 和 Ctrl+F11)，执行的效果是单句执行、进入子程序执行和跳出子程序执行。在执行了 Start / Restart Debuging 命令后，在 Debug 菜单的下面要出现仿真中所涉及的软件列表和单片机的系统资源等，可供调试时分析和查看。

4．Proteus ISIS 界面简介

双击桌面上的 ISIS 7.1 Professional 图标或者单击屏幕左下方的"开始"→"程序"→"Proteus 7.1 Professional"→"ISIS 7.1 Professional"，出现如图 3-16 所示屏幕，表明进入 Proteus ISIS 集成环境。

Proteus ISIS 的工作界面是一种标准的 Windows 界面，如图 3-17 所示。工作界面包括：标题栏、主菜单、标准工具栏、绘图工具栏、状态栏、对象选择按钮、预览对象方位控制按钮、仿真进程控制按钮、预览窗口、对象选择器窗口、图形编辑窗口。本章只介绍 Proteus ISIS 最基本的操作，对这些菜单不再详细介绍。

图 3-16 Protues ISIS 软件的进入界面

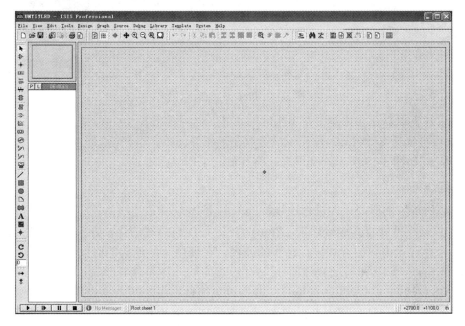

图 3-17 Proteus ISIS 工作界面

3.5.2 Proteus ISIS 设计实例

本节通过一个实例(流水灯的显示)来阐述 Proteus ISIS 程序的应用,将结合上一节的流水灯程序设计来设计一个流水灯的硬件电路,然后将其仿真。

1. 打开工作界面

如果想要设计一个仿真电路,首先要打开 Proteus ISIS 进入 Proteus ISIS 工作界面。

2. 选择元件

(1) 点击工作界面工具栏侧 P L DEVICES 图标的 P 来选择元件。元件是在元件库中选择的。如图 3-18 所示为 Proteus ISIS 的元件库。本实例中我们需要选择 ATMEL 公司出品的 AT89C52 单片机,8 个发光二极管,1 个电源 V_CC。

图 3-18　Proteus ISIS 元件库

(2) 单片机可以在元件库中找出相应的元件。也可以在 Keywords 上输入要找的元件来选择。然后再选择 8 个 LED 发光二极管放在工作界面中。再在绘图工具栏中点击 来选择电源 V_{CC}，如图 3-19 所示选择电源。将其放入工作界面中。

3．连线

(1) 将所放置的所有元件进行连线，Proteus ISIS 软件在连线的过程中只需将元件的两个端点加以连接就能将其连接起来，Proteus ISIS 还配有总线的连接方式，在绘图工具栏中点击 选择连接中线的方式进行总线的连接，在使用总线连接的时候，连接导线需要和总线成一定的角度，这时我们可以通过按住键盘的 Ctrl 键来使导线与总线成角度。连接完毕后需要将总线和连接导线进行标号，我们可以通过点击绘图工具栏中的 来对总线进行标号，当然也可以通过选中 Edit 菜单项的下拉列表中的 Property Assignment Tool 来选中标号项，如图 3-20 所示。

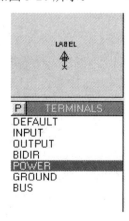

图 3-19　电源的选择　　　　　　　　　图 3-20　标号选项

(2) 点击进入后将 String 项改为 net=P1.#，然后将鼠标点击导线，从而对导线进行编号。设置选项如图 3-21 所示。

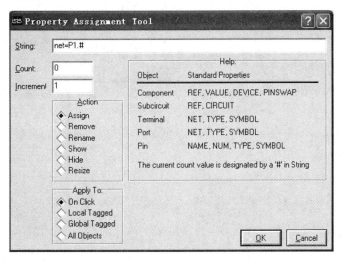

图 3-21　设置导线编号

(3) 标完 8 根导线之后重新点击快捷键 A 来重新选择导线编号选项，再将鼠标点击另外与其连接的 8 根导线。

4．设置单片机

用鼠标右键点击单片机，然后选 Edit Properties 或者使用快捷键 Ctrl+E 来设置单片机参数，如图 3-22 所示。接着将弹出如图 3-23 所示的选项卡，可以设置单片机的主频等参数，然后点击 Program File: ⬛来添加程序。

图 3-22　设置单片机

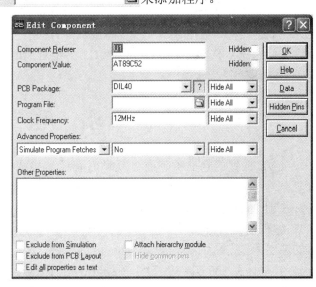

图 3-23　设置单片机参数

5．仿真调试

最后点击仿真控制按钮 ▶ ⏸ ⏹ 来调试该系统，并完成调试，如图 3-24 所示。

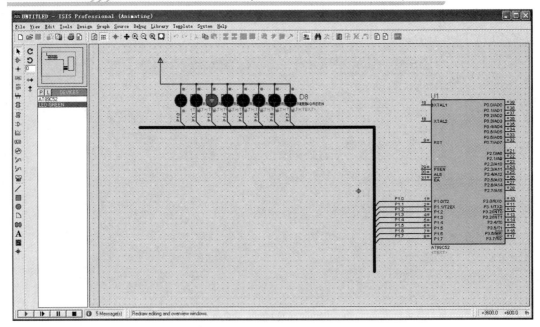

图 3-24　完成流水灯设计

本 章 小 结

本章介绍了 C51 编程的相关知识，并介绍了 C51 编程开发环境 Keil μVision4 软件及 Proteus 仿真软件。C51 是基于 MCS-51 单片机的 C 语言编程，它是在通用 C 语言的基础上，结合单片机的特殊硬件结构所衍生出来的专门针对单片机编程的语言。C51 与通用 C 语言相比，在数据结构、数据存储类型、库函数等方面有一些区别。本章主要介绍了 C51 扩展的数据类型，C51 的数据存储类型以及 C5 的绝对地址访问，并简单介绍了 C 语言的程序结构及 C51 函数等。

习　　题

1．C51 数据的存储类型有哪几种？存储器模式有哪几种？指针型数据的类型有哪几种？

2．C51 如何对内、外存储器和 I/O 口访问？

3．编程定义 a,b,c 三个变量，a 为内部 RAM 区可位寻址的字符变量，b 为外部数据存储区的浮点变量，c 为指向 int 型 xdata 区的指针。

4．编程计算 230578×390245，乘积存外部 RAM 区 1000H 开始的存储单元中。

5．内部 RAM 区 30H 单元存放 1 个 0～5 的数字，编写程序，用查表法求出该数的平方值并存入 31 中。

6．编写程序，实现 0+1+2+…+10，结果存内部 RAM 40H。

7．编程，控制 P0 口的 8 只 LED 灯从 P0.1～P0.7 循环点亮(每灯点亮的延时不作限制)。

8．分别用查询和中断方式编写定时器延时 1 秒的程序。

9．在内部 RAM 30～4FH 区共有 32 个数据，用串行口方式 1 发送和接收，传送速率 1200 b/s，接收数据存 30～4FH。试编写发送和接收程序。

10．编程实现逻辑表达式 P1.1=P1.2&ACC.0|ACC.1。

11．编程实现将外 RAM 区 10H～20H 内容送内 RAM 区 10H～20H。

第4章 AT89S51 单片机 I/O 端口的基本应用

单片机 I/O 端口的基本应用是控制显示输出及开关状态检测、键盘输入。本章介绍单片机与显示器件、开关及键盘的接口设计与软件编程。

4.1 单片机端口控制发光二极管

发光二极管是一种常用的发光器件，通过电子与空穴复合释放能量发出可见光，在电路及仪器中可以作为指示灯显示工作状态，或者组成文字、数字显示，也可以制作节日彩灯、广告牌等。

发光二极管是一种电流控制型器件，大部分发光二极管的工作电流在 1～5 mA 之间，其内阻为 20～100 Ω。电流越大，亮度也越高。

为了保证发光二极管正常工作，同时减少功耗，限流电阻的选择显得十分重要，若供电电压为+5 V，则限流电阻可选 1～3 kΩ。单片机 I/O 端口驱动发光二极管发光，只需要选择合适的方式并加上适当的限流电阻即可。

4.1.1 单片机与发光二极管的连接方式

单片机的 4 组 I/O 口都可以用作通用 I/O 端口，唯一不同的是，P0 口作通用 I/O 端口时，由于漏极开路，需外接上拉电阻，而 P1～P3 口内部有 30 kΩ 左右上拉电阻，可以直接驱动发光二极管，单片机 P1～P3 口和发光二极管的连接电路如图 4-1 所示。

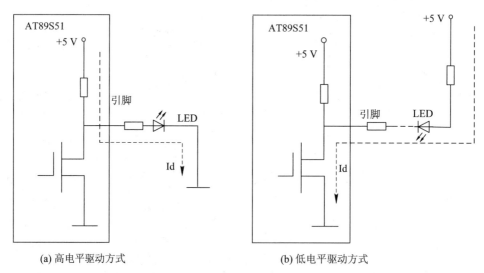

图 4-1 单片机端口和发光二极管的连接电路

与 P1、P2、P3 口相比，P0 口每位可驱动 8 个 LSTTL 输入，而 P1～P3 口每一位的驱动能力只有 P0 口的一半。当 P0 口某位为高电平时，可提供 400 μA 的拉电流；当 P0 口某位为低电平(0.45 V)时，可提供 3.2 mA 的灌电流。而如果 P1～P3 口为高电平，则从 P1、P2 和 P3 口输出的拉电流 Id 仅为上百微安，驱动能力较弱、亮度较差，见图 4-1(a)；如果端口引脚为低电平，能使灌电流 Id 从单片机外部流入内部，则将大大增加流过的灌电流值，见图 4-1(b)。AT89S51 任一端口要想获得较大的驱动能力，一般宜采用低电平输出。

4.1.2　单片机控制发光二极管应用实例及 Proteus 仿真

对 I/O 端口编程时，要对 I/O 端口特殊功能寄存器进行声明。在 C51 编译器中，这项声明包含在头文件 reg51.h 中，编程时，可通过预处理命令#include<reg51.h>，将这个头文件包含进去。

【**例 4-1**】　如图 4-2 所示，8 个发光二极管 LED0～LED7 经限流电阻分别接至 P1 口的 P1.0～P1.7 引脚上，阳极共同接高电平。编写程序控制发光二极管先由上到下点亮，再由下到上点亮，如此循环反复，每次点亮一个发光二极管。

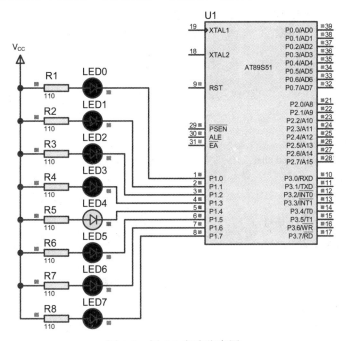

图 4-2　例 4-1 电路仿真图

分析：对图中的接法，若使某个发光二极管点亮，则其对应的单片机端口输出 0 即可。发光二极管从上到下点亮，则 P1 口对应的值分别为：1111 1110,1111 1101,1111 1011…由此可见，只要令 P1 口中 0 的位置左移即可，直到 P1 的值为 0111 1111；发光二极管从下到上点亮，则 P1 口对应的值分别为：0111 1111,1011 1111,1101 1111…由此可见，只要令 P1 口中 0 的位置右移即可，直到 P1 的值为 1111 1110。

针对上述分析，编写程序方法有两种。方法一：可以建立 1 个字符型数组，将控制 8 个 LED 显示的 8 位数据作为数组元素，依次送 P1 口。方法二：使用移位运算符">>"和"<<"，将送 P1 口数据进行移位，从而实现发光二极管依次点亮。这两种方法的程序如下。

方法一程序：

```
#include <reg51.h>
#define uchar unsigned char
uchar tab[ ]={ 0xfe , 0xfd , 0xfb , 0xf7 , 0xef , 0xdf , 0xbf , 0x7f , 0x7f , 0xbf , 0xdf , 0xef , 0xf7 ,
0xfb , 0xfd , 0xfe };          //前 8 个数据为左移点亮数据，后 8 个数据为右移点亮数据
    void    delay( )      //延时函数
    {    uchar i,j;
        for(i=0; i<255; i++)
        for(j=0; j<255; j++);
    }
    void    main( )                    //主函数
    {    uchar i;
        while (1)
        {    for(i=0;i<16; i++)
            {    P1=tab[i];
                delay( );
            }
        }
    }
```

方法二程序：

```
#include <reg51.h>
#define uchar unsigned char
    void    delay( )
    {    uchar i,j;
        for(i=0; i<255; i++)
        for(j=0; j<255; j++);
    }
    void    main( )                            //主函数
    {    uchar i,temp;
        while (1)
        {    temp=0x01;                        //左移初值赋给 temp
            for(i=0; i<8; i++)
            {
                P1=~temp;                      //temp 取反后送 P1 口
                delay( );
                temp=temp<<1;                  //temp 中数据左移一位
            }
            temp=0x80;                         //右移初值赋给 temp
            for(i=0; i<8; i++)
```

```
    {
        P1=~temp;                      //temp 取反后送 P1 口
        delay( );
        temp=temp>>1;                  //temp 中数据右移一位
    }
    }
}
```

需要注意的是，左移运算符"<<"是将高位丢弃，低位补 0；右移移位运算符">>"是将低位丢弃，高位补 0。因此在使用中，需要借助中间变量 temp，利用 temp 进行移位，保证每次移位之后 temp 变量中只有一个 1，然后再取反即可。如果要想简化程序，则可以使用循环左移函数"_crol_"和循环右移函数"_cror_"。循环左移函数是将移出的高位再补到低位，即循环移位；同理，循环右移函数是将移出的低位再补到高位。使用循环移位函数的程序如下：

```c
#include <reg51.h>
#include <intrins.h>              //包含左、右移位函数的头文件
#define uchar unsigned char
void   delay( )
{   uchar i,j;
    for(i=0; i<50; i++)
    for(j=0; j<255; j++);
}
void   main( )                    //主函数
{   uchar i;
    P1=0xfe;                      //初值为 0x11111110
    while (1)
    {

        for(i=0; i<7; i++)
        {
            delay( );            //延时
            P1=_crol_(P1,1) ;    //执行左移函数，temp 中的数据循环左移 1 位


        }
        for(i=0; i<7; i++)
        {

            delay( );            //延时
            P1=_cror_(P1,1) ;    //执行右移函数，temp 中的数据循环右移 1 位
```

```
        }
      }
    }
```

在程序的运行过程中，若要改变流水灯点亮的速度，只需要改变 delay( )函数中 i，j 的值即可。

4.2　单片机端口控制 LED 数码管

七段数码管是单片机系统中常用的显示器件，可以用来显示单片机系统的工作状态、运算结果等各种信息。

本节重点介绍单片机端口驱动七段数码管显示，包括七段数码管的基本知识和 AT89S51 单片机连接控制七段数码管的方法。分别介绍了单个七段数码管的连接方法，多个七段数码管的连接方法，并针对多个数码管的连接方法介绍了静态显示和动态显示，同时给出了大量的相关实例。

4.2.1　七段数码管概述

单个七段数码管的外形如图 4-3 所示，常见引脚如图 4-4 所示。七段数码管由 8 个 LED 发光二极管分别构成其 7 个字段和 1 个小数点，通过不同的字段和小数点亮灭组合可以显示数字 0~9，字符 A~F、H、L、P、R、U、Y，"-"符号以及小数点"."等图形。

图 4-3　七段数码管外形

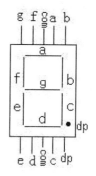

图 4-4　七段数码管常见引脚

组成七段数码管的 8 个 LED 发光二极管的连接方法通常是将其中一极连接在一起形成一个公共极，剩下一极作为各自字段的控制极。

将 8 个 LED 发光二极管的阳极连在一起构成公共极的七段数码管称为共阳极数码管(如图 4-5 所示)，而将 8 个 LED 发光二极管的阴极连在一起构成公共极的七段数码管称为共阴极数码管(如图 4-6 所示)。

由共阳极数码管内部结构可知，要点亮共阳极数码管的对应字段，需要公共极接高电平，同时对应段控制极接低电平。而由共阴极数码管内部结构可知，要点亮共阴极数码管的对应字段，需要公共极接低电平，同时对应段控制极接高电平。

通常应用中将 a~g、dp 控制极依次由低位接到高位控制线，由此可以得到共阳极、共阴极数码管的字形码表。

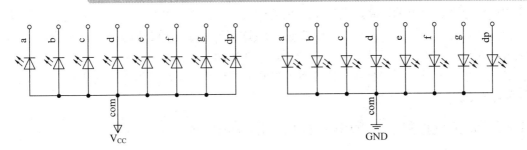

图 4-5　共阳极数码管内部结构　　　　　　图 4-6　共阴极数码管内部结构

表 4-1　共阳极、共阴极数码管的字形码表

字符	共阳极数码管									共阴极数码管								
	dp	g	f	e	d	c	b	a	字型码	dp	g	f	e	d	c	b	a	字型码
0	1	1	0	0	0	0	0	0	C0H	0	0	1	1	1	1	1	1	3FH
1	1	1	1	1	1	0	0	1	F9H	0	0	0	0	0	1	1	0	06H
2	1	0	1	0	0	1	0	0	A4H	0	1	0	1	1	0	1	1	5BH
3	1	0	1	1	0	0	0	0	B0H	0	1	0	0	1	1	1	1	4FH
4	1	0	0	1	1	0	0	1	99H	0	1	1	0	0	1	1	0	66H
5	1	0	0	1	0	0	1	0	92H	0	1	1	0	1	1	0	1	6DH
6	1	0	0	0	0	0	1	0	82H	0	1	1	1	1	1	0	1	7DH
7	1	1	1	1	1	0	0	0	F8H	0	0	0	0	0	1	1	1	07H
8	1	0	0	0	0	0	0	0	80H	0	1	1	1	1	1	1	1	7FH
9	1	0	0	1	0	0	0	0	90H	0	1	1	0	1	1	1	1	6FH
A	1	0	0	0	1	0	0	0	88H	0	1	1	1	0	1	1	1	77H
B	1	0	0	0	0	0	1	1	83H	0	1	1	1	1	1	0	0	7CH
C	1	1	0	0	0	1	1	0	C6H	0	0	1	1	1	0	0	1	39H
D	1	0	1	0	0	0	0	1	A1H	0	1	0	1	1	1	1	0	5EH
E	1	0	0	0	0	1	1	0	86H	0	1	1	1	1	0	0	1	79H
F	1	0	0	0	1	1	1	0	8EH	0	1	1	1	0	0	0	1	71H
H	1	0	0	0	1	0	0	1	89H	0	1	1	1	0	1	1	0	76H
L	1	1	0	0	0	1	1	1	C7H	0	0	1	1	1	0	0	0	38H
P	1	0	0	0	1	1	0	0	8CH	0	1	1	1	0	0	1	1	73H
R	1	1	0	0	1	1	1	0	CEH	0	0	1	1	0	0	0	1	31H
U	1	1	0	0	0	0	0	1	C1H	0	0	1	1	1	1	1	0	3EH
Y	1	0	0	1	0	0	0	1	91H	0	1	1	0	1	1	1	0	6EH
-	1	0	1	1	1	1	1	1	BFH	0	1	0	0	0	0	0	0	40H
·	0	1	1	1	1	1	1	1	7FH	1	0	0	0	0	0	0	0	80H
熄灭	1	1	1	1	1	1	1	1	FFH	0	0	0	0	0	0	0	0	00H

对七段 LED 数码管显示器的控制，包括对显示段和公共端两个地方的控制。其中显示

段用来控制显示字符的形状, 公共端用来控制数码管是否被选中; 前者又叫段选, 后者又叫位选。只有二者结合起来, 才能在指定的 LED 字位上显示预期的字形。让七段数码管对应段控制极得到表 4-1 中所示的高低电平, 则在数码管上就会显示对应字符, 因此单片机控制七段数码管显示的核心就是使该数码管的位选有效并给数码管的段选线赋予表 4-1 中所示的高低电平。

4.2.2　单片机控制单个数码管应用实例及 Proteus 仿真

单片机控制单个数码管最简单的方法就是直接使用一组并行 I/O 引脚分别接数码管的 8 个段线, 然后编写单片机程序通过此并口给这个数码管对应引脚提供相应电平, 就可以在其上显示内容了。需要注意的是, 因为各段的发光二极管额定电流一般在 10 mA 左右, 所以需在单片机和数码管各控制极间接限流电阻保护数码管。

【例 4-2】　利用单片机控制一个 8 段 LED 数码管循环显示 0~9 这 10 个数字。

程序如下:

```c
#include "reg51.h"
#include "intrins.h"
#define uchar unsigned char
#define uint unsigned int
#define out P2
uchar code seg[]={0xc0,0xf9,0xa4,0xb0,0x99,0x92,0x82,0xf8,0x80,0x90};
                                //共阳极数码管显示 0~9 段码表
void delayms(uint);
void main(void)
{
uchar i;
while(1)
    {    for(i=0;i<10;i++)
    {out=seg[i];
    delayms(900);}

    }
}
void delayms(uint j)                //延时函数
{
uchar i;
for(;j>0;j--)
    {
        i=250;
        while(--i);
        i=249;
```

```
        while(--i);
    }
}
```

仿真结果如图 4-7 所示。

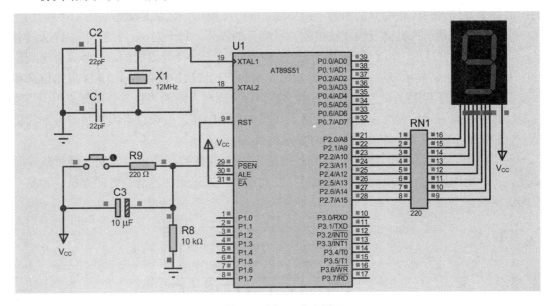

图 4-7　例 4-2 仿真图

4.2.3　单片机控制多个数码管应用实例及 Proteus 仿真

单片机控制多个数码管，可以实现较为复杂的信息显示。对七段 LED 数码管的显示驱动控制，可分为静态显示和动态显示。

(1) 静态显示。如图 4-8 所示，多位 LED 数码管工作于静态显示方式时，各位共阴极(或共阳极)连接在一起并接地(或接+5 V)；每位数码管段码线(a~dp)分别与一个 8 位 I/O 端口锁存器输出相连。如果送往各个 LED 数码管所显示字符的段码已经确定，则相应 I/O 端口锁存器锁存的段码输出将维持不变，直到送入下一个显示字符段码。

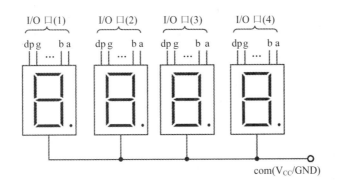

图 4-8　数码管静态显示接线

静态显示方式显示无闪烁，亮度较高，软件控制较易。这种显示方式的效果稳定，占用 CPU 的时间少，但每只 LED 需要占用一个 8 位 I/O 端口资源，硬件开销大。

(2) 动态显示。如图 4-9 所示，当显示位数较多时，静态显示所占的 I/O 口多，为节省 I/O 口，通常将所有显示器段码线的同名段并联在一起，比如有 N 只 LED 数码管参与显示，则将它们所有的 a 段并连在一起，所有的 b 段并连在一起，即 N 只 LED 的段选是相同的；而各个数码管的公共端分别由另一组单独 I/O 口线控制，这就是动态显示的接线法。

动态显示就是单片机向段码线输出欲显示字符的段码，每一时刻，只有 1 位位选线有效，即选中某一位显示，其他 LED 由于没有位选允许而无法接受段选码，从而只有得到位选的 LED 才能正常显示该字形。动态显示用扫描的方式依次轮流向各个 LED 发出位选和段选数据，使所有 LED 分时参与显示，由于数码管余辉和人眼的"视觉暂留"作用，只要控制好每位数码管显示时间和间隔，就可造成"多位同时亮"的假象，人的眼睛看到的仍是一组稳定的 LED 字形，从而达到同时显示的效果。

各位数码管轮流点亮的时间间隔(扫描间隔)应根据实际情况而定。发光二极管从导通到发光有一定的延时，如果点亮时间太短，发光太弱，人眼无法看清；时间太长，容易产生闪烁现象。

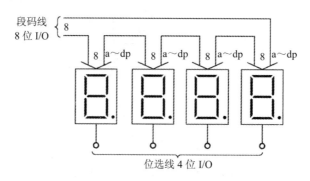

图 4-9　数码管动态显示接线

【例 4-3】　单片机的 P0 口和 P1 口分别控制 2 只数码管，静态显示 2 个数字 89，编程实现。

分析：单片机用 P0 口与 P1 口分别控制加到两个共阳极数码管 D1 和 D2 的段码，而 D1 和 D2 的公共端直接接至+5 V，因此数码管 D1 与 D2 始终处于导通状态。利用 P0 口与 P1 口带有的锁存功能，只需向单片机 P0 口与 P1 口分别写入 8 和 9 相应的显示字符"0x80"和"0x90"即可。电路原理及仿真图如图 4-10 所示。

程序如下：

```
#include "reg51.h"
void main(void)
{

    P1=0x90;
    P0=0x80;
    while(1);
}
```

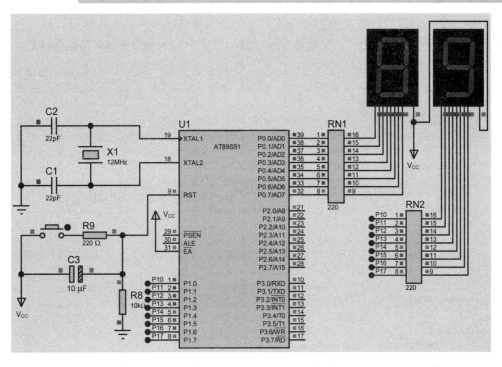

图 4-10　例 4-3 电路仿真图

【例 4-4】　单片机的 P1 口作为段选线，P2 口作为位选线，驱动 1 个 8 位共阳极的数码管，显示数字 1～8。电路原理及仿真图如图 4-11 所示，编程实现。

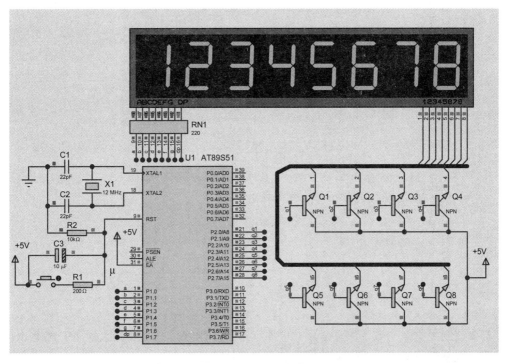

图 4-11　例 4-4 电路仿真图一

分析：程序运行后，单片机控制左边第一个数码管显示 1，其他不显示，延时之后，控制左边第二个数码管显示 1，其他不显示，直至第八个数码管显示 8，其他不显示，反复循环上述过程。注意控制好延时时间，使 8 个数字在视觉上同时显示即可。

程序如下：

```
#include<reg51.h>
#include<intrins.h>
#define uchar unsigned char
#define uint unsigned int
#define    duan P1
#define wei P2
uchar code dis_code[]={0xf9,0xa4,0xb0,0x99,0x92,0x82,0xf8,0x80};        //共阳数码管段码表


void    delay(uint y)                //延时子函数
{
    uchar i;
    while(y--) for(i=0;i<110;i++);
}


void    main()
{
    uchar i,j;
    while(1)
    {j=0x80;
    for(i=0;i<8;i++)
      {
        wei=0;               //关闭显示
        j=_crol_(j,1);        //_crol_(j,1)--将 j 循环左移 1 位
        duan=dis_code[i];     //P0 口输出段码
        wei=j;                //P2 口输出位控码
        delay(5);
      }
    }
}
```

若要使例子中 8 个数字滚动显示，即不同时显示出来，只需要修改程序中调用 delay() 函数的参数 y 的值即可。增大 y 的值，仿真效果如图 4-12 所示。

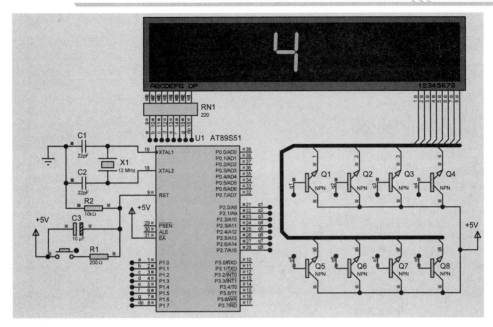

图 4-12　例 4-4 电路仿真图二

【例 4-5】　若要使例 4-4 中先是从左到右显示 1～8，再从右到左显示 1～8，编程实现之。
程序如下：

```
#include<reg51.h>
#include<intrins.h>
#define uchar unsigned char
#define uint unsigned int
#define    duan P1
#define wei P2
uchar code dis_code[]={0xf9,0xa4,0xb0,0x99,0x92,0x82,0xf8,0x80};//共阳数码管段码表

void    delay(uint y)           //延时子函数
{
    uchar i;
    while(y--) for(i=0;i<110;i++);
}

void    main()
{
    uchar i,j;
    while(1)
    {j=0x80;
    for(i=0;i<8;i++)
```

```
    {
      wei=0;                    //关闭显示
      j=_crol_(j,1);            //_crol_(j,1)--将 j 循环左移 1 位
      duan=dis_code[i];         //P0 口输出段码
      wei=j;                    //P2 口输出位控码
      delay(200);
    }
    j=0x01;
      for(i=0;i<8;i++)
    {
      wei=0;                    //关闭显示
      j=_cror_(j,1);            //_cror_(j,1)--将 j 循环右移 1 位
      duan=dis_code[i];         //P0 口输出段码
      wei=j;                    //P2 口输出位控码
      delay(200);
    }
      }
  }
```

仿真结果如图 4-13 所示。

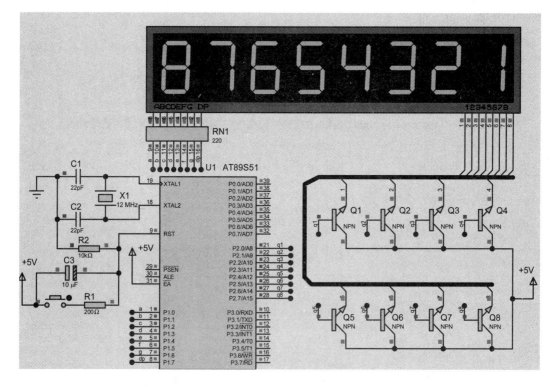

图 4-13　例 4-5 电路仿真图

4.3　单片机端口控制 LED 点阵

本节重点介绍 LED 点阵模块的扩展，目的在于介绍 MCS-51 单片机连接控制 LED 点阵模块的方法。主要内容包括 LED 点阵模块的内部连接以及如何点亮单个点，并进一步介绍在 LED 点阵模块上显示图形的方法。

4.3.1　LED 点阵模块概述

七段数码管只能显示一些简单的字符，在日常生活中常使用 LED 点阵模块显示文字和图形。LED 点阵模块已广泛应用于车站、银行、商场等公共场所的广告宣传和新闻传播上，它不仅能显示文字、图形，还能播放动画、图像、视频等信号。

LED 点阵模块是指将多个 LED 发光二极管按矩阵的方式排列起来，通过对各个 LED 发光二极管的控制，来实现各种文字和图形显示。常见的 LED 点阵模块有 5×7(5 列 7 行) 和 8×8(8 列 8 行)两种结构。

LED 点阵显示器分为图文显示器和视频显示器，有单色显示，还有彩色显示。下面仅介绍单片机如何来控制单色 LED 点阵显示器的显示。

1. LED 点阵结构

以 8×8 LED 点阵显示器为例，外形如图 4-14 所示，内部结构如图 4-15 所示，由 64 个发光二极管组成，且每个发光二极管都处于行线(R0～R7)和列线(C0～C7)之间的交叉点上。

图 4-14　8×8 LED 点阵显示器外形

如图 4-15 所示，第 1 行的 8 个 LED 发光二极管的阳极并接在一起形成行线 1，而第 1 列的 8 个 LED 发光二极管的阴极并接在一起形成列线 1，以此类推，因此其为行共阳型 LED 点阵模块。在此模块里要点亮第 1 行上的任意一个 LED 发光二极管，则行线 1 必须接高电平，对应列接低电平；要点亮第 1 列上的任意一个 LED 发光二极管，则列线 1 必须接低电平，对应行线为高电平。例如，要点亮位置在第 1 行、第 1 列的那个 LED 发光二极管，则必须同时满足行线 1 接高电平、列线 1 接低电平；如果是行共阴型 LED 点阵模块，要点亮第 1 行、第 1 列的那个发光二极管，则正好相反，必须同时满足行线 1 接低电平、列线 1 接高电平。在单片机控制 LED 点阵模块的应用中，用单片机给 LED 点阵模块提供相应电平，实现点亮对应 LED 发光二极管。如果在很短时间内依次点亮多个发光二极管，LED 点阵就可显示一个稳定字符、数字或其他图形。

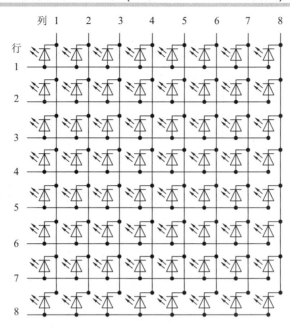

图 4-15　8 × 8 LED 点阵显示器的内部结构

根据对 LED 点阵模块的控制方式,有行扫描方式和列扫描方式。行扫描方式就是显示字符、数字或图形时,逐行使发光二极管有效,然后控制对应的列从而控制发光二极管的亮灭达到显示的目的;列扫描就是逐列使发光二极管有效,然后控制对应的行从而控制发光二极的亮灭。两者最终效果相同,但是在编程控制的时候,对 I/O 端口的控制稍有不同。

利用 4 个 8 × 8 LED 点阵显示模块可以扩展 16×16 LED 点阵,其显示原理与 8 × 8 LED 点阵是类似的,只不过行和列均为 16。下面以显示字符"子"为例,说明 16 × 16 点阵的显示过程。

先给 LED 点阵的第 1 行送高电平(行线高电平有效),同时给所有列线送高电平(列线低电平有效),从而第 1 行的发光二极管全灭;

延时一段时间后,再给第 2 行送高电平,同时加给所有列线的编码为"1100 0000 0000 1111",列线为 0 的发光二极管点亮,从而点亮 10 个发光二极管,显示出汉字"子"的第一横;

延时一段时间后,再给第 3 行送高电平,同时加到列线的编码为"1111 1111 1101 1111",点亮 1 个发光二极管;

以此类推。

延时一段时间后,再给第 16 行送高电平,同时加给列线的编码为"1111 1101 1111 1111",显示出汉字"子"的最下面的一行,点亮 1 个发光二极管。然后再重新循环上述操作,利用人眼视觉暂留效应,一个稳定字符"子"显示出来,如图 4-16 所示。

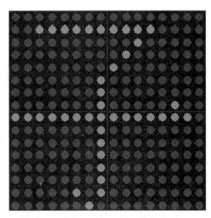

图 4-16　16 × 16 LED 点阵显示"子"

4.3.2　单片机控制点阵显示应用实例及 Proteus 仿真

【例 4-6】 用 8×8 点阵滚动显示 2 个汉字，比如先显示"王"字，从右往左移动之后显示"川"字。仿真电路图如图 4-17 所示。

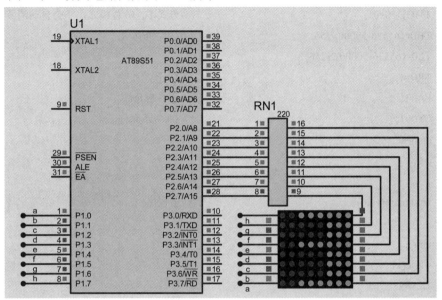

图 4-17　例 4-6 仿真电路图

程序如下：

```
#include<reg51.h>
#define uchar unsigned char
#define uint unsigned int
#define ul unsigned long
uchar code table[]=
{

0x00,0x00,0x00,0x00,0x00,0x00,0x00,0x00,
0x91,0x91,0x91,0xff,0xff,0x91,0x91,0x91,       //显示"王"
0x00,0x01,0xfe,0x00,0xff,0x00,0xff,0x00,       //显示"川"
0x00,0x00,0x00,0x00,0x00,0x00,0x00,0x00

};
uchar i,temp,num,j;
void delay(uint z)                             //延时函数
{
uint x,y;
for(x=z;x>0;x--)
```

```
    for(y=110;y>0;y--);
}
void init()                              //初始化
{
TMOD=0x01;                               //方式 1，16 位模式，不会自动清零。
TH0=(65536-50000)/256;                   //设置初值
TL0=(65536-50000)%256;
TR0=1;                                   //T0 开始计数
EA=1;                                    //总中断允许
ET0=1;                                   //T0 中断允许
num=0;
j=0;
}
void main(void)                          //主程序
{
init();
while(1)
{
    P1=0;
    temp=0xfe;
    for(i=0;i<8;i++)
    {
      P2=temp;
      P1=table[i+j];
      delay(1);
      temp=0x01|(temp<<1);               //列右移一位
    }
  }
}

void timer0() interrupt 1                //中断子程序
{
num++;
TH0=(65536-10000)/256;                   //计数 0.1s
TL0=(65536-10000)%256;
if(num==10)
  {
    num=0;
    j++;
```

```
    if(j= =24)
        j=0;
    }
}
```

【例 4-7】　如图 4-18 所示，利用单片机及 74HC154(4-16 译码器)、非门、16×16 LED 点阵显示屏来实现字符显示，编写程序，循环显示字符"电子技术"。

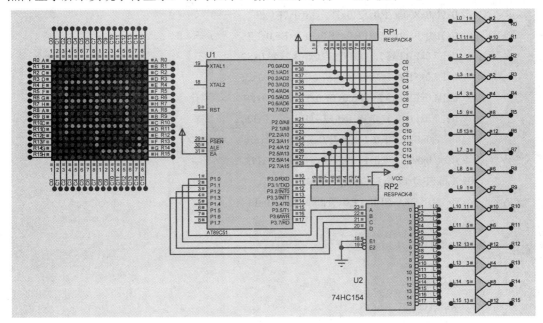

图 4-18　例 4-7 仿真电路图

程序如下：

```
#include<reg51.h>
#define uchar unsigned char
#define uint unsigned int
#define out0 P0
#define out2 P2
#define out1 P1
void delay(uint j)          //延时函数
{
    uchar i=250;
    for(;j>0;j--)
    {
        while(--i);
        i=100;
    }
}
```

```
uchar code string[]= { 0x7F,0xFF,0x7F,0xFF,0x7F,0xFF,0x03,0xE0,
    0x7B,0xEF,0x7B,0xEF,0x03,0xE0,0x7B,0xEF,
    0x7B,0xEF,0x7B,0xEF,0x03,0xE0,0x7B,0xEF,
    0x7F,0xBF,0x7F,0xBF,0xFF,0x00,0xFF,0xFF,        //电
    0xFF,0xFF,0x03,0xF0,0xFF,0xFB,0xFF,0xFD,
    0xFF,0xFE,0x7F,0xFF,0x7F,0xFF,0x7F,0xDF,
    0x00,0x80,0x7F,0xFF,0x7F,0xFF,0x7F,0xFF,
    0x7F,0xFF,0x7F,0xFF,0x5F,0xFF,0xBF,0xFF,        //子
    0xF7,0xFB,0xF7,0xFB,0xF7,0xFB,0x40,0x80,
    0xF7,0xFB,0xD7,0xFB,0x67,0xC0,0x73,0xEF,
    0xF4,0xEE,0xF7,0xF6,0xF7,0xF9,0xF7,0xF9,
    0xF7,0xF6,0x77,0x8F,0x95,0xDF,0xFB,0xFF,        //技
    0x7F,0xFF,0x7F,0xFB,0x7F,0xF7,0x7F,0xFF,
    0x00,0x80,0x7F,0xFF,0x3F,0xFE,0x5F,0xFD,
    0x5F,0xFB,0x6F,0xF7,0x77,0xE7,0x7B,0x8F,
    0x7C,0xDF,0x7F,0xFF,0x7F,0xFF,0xFF,0xFF};       //术

    void main()
    {
        uchar i,j,n;
        while(1)
        {
            for(j=0;j<4;j++)                    //共显示 4 个汉字
            {
                for(n=0;n<40;n++)               //每个汉字整屏扫描 40 次
                {
                    for(i=0;i<16;i++)           //逐行扫描 16 行
                    {
                    out1=i%16;                  //输出行码,
                    out0=string[i*2+j*32];      //输出列码到 C0～C7,逐行扫描
                    out2=string[i*2+1+j*32];    //输出列码到 C8～C15,逐行扫描
                    delay(4);                   //显示并延时一段时间
                    out0=0xff;                  //列线 C0～C7 为高电平,熄灭发光二极管
                    out2=0xff;                  //列线 C8～C15 为高电平,熄灭发光二极管
                    }
                }
            }
        }
    }
```

4.4　单片机端口控制 LCD 显示器

　　液晶(Liquid Crystal，LC)是一种高分子材料，在一定温度或浓度的溶液中，它既具有液体的流动性，又具有晶体的各向异性，因此称为液晶。因为其特殊的物理、化学、光学特性，20 世纪中期开始被广泛应用在轻薄型的显示技术上。

　　液晶具有受电场调制干涉、散射、衍射、旋光、吸收等光学现象，这些现象称为液晶的电光效应。可以利用液晶的电光效应将电信号转换成字符、图像等可见信号。液晶在正常情况下，其分子排列很有秩序，显得清澈透明，一旦加上直流电场后，分子的排列被打乱，一部分液晶会改变光的传播方向，液晶屏前后的偏光片会阻挡特定方向的光线，从而产生颜色深浅的差异，因而能显示数字和图像。

　　液晶显示材料具有驱动电压低、功耗微小、可靠性高、显示信息量大、彩色显示、无闪烁、对人体无危害、生产过程自动化、成本低廉等特点，可以制成各种规格和类型的液晶显示器。

　　LCD(Liquid Crystal Display)显示器分为多色和单色两类,本节介绍单色 LCD 显示技术。和 LED 显示器相比，LCD 的最大特点是功耗小、成本低。单色显示模块的工作电流一般小于 1mA，可以做成分辨率高的显示器件。由于 LCD 显示面板较为脆弱，厂商已将 LCD 控制器、驱动器、RAM 、ROM 和液晶显示器等连接到一块电路板上，称为液晶显示模块(LCD module，LCM)，用户只需购买现成的液晶显示模块即可，这在很大程度上方便了用户的硬件连线和软件编程，这种 LCD 模块在仪器仪表和自动控制领域得到了广泛应用。

　　单色 LCD 模块分为数码笔段型、字符点阵型和图形点阵型三种形式。图 4-19 是国内某厂家生产的单色 LCD 模块的实物照片。

　　(1) 数码笔段型。数码笔段型以长条状组成字符显示，主要用于数字显示，也可用于显示西文字母或某些字符，广泛用于电子表、计算器、数字仪表中。

　　(2) 字符点阵型。字符点阵型专门用于显示字母、数字、符号等。一个字符由 5×7 或 5×10 的点阵组成，在单片机系统中已广泛使用。

　　(3) 图形点阵型。图形点阵型广泛用于图形显示，如笔记本电脑、彩色电视和游戏机等。它是在平板上排列的多行列的矩阵式的晶格点，点的大小与多少决定了显示的清晰度。

(a) 数码笔段型　　　　　　　　(b) 字符点阵型　　　　　　　　(c) 图形点阵型

图 4-19　国内某厂家生产的 LCD 模块

4.4.1　LCD 1602 液晶显示模块简介

　　LCD 1602 是最常见的字符型液晶显示模块，下面简要介绍其特征。

1. 字符型液晶显示模块 LCD 1602 的特性与引脚

字符型 LCD 模块常用的有 16 字×1 行、16 字×2 行、20 字×2 行、20 字×4 行等模块，型号常用×××1602、×××1604、×××2002、×××2004 来表示，其中×××为商标名称，16 代表液晶显示器每行可显示 16 个字符，02 表示显示 2 行。LCD 1602 内部具有字符库 ROM(CGROM)，能显示出 192 个字符(5×7 点阵)，如图 4-20 所示。

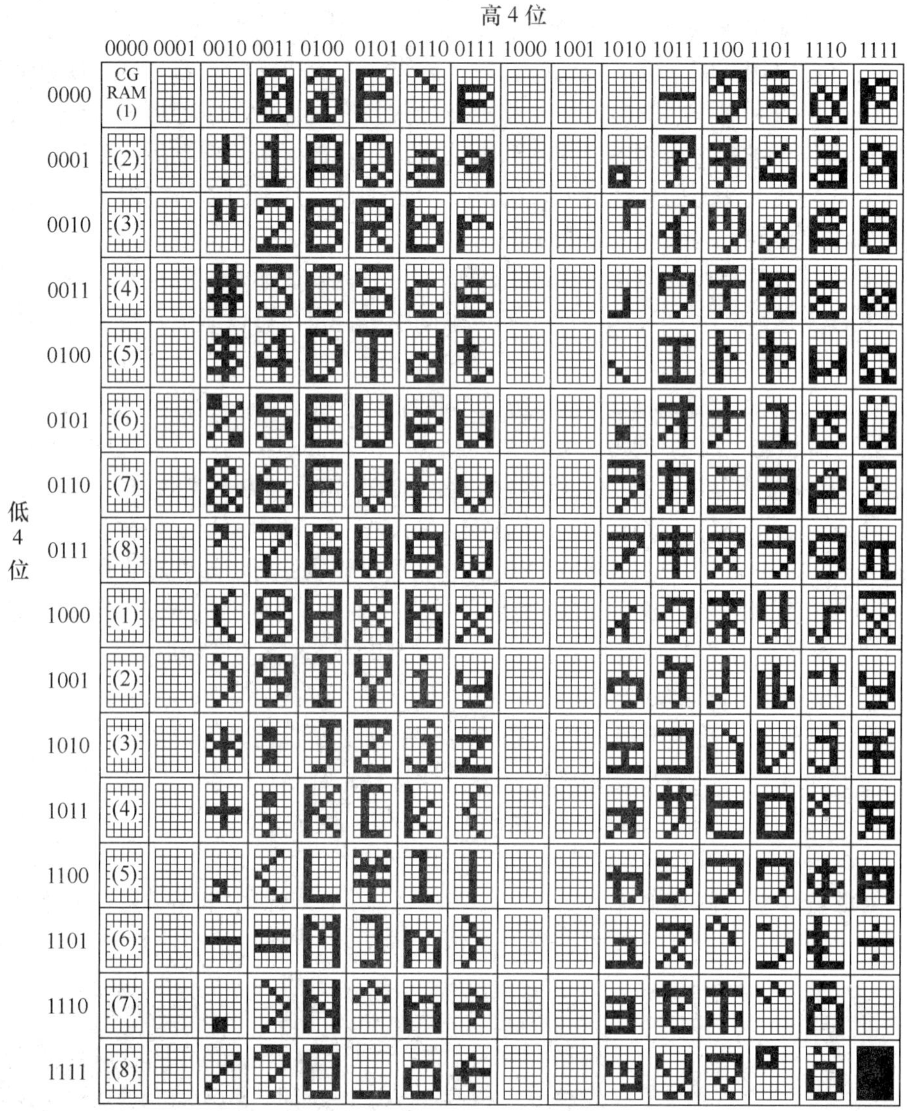

图 4-20　ROM 字符库的内容

由字符库可看出，显示器显示的数字和字母的部分代码，恰好是 ASCII 码表中的编码。单片机控制 LCD 1602 显示字符，只需将待显示字符的 ASCII 码写入内部的显示，用数据存储器(DDRAM)内部控制电路就可将字符在显示器上显示出来。例如，显示字符"C"，单片机只需将字符"C"的 ASCII 码 43H 写入 DDRAM，控制电路就会将对应的字符库 ROM(CGROM)中的字符"C"的点阵数据找出来显示在 LCD 上。

模块内有 80 字节数据显示 RAM(DDRAM)，除显示 192 个字符(5×7 点阵)的字符库 ROM(CGROM)外，还有 64 字节的自定义字符 RAM(CGRAM)，用户可自行定义 8 个 5×7 点阵字符。LCD 1602 工作电压在 4.5～5.5 V 这个范围内，典型的为 5 V，工作电流为 2 mA。标准的 14 引脚(无背光)或 16 引脚(有背光)的外形及引脚分布如图 4-21 所示。

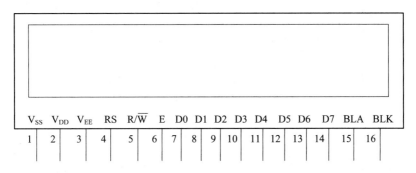

图 4-21　LCD 1602 的外形及引脚分布

LCD 1602 引脚功能如表 4-2 所示。

表 4-2　LCD 1602 引脚功能

引脚	引脚名称	引脚功能
1	V_{SS}	电源地
2	V_{DD}	+5 V 逻辑电源
3	V_{EE}	液晶显示偏压(调节显示对比度)
4	RS	寄存器选择(1—数据寄存器，0—命令/状态寄存器)
5	R/$\overline{W}$	读/写操作选择(1—读，0—写)
6	E	使能信号
7～14	D0～D7	数据总线，与单片机的数据总线相连，三态
15	BLA	背光板电源，通常为+5 V，串联 1 个电位器，调节背光亮度，如果接地，则无背光不易发热
16	BLK	背光板电源地

2．LCD 1602 字符的显示及命令字

由于 LCD 1602 是由待显示对象的 ASCII 码决定显示内容的，因此用户只需在 C51 程序中写入欲显示的字符常量或字符串常量，C51 程序在编译后就会自动生成其标准的 ASCII 码，然后将生成的 ASCII 码送入数据存储器 DDRAM，内部控制电路就会自动将该 ASCII 码对应的字符在 LCD 1602 显示出来。

让液晶显示器显示字符，首先对其进行初始化设置，还必须对有无光标、光标移动方向、光标是否闪烁及字符移动方向等进行设置，才能获得所需显示效果。

对 LCD 1602 的初始化、读/写、光标设置、显示数据的指针设置等，都是通过单片机向 LCD 1602 写入命令字实现的。命令字见表 4-3。

表 4-3　LCD 1602 的命令字

编号	命令	RS	R/$\overline{\text{W}}$	D7	D6	D5	D4	D3	D2	D1	D0
1	清屏	0	0	0	0	0	0	0	0	0	1
2	光标返回	0	0	0	0	0	0	0	0	0	×
3	光标和显示模式设置	0	0	0	0	0	0	0	1	I/D	S
4	显示开/关及光标设置	0	0	0	0	0	0	1	D	C	B
5	光标或字符移位	0	0	0	0	0	1	S/C	R/L	×	×
6	功能设置	0	0	0	0	1	DL	N	F	×	×
7	CGRAM 地址设置	0	0	0	1	字符发生存储器地址					
8	DDRAM 地址设置	0	0	1	显示数据存储器地址						
9	读忙标志或地址	0	0	BF	计数器地址						
10	写数据	0	0	要写的数据							
11	读数据	0	1	读出的数据							

表 4-3 中 11 个命令的功能说明如下。

- 命令 1：清屏，光标返回地址 00H 位置(显示屏的左上方)。
- 命令 2：光标返回到地址 00H 位置(显示屏的左上方)。
- 命令 3：光标和显示模式设置。

I/D——地址指针加 1 或减 1 选择位。I/D = 1，读或写一个字符后地址指针加 1；I/D = 0，读或写一个字符后地址指针减 1。

S——屏幕上所有字符移动方向是否有效的控制位。S = 1，当写入一字符时，整屏显示左移(I/D = 1)或右移(I/D = 0)；S = 0，整屏显示不移动。

- 命令 4：显示开/关及光标设置。

D——屏幕整体显示控制位，D = 0 关显示，D = 1 开显示。

C——光标有无控制位，C = 0 无光标，C = 1 有光标。

B——光标闪烁控制位，B=0 不闪烁，B=1 闪烁。

- 命令 5：光标或字符移位。

S/C——光标或字符移位选择控制位。S/C = 1，移动显示的字符；S/C = 0，移动光标。

R/L——移位方向选择控制位。R/L = 0：左移；R/L = 1：右移。

- 命令 6：功能设置。

DL——传输数据的有效长度选择控制位。DL = 1 为 8 位数据线接口；DL = 0 为 4 位数据线接口。

N——显示器行数选择控制位。N = 0 单行显示；N = 1 两行显示。

F——字符显示的点阵控制位。F0 显示 5×7 点阵字符；F1 显示 5×10 点阵字符。

- 命令 7：CGRAM 地址设置。
- 命令 8：DDRAM 地址设置。LCD 内部有一个数据地址指针，用户可通过它访问内部全 80 字节的数据显示 RAM。命令格式为 80H+地址码，其中，80H 为命令码。

- 命令 9：读忙标志或地址。

BF——忙标志。BF = 1 表示 LCD 忙，此时 LCD 不能接受命令或数据；BF = 0 表示 LCD 不忙。

- 命令 10：写数据。
- 命令 11：读数据。

例如，将显示模式设置为 16 × 2 显示、5 × 7 点阵、8 位数据接口，只需要向 1602 写入光标和显示模式设置命令(命令 3) 00111000B，即 38H 即可。

再例如，将 LCD 1602 设置为开显示、显示光标且光标闪烁，那么根据显示开关及光标设置命令(命令 4)，只要令 D = 1、C = 1、B = 1，也就是写入命令 00001111B，即 0FH，就可实现所需的显示模式。

3. 字符显示位置的确定

LCD 1602 内部有 80 字节 DDRAM，与显示屏上字符显示位置一一对应，图 4-22 给出 LCD 1602 显示 RAM 地址与字符显示位置的对应关系。

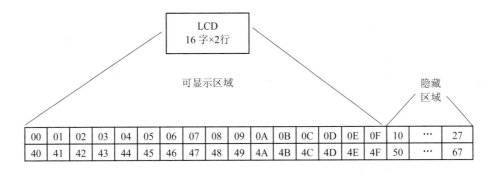

图 4-22　LCD 内部显示 RAM 的地址映射图

当向 DDRAM 的 00H～0FH(第 1 行)、40H～4FH(第 2 行)地址的任一处写数据时，LCD 立即显示出来，该区域也称为可显示区域。

而当写入 10H～27H 或 50H～67H 地址处时，字符不会显示出来，该区域也称为隐藏区域。如果要显示写入到隐藏区域的字符，需要通过字符移位命令(命令 5)将它们移入可显示区域方可正常显示。

需说明的是，在向 DDRAM 写入字符时，首先要设置 DDRAM 定位数据指针，此操作可通过命令 8 完成。

例如，要写字符到 DDRAM 的 40H 处，则命令 8 的格式为 80H+40H=C0H，其中 80H 为命令代码，40H 是要写入字符处的地址。

4. LCD 1602 的复位

LCD 1602 上电后复位状态如下：

(1) 清除屏幕显示；

(2) 设置为 8 位数据长度，单行显示，5 × 7 点阵字符；

(3) 显示屏、光标、闪烁功能均关闭；

(4) 输入方式为整屏显示不移动，I/D = 1。

LCD 1602 的一般初始化设置如下：

(1) 写命令 38H，即显示模式设置(16 × 2 显示、5 × 7 点阵、8 位接口)；

(2) 写命令 08H，显示关闭；

(3) 写命令 01H，显示清屏，数据指针清 0；

(4) 写命令 06H，写一个字符后地址指针加 1；

(5) 写命令 0CH，设置开显示，不显示光标。

5．LCD 1602 基本操作

LCD 1602 在写每条命令前，一定要查询忙标志位 BF，即是否处于"忙"状态。标志位 BF 连接在 8 位双向数据线的 D7 位上。如果 BF = 1，则表明 LCD 正忙于处理其他命令，需要等待；如果 BF = 0，则向 LCD 写入命令。

LCD 1602 的读/写操作规定见表 4-4。

表 4-4　LCD 1602 的读/写操作规定

	单片机发给 LCD 1602 的控制信号	LCD 1602 的输出
读状态	RS=0，R/$\overline{\text{W}}$ =1，E =1	D0～D7=状态字
写命令	RS=0，R/$\overline{\text{W}}$ =1，D0～D7 = 指令，E = 正脉冲	无
读数据	RS = 1，R/$\overline{\text{W}}$ =1，E = 1	D0～D7=数据
写数据	RS = 1，R/$\overline{\text{W}}$ = 0，D0～D7 = 指令，E = 正脉冲	无

具体来说，显示一个字符的操作过程为"读状态→写命令→写数据→自动显示数据"。

(1) 读状态。

读状态是指对 LCD 1602 的忙标志(BF)进行检测。如果 BF=1，说明 LCD 处于忙状态，则不能对其写命令；如果 BF=0，则可写入命令。

(2) 写命令。

写命令函数的程序如下：

```
void write_command(uchar com)  //写命令函数
{
    check_busy();
    E=0;                //按规定 RS 和 E 同时为 0 时可以写入命令
    RS=0;
    RW=0;
    out=com;            //将命令 com 写入 P0 口
    E=1;               //按规定写命令时，E 应为正脉冲，即正跳变，所以前面先置 E=0
    _nop_( );          //空操作 1 个机器周期，等待硬件响应
    E=0;               // E 由高电平变为低电平，LCD 开始执行命令
    delay(1);          //延时，等待硬件响应
}
```

(3) 写数据。

写数据是指将要显示字符的 ASCII 码写入 LCD 中的数据显示 RAM(DDRAM)，例如，将数据 dat 写入 LCD 模块。写数据函数的程序如下：

```
void write_data(uchar dat)    //写数据函数
{
    check_busy();             //检测忙标志 BF=1 则等待，若 BF=0，则可对 LCD 操作
    E=0;                      //按规定写数据时，E 应为正脉冲，所以先置 E=0
    RS=1;                     //按规定 RS=1 和 RW=0 时可以写入数据
    RW=0;
    out=dat;                  //将数据 dat 从 D0～D7 口输出，即写入 LCD
    E=1;                      // E 产生正跳变
    _nop_();                  //空操作，给硬件反应时间
    E=0;                      //E 由高电平变为低电平，写数据操作结束
    delay(1);
}
```

(4) 自动显示数据。

写入 LCD 模块后，自动读出字符库 ROM(CGROM)中的字型点阵数据，并将字型点阵数据送到液晶显示屏上显示，该过程是自动完成的。

6. LCD 1602 初始化

使用 LCD 1602 前，需对其显示模式进行初始化设置。初始化函数程序如下：

```
void LCD_initial(void)       //液晶显示器初始化函数
{
    write_command(0x38);     //写入命令 0x38：两行显示，5×7 点阵，8 位数据
    _nop_();                 //空操作，给硬件响应时间
    write_command(0x0C);     //写入命令 0x0C：开整体显示，光标关，无黑块
    _nop_();                 //空操作，给硬件响应时间
    write_command(0x06);     //写入命令 0x06：光标右移
    _nop_();                 //空操作，给硬件响应时间
    write_command(0x01);     //写入命令 0x01：清屏
    delay(1);
}
```

注意：在函数开始处，由于 LCD 尚未开始工作，因此不需检测忙标志，但是初始化完成后，每次再进行写命令、读/写数据操作均需检测忙标志。

4.4.2　单片机控制 LCD 显示应用实例及 Proteus 仿真

【例 4-8】　用单片机驱动字符型液晶显示器 LCD 1602，使其显示两行文字"HELLO"与"WELCOME TO HHSTU"。电路仿真图如图 4-23 所示，单片机的 P0 口接 LCD 1602 的

数据串口，LCD 1602 的控制端口接 P2.0～P2.2。

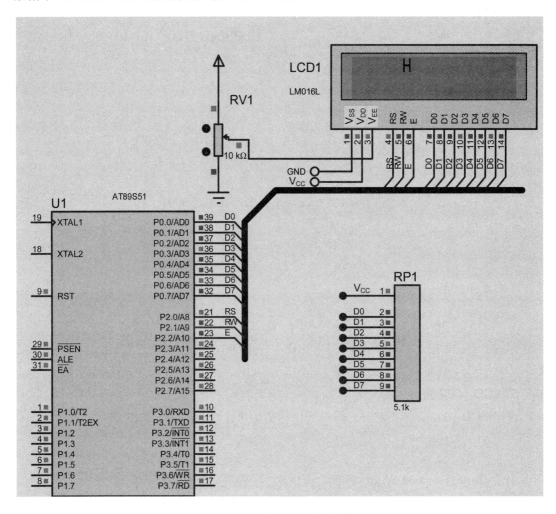

图 4-23　例 4-8 电路仿真图

程序如下：

```
#include <reg51.h>
#include <intrins.h>              //包含_nop_( )空函数指令的头文件
#define uchar unsigned char
#define uint unsigned int
#define out P0
sbit RS=P2^0;                     //位变量
sbit RW=P2^1;                     //位变量
sbit E=P2^2;                      //位变量
void LCD _initial(void);          // LCD 初始化函数
void check_busy(void);            //检查忙标志函数
void write_command(uchar com);    //写命令函数
```

```c
void write_data(uchar dat);              //写数据函数
void string(uchar ad ,uchar *s);
void lcd_test(void);
void delay(uint);                        //延时函数
void main(void)                          //主程序
{
    LCD_initial( );                      //调用对 LCD 初始化函数
    while(1)
    {
        string(0x85,"HELLO");            //显示的第 1 行字符串
        string(0xC0,"WELCOME TO HHSTU"); //显示的第 2 行字符串
        delay(100);                      //延时
        write_command(0x01);             //写入清屏命令
        delay(100);                      //延时
    }
}
void delay(uint j)                       //1 ms 延时子程序
{
    uchar i=250;
    for(;j>0;j--)

    {
        while(--i);
        i=249;
        while(--i);
        i=250;
    }
}
void check_busy(void)                    //检查忙标志函数
{
    uchar dt;
    do
    {
    dt=0xff;
    E=0;
    RS=0;
    RW=1;
    E=1;
    dt=out;
```

```
        }while(dt&0x80);
    E=0;
    }
    void write_command(uchar com)      //写命令函数
    {
        check_busy();
        E=0;
        RS=0;
        RW=0;
        out=com;
        E=1;
        _nop_( );
        E=0;
        delay(1);
    }
    void write_data(uchar dat)         //写数据函数
    {
        check_busy();
        E=0;
        RS=1;
        RW=0;
        out=dat;
        E=1;
        _nop_();
        E=0;
        delay(1);
    }
    void LCD_initial(void)             //液晶显示器初始化函数
    {
        write_command(0x38);          //写入命令 0x38：8 位两行显示，5×7 点阵字符
        write_command(0x0C);          //写入命令 0x0C：开整体显示，光标关，无黑块
        write_command(0x06);          //写入命令 0x06：光标右移
        write_command(0x01);          //写入命令 0x01：清屏
        delay(1);
    }
    void string(uchar ad,uchar *s)     //输出显示字符串的函数
    {
        write_command(ad);
        while(*s>0)
```

```
    {
        write_data(*s++);               //输出字符串，且指针增 1
        delay(100);
    }
}
```

4.5　单片机与键盘接口

在单片机应用系统中，键盘是常用的人机接口输入部件。组成键盘的基本单元是按键，键盘由若干按键按照一定规则组成。每一个按键实质上是一个按键开关，按构造可分为有触点开关按键和无触点开关按键。

有触点开关按键组成的键盘常见的有触摸式键盘、薄膜键盘、按键式键盘等，其中最常用的是按键式键盘。无触点开关按键组成的键盘有电容式键盘、光电式键盘和磁感应键盘等。本节主要介绍按键式开关键盘工作原理、方式，以及单片机与键盘接口设计与软件编程。

4.5.1　按键式键盘的原理及与单片机的接口方式

按键式开关通过手指的按压操作触点，触点受到按压力时闭合，按压力消失时断开。闭合和断开的状态转化为对应的高、低电平，可作为判断按键是否按下的依据。若干个按键(触点)的有序排列组成了键盘。将键盘和单片机以某种方式连接，操作人员通过键盘输入命令，即可实现人机对话和对系统的控制。图 4-24 所示是国内某厂家的硅胶按键和键盘的实物照片。

(a) 硅胶按键　　　　　　　　　　　　　　　　　　(b) 键盘

图 4-24　国内某厂家的硅胶按键和键盘

在应用系统中，按照单片机对键盘的识别方式，把键盘分为编码键盘和非编码键盘。前者用硬件逻辑方式对按键编码，后者通过软件对按键编码，即通过软件来命名和识别按键。编码键盘占用硬件资源多，接口复杂，成本高；非编码键盘软件编写工作量较多，但硬件接口简单、节省资源，是单片机应用系统中普遍采用的方式，也是本节介绍的内容。

1. 键盘接口技术需要解决的问题

一般说来，键盘接口技术所要解决的问题有以下 3 项：

(1) 及时检测并判断键盘中是否有键被按下，若有，则转向(2)；

(2) 确认按下的按键，即在若干个按键中找到是哪个键被按下；

(3) 根据被按下的键值，转入相应键的处理程序。

对于操作者来说，按键的按下方式可分为两种，一种是按下-松开型，即从按下到松开按键算是一次有效按键。另一种是连击型，即按下后若保持一段时间，则随着时间的延长可视为是多次按下该键，例如，用于时间设定的按键。对于前者的处理，需要先判断该键被按下，然后再等待其释放，或只需判断有键按下发生，即可算作有一次按键；对于后者，在判断该键被按下后，通常使设定的定时器开始计时，定时时间到则视为按键次数增加一次，累计计数，直到该键释放。

2. 按键的接法

单片机外接按键，一般的接线方式就是将按键接在两条线(分别为行线和列线)的交叉点。图 4-25 所示按键开关的两端分别连接在行线和列线上，列线接地，行线通过电阻接到+5 V 电压上。键盘开关机械触点断开时，行线的输出为 1；键盘开关机械触点闭合时，行线的输出变为 0。因此，对行线电平高、低状态进行检测，便可确认按键是否被按下与松开。

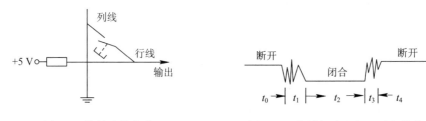

图 4-25 按键连接方式 　　　　　　图 4-26 按键闭合和断开时行线状态

3. 键盘的消抖

由于按键的弹性，触点在被按压时会在闭合与断开位置之间来回变换，从而影响对断开与闭合的判断。在一次完整的按下-松开按键的过程中，抖动发生在前沿和后沿部分，每次持续时间为 5～10 ms，如图 4-26 所示，t_1 和 t_3 分别为按键的闭合和断开过程中的抖动期，t_2 为稳定的闭合期，其时间由按键动作确定，一般为十分之几秒到几秒，t_0、t_4 为断开期。

为了确保单片机对一次按键动作只确认一次按键有效，必须消除抖动期 t_1 和 t_3 的影响。消除抖动的有效办法是软件延时，基本思路是：在检测到有键被按下时，该键所对应的行线为低电平，执行一段延时(10 ms 的子程序)后，确认该行线电平是否仍为低电平，如果仍为低电平，则确认该行确实有键被按下；当按键被松开时，行线的低电平变为高电平，执行一段延时(10 ms 的子程序)后，检测该行线为高电平，说明按键确实已经被松开。

4. 键盘与单片机的连接方式

应用系统中键盘和单片机的连接方式，可分为独立式键盘和矩阵式键盘两种。前者适用于键盘按键数目较少的场合，后者适用于键盘按键数目较多的场合。

1) 独立式键盘和单片机的连接

独立式键盘的各按键相互独立，每一个按键独自占用单片机的一个 I/O 口位。这种方式连接简单、编程方便，在键盘的按键数量较少(比如不大于 8)的情况下，选择此方式是合适的。图 4-27 显示了独立式键盘的常用连接方式。

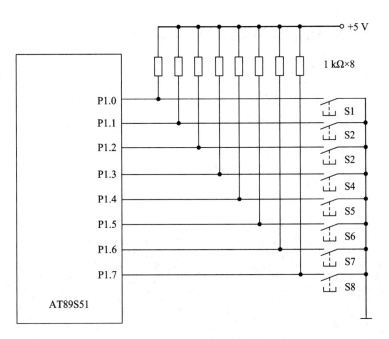

图 4-27　独立式按键的常用连接方式

2) 矩阵式键盘和单片机的连接

矩阵式(也称行列式)键盘用于按键数目较多的场合，矩阵式键盘上的按键按照行列矩阵的方式排列，由行线和列线组成，按键位于行、列交叉点上。如图 4-28 所示，一个 4×4 的行、列结构可以构成 16 个按键的键盘，只需要一个 8 位的并行 I/O 口即可。

在图 4-28 中，端口 P1 高 4 位接列线，列线通过上拉电阻接 V_{CC}；低 4 位接行线。16 只键安放在矩阵行列线的交叉点上，每只键的一端接行线，另一端接列线，组成了矩阵式键盘。按下键的确认由该键对应的行线值和列线值的组合来决定。行线值和列线值组成了该键的编码值。很明显，在按键数目较多场合，矩阵式键盘要比独立式键盘节省较多 I/O 口线。

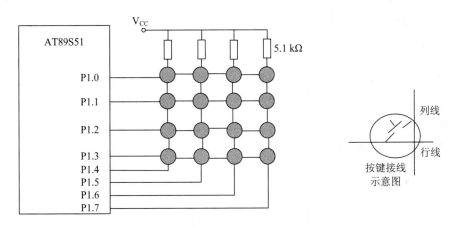

图 4-28　4×4 矩阵键盘和单片机的连接示意图

4.5.2　单片机与键盘接口应用实例及 Proteus 仿真

1. 独立式按键的应用

【例 4-9】单片机与 4 个独立按键 S1～S4 及 8 个 LED 指示灯构成的一个独立式键盘，4 个按键接在 P1.0～P1.3 引脚，P0 口接 8 个 LED 指示灯，控制 LED 指示灯的亮与灭，电路仿真图如图 4-29 所示。当按下 S1 键时，P3 口 8 个 LED 正向(由上至下)流水点亮；按下 S2 键时，P0 口 8 个 LED 反向(由下而上)流水点亮；按下 S3 键时，上、下 4 个 LED 交替点亮；按下 S4 键时，P0 口 8 个 LED 闪烁点亮。

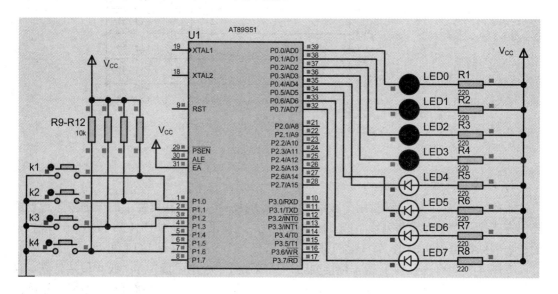

图 4-29　例 4-9 仿真图

本节所述的独立式键盘工作原理如下。

(1) 首先判断是否有按键按下。将接有 4 个按键的 P1 口低 4 位(P1.0～P1.3)写入 "1"，使 P1 口低 4 位为输入状态。然后读入低 4 位的电平，只要有一位不为 "1"，则说明有键按下。读取方法：

```
P1=0xff;
if((P1&0x0f)!=0x0f);        //读 P1 口低 4 位按键值，按位 "与" 运算后结果非 0x0f，
                            //表明低 4 位必有 1 位是 "0"，说明有键按下
```

(2) 按键去抖动。当判别有键按下时，调用软件延时子程序，延时约 10 ms 后再进行判别，若按键确实按下，则执行相应的按键功能，否则重新开始进行扫描。

(3) 获得键值。确认有键按下时，可采用扫描方法判断哪个键按下，并获取键值，然后根据键值，调用不同的子程序。

程序如下：

```
#include<reg51.h>                //包含 51 单片机寄存器定义的头文件
```

```c
#include <intrins.h>
sbit S1=P1^0;                      //将 S1 位定义为 P1.0 引脚
sbit S2=P1^1;                      //将 S2 位定义为 P1.1 引脚
sbit S3=P1^2;                      //将 S3 位定义为 P1.2 引脚
sbit S4=P1^3;                      //将 S4 位定义为 P1.3 引脚
unsigned char keyval;              //定义键值储存变量单元
void led_delay(void)               //函数：流水灯显示延时
{
    unsigned char i,j;
    for(i=0;i<220;i++)
    for(j=0;j<220;j++)
        ;
}
void delay10ms(void)               //函数：软件消抖延时
{
    unsigned char i,j;
    for(i=0;i<100;i++)
    for(j=0;j<100;j++)
        ;
}
void key_scan(void)                //函数功能：键盘扫描
{
    P1=0xff;
    if((P1&0x0f)!=0x0f)            //检测到有键按下
    {
        delay10ms();              //延时 10 ms 再去检测
        if(S1==0)                 //按键 S1 被按下
        keyval=1;
        if(S2==0)                 //按键 S2 被按下
        keyval=2;
        if(S3==0)                 //按键 S3 被按下
        keyval=3;
        if(S4==0)                 //按键 S4 被按下
        keyval=4;
    }
}
void forward(void)                 //函数功能：正向流水点亮 LED
{unsigned char a;
```

```
        P0=0x7f;                    //LED0 亮
        for(a=0;a<8;a++)
          { P0=_crol_(P0,1);
              led_delay();
              }


    }
    void backward(void)             //函数：反向流水点亮 LED
    {unsigned char a;
        P0=0xfe;                    //LED0 亮
        for(a=0;a<8;a++)
          { P0=_cror_(P0,1);
              led_delay();
              }
          }
      void ALter (void)             //函数：交替点亮


    {
          P0=0x0f;
        led_delay();
        P0=0xf0;
        led_delay();
    }
    void blink (void)               //函数：闪烁点亮 LED
    {
        P0=0xff;
        led_delay();

        P0=0x00;
        led_delay();
    }

    void main(void)                 //主函数
    {
        keyval=0;                   //键值初始化为 0
        while(1)
    {
            key_scan();             //调用键盘扫描函数
```

```
switch(keyval)
{
case 1:forward();      //键值为 1，调用正向流水点亮函数
break;
case 2:backward();     //键值为 2，调用反向流水点亮函数
break;
case 3:Alter();        //键值为 3，调用高、低 4 位交替点亮函数
break;
case 4:blink ();       //键值为 3，调用闪烁点亮函数
break;
}
}
}
```

【例 4-10】　单片机有 8 个按键，8 个发光二极管，1 个数码管。当按键 D0 按下时，数码管显示数字 1，同时第 1 个发光二极管点亮，其余二极管灭。依次类推，当 D7 按键按下时，数码管显示 8，并且第 8 个发光管亮，其余二极管灭。

程序如下：

```
#include<reg52.h>
#define uchar unsigned char
#define uint unsigned int
uchar code table[]={0x3f,0x06,0x5b,0x4f,0x66,0x6d,0x7d,0x07,0x7f};    //数码管数据表
uchar code ledtable[]={0xfe,0xfd,0xfb,0xf7,0xef,0xdf,0xbf,0x7f};      //发光二极管数据表
uchar temp,num;
void delay(uint z)            //延时子程序
{
    uchar j,i;
    for(j=z;j>0;j--)
        for(i=110;i>0;i--);
}
void main()
{
    P0=0x00;                  //数码管灭
    P1=0xff;                  //P1 口置位
    while(1)
    {
        temp=P1;              //P1 口的状态送给变量 temp
        temp=temp&0xff;       //与全 1 做与运算，判断是否有键按下
        while(temp!=0xff)     //如果有键按下则进入循环
```

```
    {
        delay(5);                    //消除抖动
        temp=P1;                     //再次读入 P1 口的状态
        temp=temp&0xff;
        while(temp!=0xff)            //再次判断是否有键按下
        {
            temp=P1;                 //读回 P1 的按键情况
            switch(temp)
            {
                case 0xfe: num=1;    //第 1 个键按下
                break;
                case 0xfd:num=2;
                break;
                case 0xfb:num=3;
                break;
                case 0xf7:num=4;
                break;
                case 0xef:num=5;
                break;
                case 0xdf:num=6;
                break;
                case 0xbf:num=7;
                break;
                case 0x7f:num=8;     //第 8 个键按下
                break;
            }
            while(temp!=0xff)        //松手检测
            {
                temp=P1;
                temp=temp&0xff;
            }
            P0=table[num];           //数码管显示
            P2=ledtable[num-1];      //发光二极管点亮
            delay(500);
        }
    }
    }
    }
```

仿真结果如图 4-30 所示。

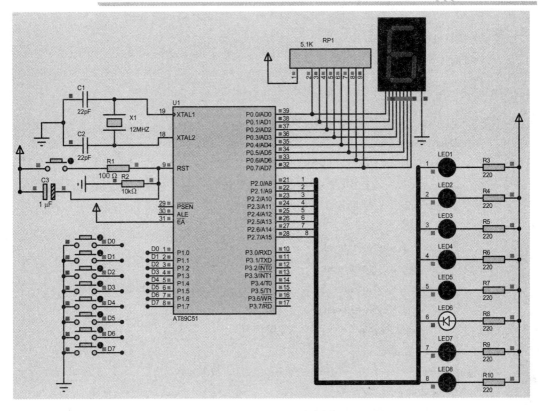

图 4-30　例 4-10 仿真图

2. 矩阵式键盘的应用

【例 4-11】 单片机的 P1 口连接 4×4 矩阵键盘，并通过 P0 口控制 2 位 LED 数码管显示 4×4 矩阵键盘的键号，键号分别为 "0, 1, …, 9, 10, …14"。当键盘中的某一按键按下时，2 位数码管显示对应的十进制的键号。例如，1 号键按下，数码管显示 01，14 号键按下，数码管显示 14 等。

程序如下：

```c
#include<reg51.h>
#define uchar unsigned char
#define uint unsigned int
//段码
uchar code dsy_Code[]={0xc0,0xf9,0xa4,0xb0,0x99,0x92,0x82,0xf8,0x80,0x90};
//上次按键和当前按键的序号，该矩阵中序号范围为 0~15，16 表示无按键
uchar KeyNo=0;
//延时
void delayms(uint x)
{
    uchar i;
    while(x--) for(i=0;i<120;i++);
```

```c
}
//矩阵键盘扫描
void keys_Scan()
{
        uchar Tmp;
        P1=0x0f;          //高 4 位置 0，放入 4 行
        DelayMS(1);
        Tmp=P1^0x0f;    //按键后 0f 变成 0000XXXX，X 中一个为 0，3 个仍为 1，通过异或把
                        //    3 个 1 变为 0，唯一的 0 变为 1
        switch(Tmp)     //判断按键发生于 0~3 列的哪一列
        {
            case 1: KeyNo=0;break;
            case 2: KeyNo=1;break;
            case 4: KeyNo=2;break;
            case 8: KeyNo=3;break;
            default: KeyNo=16;          //无键按下
        }
        P1=0xf0;                        //低 4 位置 0，放入 4 列
        DelayMS(1);
        Tmp=P1>>4^0x0f;     //按键后 f0 变成 XXXX0000，X 中有 1 个为 0，三个仍为 1；高 4 位
                           //    转移到低 4 位并异或得到改变的值
        switch(Tmp)                     //对 0~3 行分别附加起始值 0，4，8，12
        {
            case 1:     KeyNo+=0;break;
            case 2:     KeyNo+=4;break;
            case 4:     KeyNo+=8;break;
            case 8:     KeyNo+=12;
        }
}
//显示函数
void display()
{
        P2=0xfe;
        P0=~DSY_CODE[KeyNo/10];
        DelayMS(20);
        P2=0xfd;
        P0=~DSY_CODE[KeyNo%10];
        DelayMS(20);
}
```

```
//主程序
void main()
{
    P0=0x00;
    while(1)
    {
        P1=0xf0;
        if(P1!=0xf0) Keys_Scan();              //获取键序号
        display();
    }
}
```

仿真结果如图 4-31 所示。

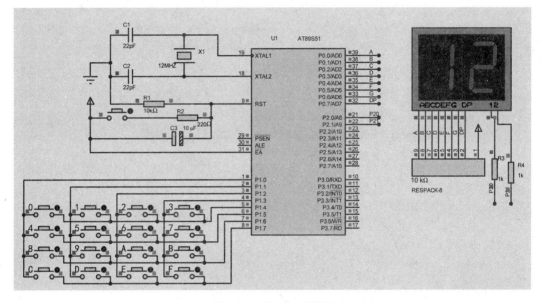

图 4-31　例 4-11 仿真图

本 章 小 结

本章介绍了单片机 I/O 端口的相关操作，包括端口输出显示(控制发光二极管、数码管、点阵、液晶显示器等)以及单片机和键盘的接口。这些都是单片机 I/O 端口的典型应用，也是单片机系统常用的基本功能。本章重难点在于端口控制的编程应用。

习　　题

1. 用单片机控制 8 只数码管，先从左到右快速显示 1～8，再从右到左慢速显示 8～1。要求在 Proteus 下绘制出原理图并编程仿真。

2．单片机接 3×4 矩阵键盘，键盘编号分别为 0～11，用两位数码管对键盘编号信息进行显示。要求在 Proteus 下绘制出原理图并编程仿真。

3．用单片机控制液晶显示器 LCD 1602，分两行显示。第 1 行显示"my name is **"(**为自己姓名拼音)，第 2 行显示专业学号等信息。要求上述信息从 LCD 1602 右侧第 1 行、第 2 行分别滚动移入，然后从左侧滚动移出。

4．用 16 × 16 点阵滚动显示"祝大家新年快乐"几个字。

第 5 章　AT89S51 单片机的中断系统

单片机与外部设备之间是通过不同的接口电路来进行信息交换的，在各种信息传送方式中，中断传送方式尤其重要，它可以提高 CPU 的工作效率，是 CPU 实现资源共享的重要方法。本章将主要介绍 AT89S51 单片机的中断系统，包括中断系统的基本概念、特点，中断系统的控制和工作过程，以及中断系统的编程。

5.1　中　断　概　述

单片机同其他微机系统一样，要保证整个系统的正常运转，CPU 需不断地与外部 I/O 设备交换信息，这些具体的交换是如何实现的呢？本节将简要介绍单片机系统中信息交换的方式，在此基础上讨论 MCS-51 单片机中断系统的基本概念、工作过程及其特点。

5.1.1　CPU 与外部设备的信息交换方式

计算机与外界的联系是通过外部设备(也称为外设、输入/输出设备或 I/O 设备)来实现的，计算机与外部设备之间不是直接相连，而是通过不同的接口电路来达到彼此间信息传送的目的。

计算机与外部设备之间交换信息的方式主要有无条件传送方式、查询传送方式、中断传送方式和直接存储器存取方式(DMA)，下面简要介绍。

1．无条件传送方式

无条件传送方式是指外部设备对计算机来说总是准备好的，计算机不考虑外部设备的状态，可随时执行输入或输出指令，立即进行数据传送的一种方式。这是一种最简单、最直接的传送方式，所需硬件少，编程简单，一般用于外部设备始终处于待命状态的场合。

2．查询传送方式

查询传送方式是通过 CPU 执行程序，查询 I/O 设备状态，若 I/O 设备已经准备好就传送，否则就继续查询或者等待，这种方式可以解决 CPU 与外部 I/O 设备交换信息时存在的速度匹配问题。在此传送方式中，以 CPU 为主动方，I/O 设备为被动方，由于此方法是在特定的条件下才能进行数据传送的，因此又称为程序控制的条件传送方式。

3．中断传送方式

中断传送方式是指外部设备通过申请中断的方式与计算机进行数据传送。一个资源(CPU)面对多项任务，但由于资源有限，因此就可能出现资源竞争的局面，即几项任务来争夺一个 CPU。中断技术就是解决资源竞争的有效方法，采用中断技术可以使多项任务共享一个资源，所以中断技术实质上就是一种资源共享技术。

4．直接存储器存取方式(DMA)

DMA 方式是指传送数据的双方直接通过总线传送数据，不经 CPU 中转。一个设备接口试图通过总线直接向另一个设备发送数据(一般是大批量的数据)，它会先向 CPU 发送 DMA 请求信号。外设通过 DMA 的一种专门接口电路——DMA 控制器(DMAC)，向 CPU 提出接管总线控制权的总线请求，CPU 收到该信号后，在当前的总线周期结束后，会按 DMA 信号的优先级和提出 DMA 请求的先后顺序响应 DMA 信号。CPU 对某个设备接口响应 DMA 请求时，会让出总线控制权。于是在 DMA 控制器的管理下，外部设备和存储器直接进行数据交换，而无须 CPU 干预。数据传送完毕后，设备接口会向 CPU 发送 DMA 结束信号，交还总线控制权。

实现 DMA 传送的基本过程如下：

(1) 外部设备通过 DMA 控制器向 CPU 发出 DMA 请求；

(2) CPU 响应 DMA 请求，系统转变为 DMA 工作方式，处理器放弃总线控制权，并把总线控制权交给 DMA 控制器；

(3) 由 DMA 控制器发送存储器地址，并决定传送数据块的长度；

(4) DMA 控制器接管系统总线，实现数据在存储区与外部设备间的 DMA 传送；

(5) DMA 操作结束，并把总线控制权交还 CPU。

将程序控制的条件传送方式与中断传送方式进行比较，得出前者是 CPU 主动要求传送数据，但它不能控制外部设备的工作速度，只能用原地"踏步"的等待方式来缓解速度匹配的问题；后者是外部设备主动提出数据传送的请求，CPU 在收到外部设备请求之后，才中止原来主程序的执行，去与外部设备交换数据。中断控制传送方式下，CPU 工作速度相对很快，交换数据所花费的时间很短，对于主程序来讲，只中断了一个瞬间，不会影响主程序的整体运行。可见，中断方式的特点是 CPU 与外设之间的并行工作，能大大提高 CPU 的运行效率，使 CPU 实现实时控制。

5.1.2 中断的概念

中断是指 CPU 被外来紧急事情打断，从而中止当前正在处理的工作、转去处理紧急事件，待处理完后再回到原来被打断的地方接着刚才的工作的过程。

1．中断分类

中断按功能通常可分为可屏蔽中断、非屏蔽中断和软件中断三类。可屏蔽中断是指 CPU 可以通过指令来允许或屏蔽中断的请求。非屏蔽中断是指 CPU 对中断请求是不可屏蔽的，一旦出现，CPU 必须响应。软件中断则是指通过相应的中断指令使 CPU 响应中断。

2．中断源、中断系统的概念

引发中断请求的源称为中断源。实现中断功能的部件称为中断系统或中断机构。中断源向 CPU 提出的处理请求被称为中断请求。

3．中断响应的过程

CPU 中止当前的事务，转去处理事件的过程，称为 CPU 的中断响应过程。对事件的处理过程称为中断服务或中断处理。处理完后，再回到被中止的地方，称为中断返回。

CPU 正在执行主程序时，每隔一固定时间检测一次中断标志位，若有中断源发出了请求，则 CPU 中止主程序的执行，并自动把断点地址及相关寄存器的信息保存起来，去响应中断源的请求，执行中断服务程序。中断服务程序处理完毕，CPU 通过执行一条中断返回指令回到断点处，恢复相关寄存器的信息后，继续执行主程序。中断流程如图 5-1 所示。

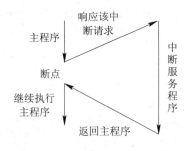

图 5-1　中断流程图

4．中断优先级(也称为中断优先权)

MCS-51 单片机一般允许有多个中断源。当几个中断源同时向 CPU 发出中断请求时，CPU 应优先响应最需紧急处理的中断请求。为此，需要规定各个中断源的优先级，使 CPU 在多个中断源同时发出中断请求时能找到优先级最高的中断源，响应它的中断请求。在优先级高的中断请求处理完了以后再响应优先级低的中断请求。

5．中断嵌套

在某一瞬间，CPU 因响应某一中断源的中断请求而正在执行它的中断服务程序时，若又有一级别高的中断源向 CPU 发出中断请求，且 CPU 的中断是开放的，CPU 可以把正在执行的中断服务程序暂停下来，转而响应和处理优先权更高的中断源的中断请求，等处理完后再转回来，继续执行原来的中断服务程序，这就是中断嵌套。

中断嵌套的过程和子程序嵌套过程类似，但返回指令不同，子程序的返回指令是 RET，而中断服务程序的返回指令是 RETI。

6．引入中断技术的优点

中断是单片机的一个重要功能，采用中断技术具有如下优点。

(1) 提高了 CPU 的工作效率，实现了 CPU 和外部设备的并行工作。系统上电后 CPU 可在启动多个外部设备后，继续执行主程序，而被启动的外部设备开始进行准备工作。若多个外部设备同时向 CPU 发出请求，CPU 则根据请求信号的级别，分时为各外部设备提供服务，从而大大提高了 CPU 的利用率和输入、输出的速度。

(2) 实现实时控制。所谓实时控制，就是要求计算机能及时地响应被控对象提出的分析、计算和控制等请求，使被控对象保持在最佳工作状态，以达到预定的控制效果。由于这些控制参数的请求都是随机发出的，而且要求单片机必须作出快速响应并及时处理，对此，只有靠中断技术才能实现。

当单片机用于实时监控时，请求 CPU 提供服务的中断源是随机产生的。有了中断系统，CPU 就可以立即响应并给予处理。

(3) 便于处理突发故障，提高系统可靠性。对 PC 机而言，在运行时往往会遇见一些故障，如电源断电、存储器奇偶校验出错、运算出错等。有了中断系统，CPU 就可以及时转去执行故障处理程序，自行处理故障而不需停机。

(4) 能使用户通过键盘发出请求，随时可以对运行中的计算机进行干预。

5.2 AT89S51 单片机的中断源

MCS-51 系列单片机中 51 子系列具有 3 类共 5 个中断源，MCS-52 子系列具有 3 类共 6 个中断源，每个中断源都可以选择两个优先级。为了实现对各中断源的控制，MCS-51 单片机还有 4 个用于中断控制的寄存器(IE、IP、TCON 和 SCON)。

AT89S51 单片机共 5 个中断源，分别是：两个外部中断源 $\overline{INT0}$ (P3.2)、$\overline{INT1}$ (P3.3)；三个内部中断源，包括两个片内定时器/计数器溢出中断源 T0(P3.4)、T1(P3.5)和一个串行口中断源 TXD/RXD，如图 5-2 所示。

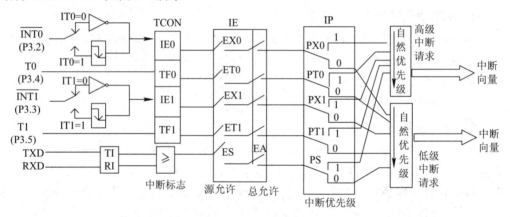

图 5-2 MCS-51 系列单片机中断系统的结构

1. 外中断

外中断是由外部信号引起的，共有 2 个中断源，即外部中断 0 和外部中断 1。中断请求信号分别由引脚 $\overline{INT0}$ (P3.2)、$\overline{INT1}$ (P3.3)引入。

外部中断请求有两种信号方式，即电平方式和脉冲方式，可通过设置有关控制位进行定义。电平方式的中断请求是低电平有效，只要单片机在中断请求引入端(P3.2 或 P3.3)上采样到有效的低电平，就激活外部中断；脉冲方式的中断请求则是脉冲的下跳沿有效，CPU 在两个相邻机器周期对中断请求引入端进行的采样中，如前一次为高电平，后一次为低电平，即为有效中断请求。

2. 定时/计数中断

定时/计数中断是为满足定时或计数的需要而设置的。当计数结构发生计数溢出时，即表明定时时间到或计数值已满，这时就以计数溢出信号作为中断请求，去置位一个溢出标志位，作为单片机接受中断请求的标志。

AT89S51 单片机有 2 个定时器/计数器，分别为定时器 T0 和 T1，定时器/计数器 0 中断由 T0 回零溢出引起，定时器/计数器 1 中断由 T1 回零溢出引起。

3．串行中断

串行中断是为串行数据传送的需要而设置的。每当串行口接收或发送完一组串行数据时，就产生一个中断请求。

定时中断请求和串行中断请求都是在单片机芯片内部发生的，无须在芯片上设置外部中断信号引入端，因此称为内部中断源。

实际工作中，CPU 在每个机器周期的 S5P2 期间，会自动查询各个中断申请标志位，若查到某标志位被置位，将启动中断机制。

5.3　AT89S51 单片机的中断控制

AT89S51 单片机设置了 4 个专用寄存器用于中断控制，用户可以通过设置其状态来管理中断系统，下面分别介绍。

1．定时控制寄存器(TCON)

该寄存器用于保存外部中断请求以及计数器的溢出标志，同时可以进行定时器的启/停控制和外部中断请求触发方式的设置。该寄存器地址为 88H，可位寻址，位地址为 8FH～88H。寄存器的内容及位地址如表 5-1 所示。

表 5-1　TCON 寄存器的格式

TCON	D7	D6	D5	D4	D3	D2	D1	D0
	TF1	TR1	TF0	TR0	IE1	IT1	IE0	IT0
位地址	8FH	8EH	8DH	8CH	8BH	8AH	89H	88H

TCON 被分成两部分，高 4 位用于定时器/计数器的中断控制，低 4 位用于外部中断的控制。

1) IT0 和 IT1

IT0 和 IT1 是外部中断请求触发方式控制位，分别控制外部中断 $\overline{INT0}$ 和 $\overline{INT1}$ 的中断请求。

IT0(IT1) = 1 时，外部中断为脉冲触发方式，CPU 在每一个机器周期 S5P2 期间采样引脚 $\overline{INT0}$ (P3.2)或 $\overline{INT1}$ (P3.3)的输入电平。如果在相继的两个机器周期采样过程中，前一个机器周期采样到 $\overline{INT0}$ (P3.2)或 $\overline{INT1}$ (P3.3)引脚为高电平，紧跟的下一个机器周期采样到该引脚为低电平，则触发对应的外部中断，使外部中断标志位 IE0 位或 IE1 位置 1，直至 CPU 响应此中断时，硬件使 IE0 位或 IE1 位清 0。

IT0(IT1) = 0 时，外部中断为电平触发方式，CPU 在每一个机器周期 S5P2 期间采样引脚 $\overline{INT0}$ (P3.2)或 $\overline{INT1}$ (P3.3)的输入电平。如果采样到该引脚为低电平，则触发对应的外部中断，使外部中断标志位 IE0 位或 IE1 位置 1，直至 CPU 响应此中断时，硬件使 IE0 位或 IE1 位清 0。

这两位都可以位寻址，可以被应用程序清 0 或置位。例如：

IT0 = 1；IT0 被置位，设定 $\overline{INT0}$ 为下降沿触发模式

IT1 = 0；IT1 被清零，设定 $\overline{INT1}$ 为低电平触发模式

2) IE0 和 IE1

IE0 和 IE1 分别是外部中断 $\overline{INT0}$ 和 $\overline{INT1}$ 的中断请求标志位。

当 CPU 采样到 $\overline{INT0}$ ($\overline{INT1}$)端出现有效中断请求时，IE0(IE1)位由硬件置 1。在 CPU 响应中断后转向中断服务程序时，再由硬件自动清 0。

3) TF0 和 TF1

TF0 和 TF1 分别是定时器/计数器 T0 和 T1 的溢出标志位。当启动 T0/T1 计数以后，T0/T1 从初值开始加 1 计数，当计数器计到最高位产生溢出时，由硬件自动将 TF0/TF1 置 1，并向 CPU 发出中断请求。CPU 响应此中断时，硬件自动使 TF0/TF1 位清 0。计数溢出标志位的使用有两种情况：采用中断方式时，作中断请求标志位使用；采用查询方式时，作查询状态位使用，此时需软件清 0。

4) TR0 和 TR1

TR0 和 TR1 是定时器运行启停控制位，可由用户通过软件设置。TR0、TR1 = 0 时，定时器停止运行；TR0、TR1 = 1 时，定时器启动运行。

2. 串行口控制寄存器(SCON)

该寄存器用于对串行口进行设置，寄存器地址为 98H，位地址为 9FH～98H，寄存器的内容及位地址如表 5-2 所示。SCON 的高 6 位用于串行口方式设置和串行口发送/接收控制，低 2 位是串行口的接收中断和发送中断请求标志 RI 和 TI。

表 5-2　SCON 寄存器的格式

SCON	D7	D6	D5	D4	D3	D2	D1	D0
	SM0	SM1	SM2	REN	TB8	RB8	TI	RI
位地址	9FH	9EH	9DH	9CH	9BH	9AH	99H	98H

1) TI

TI 是串行口发送中断请求标志位。当发送完一帧串行数据后，由硬件置 1；在转向中断服务程序后，用软件清 0。

2) RI

RI 是串行口接收中断请求标志位。当接收完一帧串行数据后，由硬件置 1；在转向中断服务程序后，用软件清 0。

串行中断请求由 TI 和 RI 的逻辑或得到。也即是说，无论是发送标志还是接收标志，都会产生串行中断请求。

3. 中断允许控制寄存器(IE)

该寄存器用于设置中断的禁止/开放，寄存器地址为 0A8H，位地址为 0AFH～0A8H，寄存器的内容及位地址如表 5-3 所示。

表 5-3　IE 寄存器的格式

IE	D7	D6	D5	D4	D3	D2	D1	D0
	EA	—	—	ES	ET1	EX1	ET0	EX0
位地址	AFH	—	—	ACH	ABH	AAH	A9H	A8H

1) EA

EA 是中断允许总控制位。EA = 0 为中断总禁止，屏蔽所有的中断申请；EA = 1 为中断总允许，总允许后各个中断的禁止或允许由各中断源的中断允许控制位进行设置。

2) EX0(EX1)

EX0(EX1)是外部中断 $\overline{INT0}$/$\overline{INT1}$ 中断允许控制位。EX0(EX1) = 0 时，禁止外部中断 0/外部中断 1 中断；EX0(EX1)=1 时，允许外部中断 0/外部中断 1 中断，当然，此时外部中断 0/外部中断 1 能够在中断源到来时触发中断的前提是总中断允许 EA=1。

3) ET1 和 ET0

ET1 和 ET0 是定时器/计数器中断允许控制位。ET0(ET1) = 0 时，禁止定时器/计数器 T0/T1 中断；ET0(ET1) = 1 时，允许定时器/计数器 T0/T1 中断。

4) ES

ES 是串行中断允许控制位。ES = 0 时，禁止串行中断；ES=1 时，允许串行中断。

例如，允许外部中断 0、1 的中断，禁止其他中断，可设置 IE。

(1) 用字节操作指令。

　　IE=0x85；

(2) 用位操作指令。

　　EX0=1　；外部中断 0 允许中断

　　EX1=1　；外部中断 1 允许中断

　　EA=1　；CPU 开放中断

4．中断优先级控制寄存器(IP)

AT89S51 单片机有两个中断优先级，即高优先级和低优先级，每个中断源都可设置为高或低中断优先级，以便 CPU 对所有的中断实现两级中断嵌套。

AT89S51 单片机内部中断系统对各中断源的中断优先级有一个统一的规定，称为自然优先级(也称为系统缺省优先级)，如表 5-4 所示。

表 5-4　AT89S51 内部各中断源中断优先级的顺序

中断源	中断标志	缺省优先级
外部中断 0	IE0	最高
定时器/计数器 T0	TF0	
外部中断 1	IE1	↓
定时器/计数器 T1	TF1	
串行口中断	TI, RI	最低

AT89S51 单片机的中断优先级采用了自然优先级和人工设置高、低优先级的策略，中

断被人工设置为同一级别时，就由自然优先级确定。开机时，每个中断都处于低优先级，中断优先级可以通过程序来设定，由中断优先级寄存器 IP 来统一管理。

中断优先级寄存器 IP 地址为 0B8H，可位寻址，位地址为 0BFH～0B8H。寄存器的内容及位地址如表 5-5 所示。

表 5-5　IP 寄存器的格式

IP	D7	D6	D5	D4	D3	D2	D1	D0
	—	—	—	PS	PT1	PX1	PT0	PX0
位地址	0BFH	0BEH	0BDH	0BCH	0BBH	0BAH	0B9H	0B8H

IP 寄存器中的有效控制位的含义如下。

(1) PX0：外部中断 0 的中断优先级控制位。PX0 = 1，外部中断 0 被定义为高优先级中断；PX0 = 0，外部中断 0 被定义为低优先级中断。

(2) PT0：定时器/计数器 T0 的中断优先级控制位。PT0=1，定时器/计数器 T0 被定义为高优先级中断，PT0=0，定时器/计数器 T0 被定义为低优先级中断。

(3) PX1：外部中断 1 的中断优先级控制位。其作用与设置同 PX0。

(4) PT1：定时器/计数器 T1 的中断优先级控制位。其作用与设置同 PT0。

(5) PS：串行口中断优先级控制位。PS = 1，串行口中断被定义为高优先级中断；PS = 0，串行口中断被定义为低优先级中断。

AT89S51 单片机具有两级优先级，具备两级中断服务嵌套的功能。若 CPU 正在响应一个中断请求时，又出现了一个优先级比它高的中断请求，则 CPU 中止正在处理的中断服务程序，保护当前断点，转去响应优先级更高的中断请求，并为其服务。待服务结束后，再继续执行原来被中止的优先级较低的中断服务程序。这种处理中断的过程称为中断嵌套，此中断系统称为多级中断系统。中断嵌套的流程如图 5-3 所示。

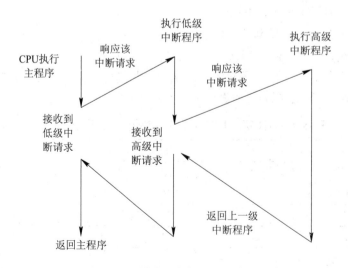

图 5-3　中断嵌套流程图

AT89S51 单片机的中断优先级的控制原则是：

(1) 低优先级中断请求不能打断高优先级的中断服务；但高优先级中断请求可以打断低优先级的中断服务，从而实现中断嵌套。

(2) 如果一个中断请求已被响应，则同级的其他中断服务将被禁止，即同级不能嵌套。如果同级的多个中断请求同时出现，则按 CPU 查询次序确定哪个中断请求被响应。

5.4　AT89S51 单片机中断应用

5.4.1　中断请求的撤除

为了避免中断请求标志没有及时撤除而造成重复响应同一中断请求的错误，CPU 在响应中断(转去执行中断服务程序)后必须及时将其中断请求标志位撤除。

AT89S51 单片机有 5 个中断源，其中断请求撤除的方法是不同的。

1. 定时器/计数器溢出中断请求的撤除

定时器溢出中断得到响应后，其中断请求的标志位 TF0 和 TF1 由硬件自动复位，用户不必专门撤除它们。

2. 串行口中断请求的撤除

串行口中断请求的标志位 TI 和 RI 不能由硬件自动复位。这是因为 MCS-51 进入串行口中断服务程序后需要对它们进行检测，以测定串行口正在接收中断还是发送中断。为了防止 CPU 再次重复响应这类中断，用户需要在中断服务程序的适当位置通过指令将它们撤除。

指令如下：

    TI=0　；撤除发送中断请求标志

    RI=0　；撤除接收中断请求标志

3. 外部中断请求的撤除

外部中断请求有两种触发方式，电平触发和负边沿触发。对于这两种不同的触发方式，其中断请求撤除的方法是不同的。

在负边沿触发方式下，外部中断标志位 IE0 或 IE1 是依靠 CPU 两次检测 $\overline{\text{INT0}}$ 或 $\overline{\text{INT1}}$ 上的负边沿触发电平状态而置位的。外部中断源在得到 CPU 中断服务时，不可能再在 $\overline{\text{INT0}}$ 或 $\overline{\text{INT1}}$ 上产生负边沿而使相应的中断标志位置位，而且 CPU 在响应中断时，由硬件自动复位 IE0 或 IE1，用户也不必专门撤除它们。

在电平触发方式下，外部中断标志位 IE0 或 IE1 是依靠 CPU 检测 $\overline{\text{INT0}}$ 或 $\overline{\text{INT1}}$ 上的低电平而置位的。尽管 CPU 在响应中断时能由硬件自动复位 IE0 或 Ie1，但若外部中断源不能及时撤除它在 $\overline{\text{INT0}}$ 或 $\overline{\text{INT1}}$ 上的低电平，就会使已经复位的 IE0 或 IE1 再次置位，这是不允许的。

因此，电平触发式外部中断请求的撤除必须使 $\overline{INT0}$ 或 $\overline{INT1}$ 上的低电平随着其中断被响应而变为高电平，可以采用图 5-4 所示的电路进行外部中断请求的撤除。

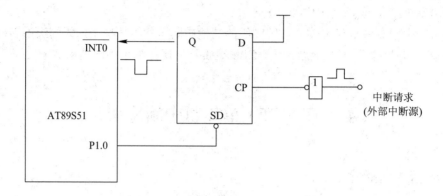

图 5-4　电平触发型外部中断请求撤除的电路

图 5-4 中，外来的低电平中断请求信号经反相器反相后，在 CP 端产生上跳沿，使锁存器 D 端的 0 输出到 Q 端，从而在 $\overline{INT0}$ 端引发中断申请。CPU 响应中断请求后，在中断服务返回前对 P1.0 送 0，可以令 Q 端变为 1，从而可以撤除掉 $\overline{INT0}$ 上的低电平，避免对同一中断请求再次触发中断响应。而 P1.0 上的负脉冲信号可以在中断服务程序中用指令来消除。指令如下：

　　　　P1.0=0；令 Q 端置 1

　　　　P1.0=1；令 SD 端置 1，以免下次中断来时 Q 端不能清 0

5.4.2　中断函数应用实例及 Proteus 仿真

用户对中断的控制和管理，实际上是对 4 个与中断有关的寄存器 IE、TCON、IP、SCON 进行控制或管理的。这几个寄存器在单片机复位时是清 0 的，在系统上电后必须根据需要对这几个寄存器进行有关预置。

在对单片机进行中断程序的编制中应遵循以下原则：

(1) 开中断总控开关 EA 置位对应中断源的中断允许位。

(2) 对于外部中断 INT0、INT1，应设置 TCON，选择中断触发方式是低电平触发还是下降沿触发。

(3) 对于多个中断源中断，应设定中断优先级，预置 IP。

在进行中断程序设计时，首先要进行现场保护，其次要及时清除那些不能被硬件自动清除的中断请求标志位，以避免产生错误的中断，然后需注意主程序和中断服务程序之间的参数传递与主程序和子程序的参数传递方式相同。

1. 中断函数

为直接使用 C51 编写中断服务程序，C51 中定义了中断函数。这在第 3 章中已简要介绍。由于 C51 编译器在编译时对声明为中断服务程序的函数自动添加相应现场保护、阻断其他中断、返回时自动恢复现场等处理的程序段，因而在编写中断函数时可不必考虑这些问题，以简化中断服务程序的编写。

中断服务函数的一般形式为：

函数类型　函数名(形式参数表) interrupt n　using n

关键字 interrupt 后面的 n 是中断号，对于 8051 单片机，n 的取值为 0～4，编译器从 $8 \times n + 3$ 处产生中断向量。AT89S51 中断源对应的中断号和中断向量见表 5-6。

AT89S51 内部 RAM 中可使用 4 个工作寄存器区，每个工作寄存器区包含 8 个工作寄存器(R0～R7)。关键字 using 后面的 n 专门用来选择 4 个工作寄存器区。using 是一个选项，如不选，中断函数中的所有工作寄存器内容将被保存到堆栈中。

表 5-6　AT89S51 单片机的中断号和中断向量

中断源	中断号	中断向量
外部中断 0(INT0)	0	0003H
定时器/计数器 T0 中断	1	000BH
外部中断 1(INT1)	2	0013H
定时器/计数器 T1 中断	3	001BH
串行口中断 TX/RX	4	0023H

中断调用与标准 C 的函数调用是不一样的，当中断事件发生后，对应的中断函数被自动调用，既没有参数，也没有返回值。中断是随着中断源中断信号的到来、中断请求标志位置 1 而发生的，中断函数关键词 interrupt 及后面的中断号决定着当符合条件的中断发生时，该中断函数的自动执行。在执行中断函数时：

(1) 编译器会为中断函数自动生成中断向量；

(2) 退出中断函数时，所有保存在堆栈中的工作寄存器及特殊功能寄存器被恢复；

(3) 在必要时特殊功能寄存器 ACC、B、DPH、DPL 以及 PSW 的内容被保存到堆栈中。

编写中断程序，应遵循以下规则：

(1) 中断函数没有返回值，如果定义一个返回值，将会得到错误结果。建议将中断函数定义为 void 类型，明确说明无返回值。

(2) 中断函数不能进行参数传递，如果中断函数中包含任何参数声明都将导致编译出错。

(3) 任何情况下都不能直接调用中断函数，否则会产生编译错误。因为中断函数的返回是由汇编语言指令 RETI 完成的。RETI 指令会影响 AT89S51 硬件中断系统内的不可寻址的中断优先级寄存器的状态。如果没有实际中断请求情况下直接调用中断函数，则不会执行 RETI 指令，其操作结果有可能产生一个致命错误。

(4) 如果在中断函数中再调用其他函数，则被调用的函数所用的寄存器区必须与中断函数使用的寄存器区不同。

2. 中断应用举例

【例 5-1】 AT89S51 单片机 P3.2 外接一个按键，单片机 P2 口接 8 个共阳 LED，初始 8 个 LED 呈流水灯状态，当按键按下，LED 闪烁 3 次返回。

分析：单片机的 P3.2 接一个按键，当按下时，相当于引入了一个外部中断请求。因此，可以设 IT0=1。在主程序中，LED 呈流水灯状态；在中断函数中，编写 LED 闪烁的状态，闪烁 3 次之后，返回主函数。

程序如下：

```c
#include<reg51.h>
#include<intrins.h>
#define uchar unsigned char
void delay(unsigned int i)              //延时
{
    unsigned int j;
    for(;i>0;i--)
    for(j=0;j<333;j++)
    {;}
}
void main()
{
    EA=1;                               //总中断开启
    EX0=1;                              //允许外部中断 0
    IT0=1;                              //外部中断 0 跳沿触发
    P2=0xfe;                            //设置初值
    while(1)
    {
        delay(300);
        P2=_crol_(P2,1);                //流水灯
    }
}
void inter0() interrupt 0               //中断子程序
{
    uchar m;
    EX0=0;                              //关闭外部中断 0
    for(m=0;m<3;m++)                    //循环 3 次
    {
        P2=0xff;
        delay(200);
```

```
            P2=0x00;
            delay(200);
            EX0=1;                    //允许外部中断 0
        }
        P2=0xfe;                      //返回初值
    }
```

电路原理图及仿真如图 5-5 所示。

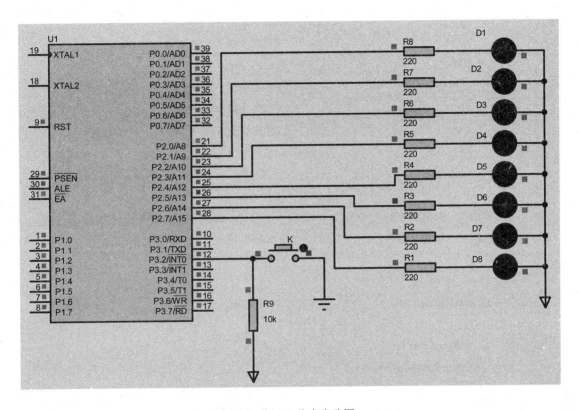

图 5-5　例 5-1 仿真电路图

【例 5-2】 AT89S51 单片机 P3.2、P3.3 外接两个按键，低电平有效，单片机 P1 口接 8 个 LED，单片机 P2 口接 1 只数码管，初始状态数码管显示 7，LED 亮 1 个。P3.3 按键按下，LED 循环点亮。P3.2 按键按下，数码管显示 9。

分析：本例题是两个中断源的应用，当需要多个中断源时，只需增加相应的中断服务函数即可。

程序如下：

```
#include<reg51.h>
#include<intrins.h>
void delay(unsigned int i)          //延时函数
```

```c
{
    unsigned int j;
    for(;i>0;i--)
    for(j=0;j<333;j++)
    {;}
}
void main()                          //主函数
{
    EA=1;                            //总中断允许
    EX1=1;                           //外部中断 1 允许
    EX0=1;                           //外部中断 0 允许
    IT1=1;                           //外部中断 1 跳沿触发
    IT0=1;                           //外部中断 0 跳沿触发
    IP=0;                            //中断优先级相同
    P1=0xfe;                         //点亮一个 led
    while(1)
    {
        delay(300);
        P2=0xf8;                     //数码管显示 7
    }
}
void inter1() interrupt 2            //外部中断 1 子程序
{
    unsigned char m;
    for(m=0;m<8;m++)
    {
        P1=_crol_(P1,1);             //led 流水一次
        delay(200);
    }
}                                    //外部中断 0 子程序
void inter0() interrupt 0
{
    P2=0x90;                         //数码管显示 9
    delay(300);
}
```

电路及仿真如图 5-6 所示。

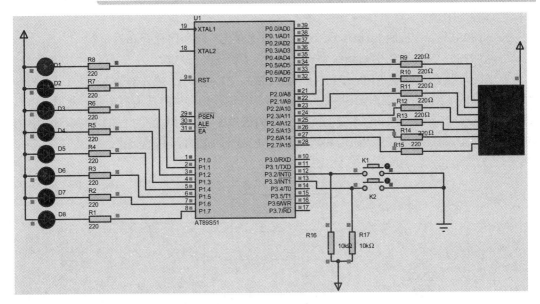

图 5-6　例 5-2 仿真电路图

本 章 小 结

本章主要介绍了 AT89S51 单片机的中断相关概念及外部中断的应用。AT89S51 单片机有 5 个中断源，分别为两个外部中断，$\overline{\text{INT0}}$(P3.2 脚)和 $\overline{\text{INT1}}$(P3.3 脚)输入中断请求，两个定时器/计数器溢出中断，对应 T0(P3.4 脚)和 T1(P3.5 脚)，一个片内串行口中断请求 TXD(发送中断)或 RXD(接收中断)。这些中断源都有对应的中断请求标志位，分别在特殊功能寄存器 TCON 和 SCON 中。所有的中断请求标志位都是硬件置位，除了串行接收中断标志位(RI)和发送中断标志位(TI)之外，其余的标志位都是硬件清零。

中断允许控制寄存器 IE 决定了哪个中断请求被接受，而在优先级控制寄存器 IP 中可以设置各中断源的优先级，每个中断源都可设置为高或低中断优先级，再结合缺省优先级，CPU 能够对所有的中断实现两级中断嵌套。一个正在执行的低优先级中断服务程序能被高优先级中断申请所中断，但不能被另一个低优先级中断源所中断。正在执行的高优先级中断服务程序不能被其他中断申请所打断。

AT89S51 单片机的中断响应过程分为中断请求、中断响应、中断服务、中断返回四个阶段，缺一不可。如果需要撤除中断请求还应该根据中断源的不同选择相应的方式。

习 题

1. 什么是中断? 什么是中断源?
2. 微型计算机引进中断技术后有什么好处?
3. AT89S51 单片机提供了哪几种中断源? 在中断管理上各有什么特点?
4. AT89S51 单片机响应中断的条件是什么，CPU 响应中断时，不同的中断源，其中断入口地址各是多少？

5. AT89S51 单片机的外部中断有哪两种触发方式？应如何选择和设定？

6. AT89S51 单片机的中断系统中有几个优先级？如何设定？

7. 图 5-7 所示电路中 P1.0～P1.3 接 4 个 LED，P1.4～P1.7 接外部输入信号，同时经与门接单片机的 P3.2 端口。该电路要求系统正常工作时，P1.4～P1.7 为高电平，此时 LED 不点亮；而出现故障时相应的输入线由高电平变为低电平，此时对应的 LED 点亮。试用中断的方法编程实现。(对应关系为 P1.4 对 LED0，P1.5 对 LED1，其他类推。)

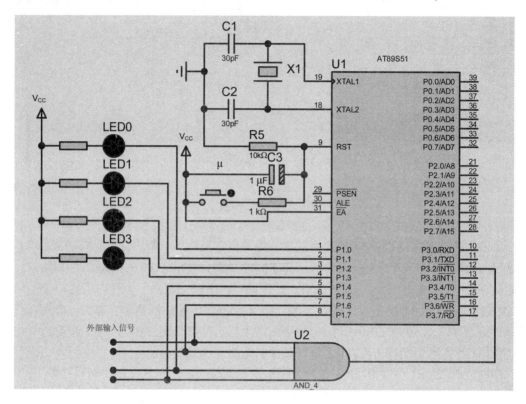

图 5-7　习题 7 仿真电路图

第 6 章　AT89S51 单片机的定时器/计数器

6.1　定时器/计数的基本概念

在工业控制、测量及智能仪表仪器等应用中，经常需要定时或者计数，这就需要用到定时器/计数器。为满足这方面的需要，几乎所有的单片机系统都集成了定时器/计数器。

对定时器/计数器而言，定时和计数并没有本质的区别，只是计数脉冲的来源不同，具体体现在以下两方面。

(1) 计数是指对外部事件的个数进行计量，其实质就是对外部输入脉冲的个数进行计量。实现计数功能的器件称为计数器。

(2) 定时是对某个长度的时间进行预设。MCS-51 单片机中的定时器和计数器是同一个部件，只不过计数器记录的是外部脉冲的个数，而定时器则是由单片机内部提供一个非常稳定的计数源进行定时的。

通常情况下，要实现定时功能可以采用软件定时和硬件定时，以及可编程定时器三种方式。

(1) 软件定时是执行一个循环程序进行时间延迟。其特点是定时时间精确，不需外加硬件电路，但占用 CPU 时间，因此软件定时的时间不宜过长。

(2) 硬件定时是利用硬件电路实现定时。其特点是不占用 CPU 时间，通过改变电路元器件参数来调节定时，但使用不够灵活方便。对于时间较长的定时，常用硬件电路来实现。

(3) 可编程定时器通过专用的定时器/计数器芯片实现。其特点是通过对系统时钟脉冲进行计数实现定时，定时时间可通过程序设定的方法改变，使用灵活方便。也可实现对外部脉冲的计数功能。

AT89S51 单片机可提供两个 16 位的可编程定时器/计数器，即 T0 和 T1，它们均可作定时器或计数器使用，为单片机提供计数或定时功能。

当 T0 或 T1 作计数器时，可以对引脚 T0(P 3.4)和 T1(P3.5)输入的外部脉冲信号计数，外部脉冲下跳沿有效。在每个机器周期的 S5P2 期间，对 T0 或 T1 引脚的信号进行采样，若前一个周期采样到高电平，紧接着的后一个周期采样到低电平，则计数器加 1；新的计数值是在检测到输入引脚电平发生 1 到 0 的跳变之后，于下一个机器周期的 S3P1 期间装入计数器中。对 AT89S51 单片机而言，要采样到一个有效的外部脉冲信号，需要两个机器周期，故 AT89S51 单片机的计数频率最高为晶振频率的 1/24。若晶振频率为 12 MHz，则最高计数频率为 500 kHz。也就是说，此时外部脉冲不能超过 500 kHz，如果超过了这个数值，就会造成某些脉冲被计算漏掉，导致计数值比实际的脉冲值少。

当 T0 或 T1 作定时器时，是对系统晶振脉冲的 12 分频输出进行计数。每个机器周期为一个计数周期，定时时间为计数周期(机器周期)与计数个数的乘积。若单片机采用 12 MHz 的晶振，则一个机器周期为 1 μs，定时时间 = 1 μs × 计数值，而计数值为计数器的最大计数长度与计数器初值的差，因此，对单片机而言，定时时间不仅与计数器的初值有关，还与晶振的频率有关。

6.2 定时器/计数器的结构及控制

AT89S51 单片机内部有两个 16 位的可编程定时器/计数器 T0、T1，当计数器计满回零时能自动产生溢出中断请求，表示设定时间已到或者计数已满。两个定时器/计数器是可编程的，即可通过编程设定其作为定时器用还是作为计数器用。每种模式下的工作方式也由程序设定，其控制字和状态字均在相应的特殊功能寄存器中，通过对特殊功能寄存器的编程，就可方便地选择适当的工作方式。此外，定时模式下的定时时间和计数模式下的计数值都可通过编程实现。

6.2.1 定时器/计数器内部结构

AT89S51 单片机内定时器/计数器 T0、T1 的结构如图 6-1 所示。

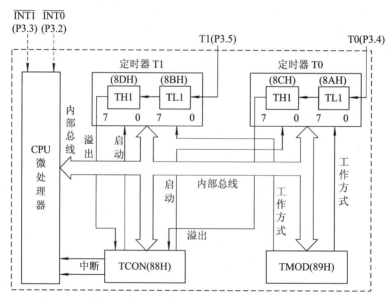

图 6-1 定时器/计数器 T0、T1 的逻辑结构

由图 6-1 可知，AT89S51 单片机定时器/计数器由定时器 T0、定时器 T1、定时器方式寄存器 TMOD 和定时器控制寄存器 TCON 组成。

定时器/计数器的核心是 16 位的加法计数器。T0 由两个 8 位的特殊功能寄存器 TH0(高 8 位)和 TL0(低 8 位)构成 16 位加法计数器。同样，T1 也是由两个 8 位的特殊功能寄存器 TH1(高 8 位)和 TL1(低 8 位)构成 16 位加法计数器。在 AT89S51 单片机中，与定时器/计数器 T0、T1 有关的寄存器为 TMOD 和 TCON。TMOD 和 TCON 与定时器 T0、定时器 T1 通过内部总线及逻辑电路连接。

当设置了定时器的工作方式并启动定时器工作后，定时器将按照设定的工作方式独立工作，不再占用 CPU 的操作时间，只有在计数器计满溢出时才可能中断 CPU 当前的操作。

6.2.2　定时器/计数器控制

在启动定时器/计数器工作之前，CPU 必须将一些命令(称为控制字)写入定时器/计数器中，这个过程称为定时器/计数器的初始化。定时器/计数器的初始化通过定时器/计数器的方式寄存器 TMOD 和控制寄存器 TCON 完成，下面分别介绍。

1．定时器方式寄存器 TMOD

TMOD 的主要功能是用来控制定时器/计数器 T0、T1 的工作方式。TMOD 寄存器不能位寻址，只能用字节传送指令设置其内容，字节地址为 89H，其格式及每位的含义如表 6-1 所示。

表 6-1　TMOD 寄存器格式及各位含义

TMOD	D7	D6	D5	D4	D3	D2	D1	D0
	GATE	C/$\overline{T}$	M1	M0	GATE	C/$\overline{T}$	M1	M0
89H	T1 控制				T0 控制			

TMOD 分成两部分，每部分 4 位，低 4 位(D3～D0)是定时器/计数器 T0 的工作方式字段，而高 4 位(D7～D4)是定时器/计数器 T1 的工作方式字段。下面分别介绍。

(1) M1M0。M1M0 是工作方式选择位，定时器/计数器一共有 4 种工作方式，如表 6-2 所示。

表 6-2　定时器/计数器工作方式

M1M0	工作方式	方式说明
00	方式 0	13 位定时器/计数器
01	方式 1	16 位定时器/计数器
10	方式 2	具有自动重装初值功能的 8 位定时器/计数器
11	方式 3	两个 8 位定时器/计数器，仅适用于 T0

(2) C/$\overline{T}$。C/$\overline{T}$ 是定时器/计数器模式选择位，具体作为哪一种功能用，可由用户根据需要通过编程自行设定。当 C/$\overline{T}$ = 0 时，计数脉冲来自 CPU 内，计数脉冲频率是系统时钟信号频率的 12 分频，为定时模式；当 C/$\overline{T}$ = 1 时，计数脉冲来自 P3.4 或 P3.5 引脚，为计数模式。

(3) GATE。GATE 是启动方式控制位，用于控制定时器/计数器的启动是否受外部中断请求信号的影响。如果 GATE=1，则定时器/计数器的启动受硬件控制，由外部中断请求信号 $\overline{INT0}$/$\overline{INT1}$ 和 TCON 中的启/停控制位 TR0/TR1 组合状态控制定时器/计数器的启/停；如果 GATE=0，则定时器/计数器的启动受软件控制，与引脚 $\overline{INT0}$、$\overline{INT1}$ 无关，只由 TCON 中的启/停控制位 TR0/TR1 控制定时器/计数器的启/停。

以 T0 或 T1 在工作方式 1 下的工作情况为例，GATE 的控制逻辑如图 6-2 所示。

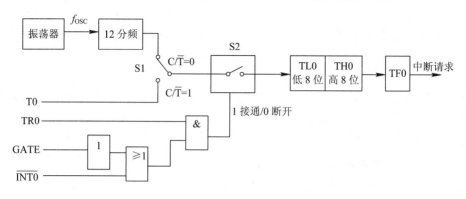

图 6-2　GATE 的逻辑结构图

2. 定时器控制寄存器 TCON

TCON 的功能是控制定时器/计数器 T0、T1 的启动与停止，以及管理定时器的溢出标志。该寄存器的格式及各位含义如表 6-3 所示。

表 6-3　TCON 寄存器格式及各位含义

TCON	D7	D6	D5	D4	D3	D2	D1	D0
	TF1	TR1	TF0	TR0	IE1	IT1	IE0	IT0
位地址	8FH	8EH	8DH	8CH	8BH	8AH	89H	88H

TCON 有两部分，每部分 4 位，低 4 位(D3~D0)用于外部中断的控制，高 4 位(D7~D4)用于定时器/计数器的中断控制。

(1) TR0 和 TR1。TR0 为定时器/计数器 T0 的启动/停止控制位，其状态可通过软件设定。若 TR0=1，则定时器/计数器 T0 启动立即开始计数；若 TR0=0，则定时器/计数器 T0 停止计数。TR1 为定时器/计数器 T1 的启动/停止控制位，其功能同 TR0。

(2) TF0 和 TF1。TF0 为定时器/计数器 T0 的溢出中断标志位。当 T0 计数溢出(由全"1"变为全"0")时，TF0 由硬件自动置位，即 TF0 = 1，并在允许中断的情况下，向 CPU 发出中断请求信号，当 CPU 响应中断并转向中断服务程序时，TF0 被硬件自动复位(TF0 = 0)。TF1 为定时器/计数器 T1 的溢出中断标志位，其功能同 TF0。

6.2.3　定时器/计数器的工作方式

AT89S51 单片机的定时器/计数器有 4 种工作方式，即方式 0、方式 1、方式 2、方式 3，主要用于定时和计数。下面分别介绍。

1. 工作方式 0

当 M1M0＝00 时，定时器/计数器设定为工作方式 0，由 THx(x = 0 或 x = 1)的高 8 位和 TLx 的低 5 位(TLx 的高 3 位未用)构成 13 位加法计数器，当 TLx 低 5 位计数满时直接向 THx 进位，THx 8 位计数满时溢出，溢出标志位 TFx 置 1。

定时器/计数器工作在方式 0 时，计数范围为 $1 \sim 2^{13}$，定时时间范围为 $1T \sim 2^{13}T$(T 为机器周期，后同)。

2．工作方式 1

当 M1M0 = 01 时，定时器/计数器设定为工作方式 1，由 THx 和 TLx 构成 16 位定时器/计数器，即计数长度为 16 位，此时，THx、TLx 都是 8 位加法计数器。其他与工作方式 0 相同。

定时器/计数器工作在方式 1 时，计数范围为 $1\sim2^{16}$，定时时间范围为 $1T\sim2^{16}T$。

3．工作方式 2

当 M1M0 = 10 时，定时器/计数器设定为工作方式 2，这时构成具有自动重装初值功能的 8 位定时器/计数器，方式 2 的 16 位定时器/计数器被拆成两个 8 位的寄存器 TLx 和 THx，CPU 在对它们初始化时必须装入相同的定时器/计数器初值。

TLx 作为 8 位加法计数器使用，THx 作为初值寄存器用。TLx、THx 的初值都由软件设置。TLx 计数溢出时，不仅置位 TFx，而且发出重装载信号，将 THx 中的初值自动送至 TLx，重新获得初值，并从初值开始重新计数。重装初值后，THx 的内容保持不变。如此反复，省去了程序需不断给计数器赋值的麻烦，而且计数准确度也提高了。

定时器/计数器工作在方式 2 时，计数范围为 $1\sim2^8$，定时时间范围为 $1T\sim2^8T$。

定时器/计数器工作方式 2 也有其局限性，即只有 8 位，计数值有限，最大计数值只有 256。所以这种工作方式一般适用于重复计数的应用场合。如可以通过这样的计数方式产生中断，从而产生一个固定频率的脉冲，也可当做串行数据通信的波特率发生器使用。

4．工作方式 3

当 M1M0 = 11 时，定时器/计数器设定为工作方式 3。在方式 3 时，定时器/计数器 T0 和定时器/计数器 T1 的工作方式有所不同。

在工作方式 3 时，定时器/计数器 T0 被拆成两个独立的 8 位计数器 TL0、TH0。其中，TL0 既可作计数器用也可作定时器用，定时器/计数器 T0 的各控制位和引脚信号全归它使用，TL0 的启停由 TR0 控制，当 TL0 溢出时，定时器 T0 溢出中断标志位 TF0 置 1；而 TH0 只能作简单的定时器使用，而且还借用了定时器/计数器 T1 的控制位，即 TH0 的启停由 TR1 控制，当 TH0 溢出时，定时器 T1 溢出中断标志位 TF1 置 1。由于 TL0 既能作为计数器用也能作为定时器用，而 TH0 只能作为定时器用，因此方式 3 下的定时器/计数器 T0 可以构成两个定时器或者一个定时器和一个计数器。

由于工作方式 3 下的定时器/计数器 T0 占用了 T1 的启动控制位 TR1 和溢出中断标志位 TF1，使定时器/计数器 T1 的功能受到限制。这种情况下，定时器/计数器 T1 虽然可用于方式 0、1、2，但是不能使用中断方式。通常将 T1 作为串行口的波特率发生器使用，以确定串行通信的速率，由于 TF1 已被 T0 借用，所以只能把 T1 计数溢出直接送给串行口。当做波特率发生器使用时只需设置好工作方式，即可自动运行。如要停止工作，只需送入一个把它设置为方式 3 的方式控制字就可以了。由于定时器/计数器 T1 本身不能工作于方式 3，当强行把它设置为方式 3，自然就会停止工作。

方式 3 下定时器/计数器的定时、计数的范围同方式 2。

6.3　定时器/计数器的编程及应用

6.3.1　定时器/计数器初值的计算

AT89S51 单片机定时器/计数器是加法计数器，其内部的计数器在定时器方式下对机器周期加 1 计数，在计数器方式下对外部引脚(P3.4，P3.5)上的脉冲加 1 计数，计数器加满回零溢出时，置中断请求标志 TFx。如果允许定时器/计数器中断，则可进入中断服务程序，并作相应的操作。

在不同的工作方式下，定时器/计数器初值的计算方法基本相同，只是采用了不同长度的计数器，设置时间常数时略有不同。

1．计数器初值的计算

定时器/计数器在计数器模式下工作时，必须给计数器预置初值，并通过程序送入 THx(TH0/TH1)和 TLx(TL0/TL1)中。预置初值的计算方法是用最大计数值减去需要的计数值，即

$$T_C = M - C$$

其中：T_C 为计数器需要预置的初值；M 为计数器的模值(最大计数值)，方式 0 时，$M = 2^{13}$，方式 1 时，$M = 2^{16}$，方式 2、3 时，$M = 2^8$；C 为计数器计满回零所需的计数值，即设计任务要求的计数值。

2．定时器初值的计算

由于定时的本质也是计数，只不过两者计数的对象不同。定时器/计数器工作在定时模式下，是对机器周期的个数进行计算，进而得到所计得的机器周期的数目所占用的时间。因此，定时器的初值计算公式为

$$T_C = M - C = M - \frac{t}{T}$$

其中：t 为定时器的定时时间，即设计任务要求的定时时间；T 为单片机的机器周期；M 为计数器的模值，意义同上；T_C 为定时器需要预置的初值。

若 $T_C = 0$，则定时器定时时间为最大，由于 M 的值与定时器的工作方式有关，因此，不同的工作方式，定时器的最大定时时间 T_{max} 也不一样。若设单片机系统主频为 12 MHz，则各种工作方式定时器的最长定时时间为

工作方式 0 时，$T_{max} = 2^{13} \times 1\,\mu s = 8.192\,ms$；

工作方式 1 时，$T_{max} = 2^{16} \times 1\,\mu s = 65.536\,ms$；

工作方式 2、3 时，$T_{max} = 2^8 \times 1\,\mu s = 0.256\,ms$。

6.3.2　定时器/计数器应用实例及 Proteus 仿真

定时器/计数器的四种工作方式中，方式 0 与方式 1 基本相同，只是计数器的计数位数不同，方式 1 和 2 最常用。在对定时器/计数器进行设置的时候，关于 TCON 和 TMOD 的

功能要熟练掌握。

定时器/计数器在应用时,其工作方式和工作过程均可通过程序设定和控制,因此,定时器/计数器在工作前必须对其进行初始化、计算和设置初值。定时器/计数器的初始化顺序如下。

(1) 根据任务要求,通过设置方式寄存器 TMOD 设置定时器/计数器的工作模式和工作方式。

(2) 根据要求计算定时器/计数器的初值 T_C,并将初值 T_C 送定时器/计数器高、低位(即 THx 或 TLx)。

(3) 如果允许定时器溢出中断,则初始化定时器/计数器的中断优先级(需要设置 IP 寄存器);初始化中断控制寄存器 IE,能使相应定时器/计数器中断允许。

(4) 启动定时器/计数器。

【例 6-1】 在 AT89S51 单片机的 P1.0 口接 1 个发光二极管,电路原理仿真如图 6-3 所示。编程实现发光二极管以 1 s 为间隔闪烁(单片机晶振为 12 MHz)。

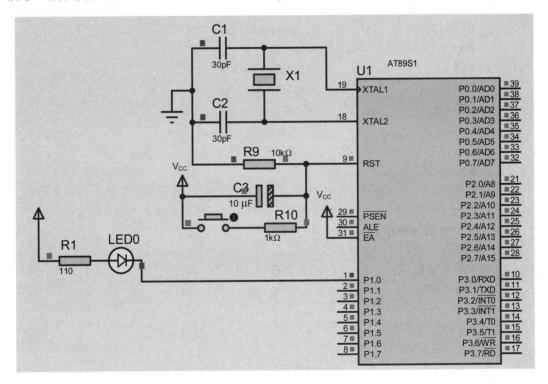

图 6-3   例 6-1 仿真图

(1) 设置 TMOD 寄存器。T0 工作在方式 1,应设置 TMOD 寄存器中的工作方式控制位 M1M0 = 01;T0 工作在定时模式下,应设置 C/$\overline{T}$ = 0;T0 的运行由 TR0 来控制,GATE 位设置为 0。定时 T1 不使用,因此相应的位设置为 0。故 TMOD 寄存器应初始化为 0x01。

(2) 计算定时 T0 的初值。由于 12 MHz 的晶振,机器周期为 1 μs,采用方式 1 定时,最长定时时间为 65.536 ms,无法实现 1 s 的定时。因此可以做一个 5 ms 的定时,然后连续定时 200 次即可实现 1 s 的定时。定时器的初值为

$$T_c = 2^{16} - \frac{5\ ms}{1\ \mu s} = 60536$$

将 60536 转换成 16 进制后为 0xec78，其中 0xec 装入 TH0，0x78 装入 TL0。

(3) 设置 IE 寄存器。本例题由于采用定时器 T0 中断，因此需要设置 EA、ET0 为 1。

(4) 启动定时器 T0。设置 TR0=1，即可启动定时器 T0；若设置 TR0=0，即可停止定时器 T0。

程序如下：

```
#include<reg51.h>
unsigned char i = 200;
void main ()
{
    TMOD = 0x01;            //定时器 T0 为方式 1
    TH0   = 0xec;           //赋值
    TL0   = 0x78;
    P1 = 0xfe;              //P1 口一个 LED 点亮
    EA = 1;                 //开总中断
    ET0 = 1;                //开定时器 T0 中断
    TR0 = 1;                //启动定时 T0
    while(1)                //循环等待
    {
    ;
    }
}


void timer0() interrupt 1      //T0 中断程序
{
    TH0 = 0xec;                //重新赋值
    TL0 = 0x78;
    i--;
    if(i<=0)
    {
        P1 = ~P1;              //P1 口按位取反
        i=200;                 // 重置循环次数
    }
}
```

【例6-2】 AT89S51 单片机的 P1.0 口产生周期为 4 ms 的方波，试编程实现。

分析：要在 P1.0 端口上产生 4 ms 的方波，需要产生 2 ms 的定时，定时时间到则令 P1.0 取反即可。使用定时器 T1 的方式 1，用查询方式实现定时。

仿真电路图如图 6-4 所示，在 P1.0 引脚上接有虚拟示波器，可以观察产生的波形，如图 6-5 所示。

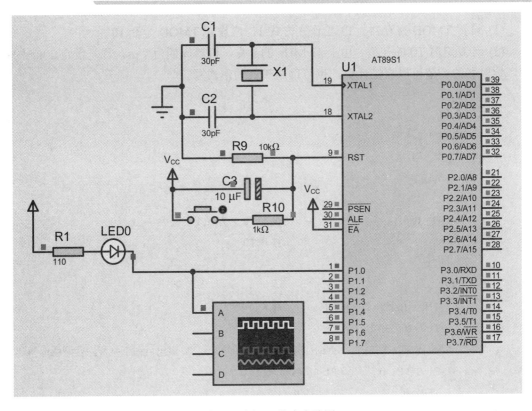

图 6-4　例 6-2 仿真电路图

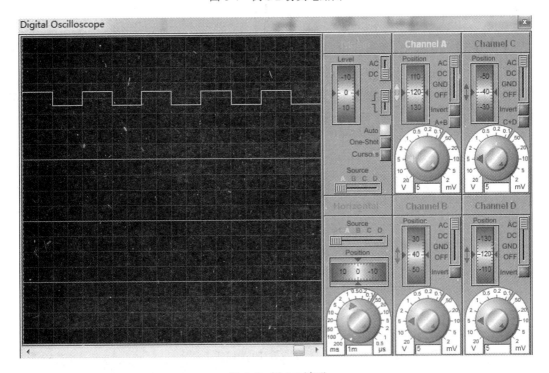

图 6-5　例 6-2 波形

(1) 设置 TMOD 寄存器。T1 工作在方式 1，应设置 TMOD 为 0x10。

(2) 计算定时 T0 的初值。由于 12 MHz 的晶振，机器周期为 1 μs，首先设定 2 ms 的定时，定时器的初值可以直接计算，也可以用算式的形式写。

程序如下：

```
#include<reg51.h>
sbit P1_0 = P1^0;
void main()
{
    TMOD = 0x01;                   //设置 T0 为方式 1
    TR0=1;                         //打开 T0
    while(1)
      {
        TH0 = (65536-2000)/256;    //高 8 位初值
        TL0 = (65536-2000)%256;    //低 8 位初值
        do{}while(!TF0);    //判断 TF0 是否为 1，为 1 则 T0 溢出，往下执行，否则原地循环
        P1_0=! P1_0;        //P1.0 口状态求反
        TF0 = 0;            //标志清 0
      }
}
```

【例 6-3】 AT89S51 单片机 P1 口外接 8 只 LED，编程实现这 8 只 LED 从上到下、再从下到上循环点亮，间隔时间为 1 s (单片机晶振频率为 12 MHz)。

分析：定时时间的设置与前面例题思路相同。LED 从上到下点亮，P1 口中 0 的位置左移；LED 从下到上点亮，P1 口中 0 的位置右移。

程序如下：

```
#include <reg51.h>
void main()
{
    unsigned char cnt = 0;         //定义计数变量 cnt，记录 T0 溢出次数
    unsigned char dir = 0;         //定义移位方向变量 dir，用于控制移位的方向
    unsigned char shift = 0x01;    //定义循环移位变量 shift，并赋初值 0x01


    TMOD = 0x01;                   //设置 T0 为模式 1
    TH0   = (65536-50000)/256;
```

```
TL0   = (65536-50000)%256;


TR0   = 1;                    //启动 T0
    while (1)
{
    P1 = ~shift;              //P0 等于循环移位变量取反，控制 8 个 LED
    while (TF0 == 0);         //当 TF0 等于 0 时一直执行空循环，即停在这里直到 T0 溢出
    TF0 = 0;                  //T0 溢出后，清 0 中断标志
    TH0 = 0xB8;
    TL0 = 0x00;
    cnt++;
    if (cnt >= 20)            //T0 溢出达到 10 次后，控制移位
    {
        cnt = 0;
        if (dir == 0)         //移位方向变量为 0 时，左移
        {
            shift = shift << 1;   //循环移位变量左移 1 位
            if (shift == 0x80)    //左移到最左端后，改变移位方向
            {
                dir = 1;
            }
        }
        else                  //移位方向变量不为 0 时，右移
        {
            shift = shift >> 1;   //循环移位变量右移 1 位
            if (shift == 0x01)    //右移到最右端后，改变移位方向
            {
                dir = 0;
            }
        }
    }
}
}
```

仿真电路图如图 6-6 所示。

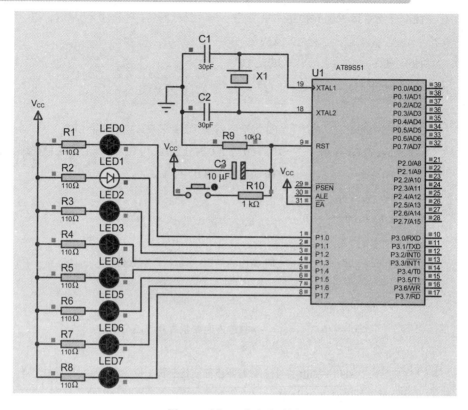

图 6-6 例 6-3 仿真电路图

【例6-4】 AT89S51 单片机 P1 口外接 8 只 LED，定时器 T0 采用计数模式，用方式 2 中断，引脚 P3.4 上外接按钮开关，作为计数信号输入。按 4 次开关后，P1 口上的 8 只 LED 闪烁 5 次。

分析：本例题是单片机的定时器/计数器工作在计数模式下的应用。T0 工作在计数方式 2，设置 C/$\overline{\text{T}}$ =1，应使 TMOD 的 M1M0=10；定时器工作在方式 2，能自动重装初值，故设置初值为 TH0=TL0=0xfc

程序如下：

```
#include<reg51.h>
#define uchar unsigned char

void delay(unsigned char i)          //延时函数
{
    unsigned int j;
    for(;i>0;i--)
    for(j=0;j<333;j++);
}

void main()
```

```
{ P1=0xff;                        //P1 口接的 8 只 LED 全灭
    EA=1;                         //开总允许
    TMOD=0x06;                    //T0 计数方式 2
    TH0=0xfc;
    TL0=0xfc;                     //设初值，TH0 = TL0
    ET0=1;                        //开 T0 中断
    TR0=1;                        //启动定时器
    while(1);
}

void timer1() interrupt 1 using 1    //T0 中断函数
{ uchar i;
    TR0=0;
    for(i=0;i<8;i++)
    {
        P1=~P1;                   //P1 口按位取反
        delay(500);
    }
    TR0=1;
}
```

仿真如图 6-7 所示。

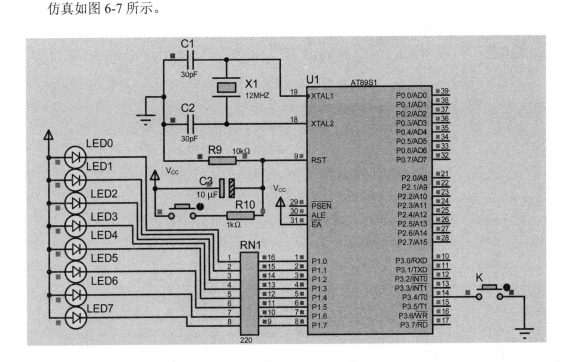

图 6-7　例 6-4 仿真电路图

本 章 小 结

本章主要介绍了 AT89S51 单片机的定时器/计数器。当需要对外部时间进行计数或定时输出一个信号用于控制外部事件时,可以充分利用 T0 或 T1 的功能加以实现。对于定时器/计数器的工作模式和 4 种工作方式的选择,可以通过灵活地设置 TMOD 和 TCON 专用寄存器的相应位来实现。在本章中,对定时器/计数器的设计提供了实例,供读者参考。

习　题

1. AT89S51 定时器/计数器的作用是什么,有什么特点?

2. AT89S51 单片机有几个定时器/计数器,各是多少位,计数的来源有哪些?

3. AT89S51 单片机的定时器/计数器有哪几种工作方式,各有什么特点?

4. 若单片机晶振为 12MHz。用 T0 产生 1μs 的定时,可以选择几种方式?分别写出定时器的方式字和计数初值。

5. 当定时器 T1 用作方式 3 时,由于 TR1 已被 T0 占用,如何控制 T1 的开启与关闭?

6. AT89S51 单片机的晶振频率为 6 MHz,使用 T1 对外部事件进行计数,每计数 200 次后,T1 转为定时工作方式,定时 5 ms 后,又转为计数方式,如此周而复始地工作,试编程实现。

7. 已知 8051 单片机的 f_{osc} = 12 MHz,用 T1 定时,试编程由 P1.0 和 P1.1 分别输出周期为 2 ms 和 500 μs 的方波。

8. 编写程序,要求使用 T0,采用方式 2 定时,在 P1.0 输出周期为 400 μs,占空比为 4∶1 的矩形脉冲。

第 7 章　AT89S51 单片机的串行口

随着单片机的发展，其应用已从单机通信转向多机通信或联网通信，需要实现多机之间的数据交换功能。本章将介绍串行通信的基本概念、特点及分类，AT89S51 单片机串行口的结构、特点、工作方式，以及串行口的应用，并简单介绍单片机双机、多机通信等技术。

7.1　串行通信概述

单片机与外界进行信息交换的过程统称为通信。不同的通信方式下 CPU 与外部设备之间的连线结构和数据传送方式是不同的，这样就导致了不同的通信方式的特点和适用范围也不同。本节将简要介绍基本通信方式及特点，并具体介绍串行通信的工作方式、分类及串行通信的波特率等基本概念。

7.1.1　基本通信方式及特点

数据通信时，根据 CPU 与外部设备之间连线结构和数据传送方式的不同，可以将通信方式分为两种：并行通信和串行通信。

(1) 并行通信。并行通信是指数据的各位同时发送或接收，每个数据位使用单独的一条导线，有多少位数据需要传送就需要多少根数据线。并行通信的特点是各数据位同时传送，传送速度快、效率高，但并行数据传送需要较多的数据线(例如对于 8 位数据传输来说，至少需要 8 根数据线以及一些其他的控制信号线)，因此传送成本高，而且干扰也大，可靠性较差，一般只适用于短距离传送数据。并行数据传送的距离小于 30 米，计算机内部的数据传送一般采用并行方式。

(2) 串行通信。串行通信是指数据一位接一位顺序发送或接收。串行通信的特点是数据传送按位顺序进行，只需一根传输线即可完成，成本低但速度慢，一般适用于较长距离传送数据，计算机与外界的数据传送大多数是串行的，其传送的距离可以从几米到几千千米。

7.1.2　串行通信的数据传送方式

串行通信的数据传送方式有单工、半双工、全双工方式。

1. 单工方式

单工方式的数据传送是单向的，两个串行通信设备 A、B 之间的数据传送仅按一个方向传送，一个固定为发送端，另一个固定为接收端，即数据只能由发送设备单向传输到接收设备，数据传输只需要一根数据线即可，如图 7-1(a)所示。单工方式用途有限，常用于串行口的打印数据传输与简单系统间的数据采集。例如，计算机与打印机之间的串行通信就是单工方式，因为只能有计算机向打印机传送数据，而不可能有相反方向的数据传送。

2. 半双工方式

半双工方式的数据传送是双向的，任何时刻只能由其中的一方发送数据，另一方接收数据。因此半双工形式可以使用一条数据线，实际应用中应采用某种协议实现收/发开关转换。半双工方式如图 7-1(b)所示。

3. 全双工方式

全双工方式的数据传送是双向的，两个串行通信设备 A、B 之间的数据传送可按两个方向传送，且可同时进行发送和接收数据，因此全双工形式的串行通信需要两条数据线。如图 7-1(c)所示，设备 A 的发送端接设备 B 的接收端，设备 A 的接收端接设备 B 的发送端。

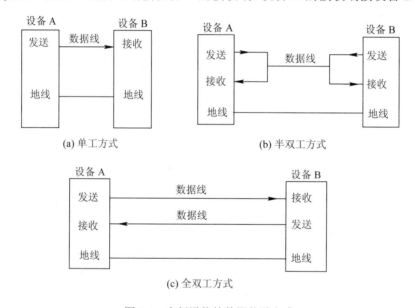

图 7-1　串行通信的数据传送方式

7.1.3　串行通信的波特率

波特率用来衡量串行通信系统中数据传输的快慢程度。数字通信所传输的是一个接一个按节拍传送的数字信号单元。波特率是指每秒钟传送信号的数量，单位为波特 B(Baud)。而每秒钟传送二进制数的信号数(即二进制数的位数)定义为比特率，单位是 bps(bit per second)，或写成 b/s(位/秒)。

在串行通信系统中，传送的信号可能是二进制、八进制、十进制等，只有在二进制通信系统中波特率和比特率在数值上才是相等的。在单片机串行通信中，传送的信号是二进制信号，因此波特率与比特率数值上相等，单位采用 b/s。

例如，通信双方每秒钟所传送数据的速率是 240 字符/秒，每一字符包含 10 位(1 个起始位、8 个数据位、1 个停止位)，则波特率为

$$240 \times 10 = 2400 \text{ b/s} = 2400 \text{ B}$$

在串行通信中，相互通信的甲乙双方必须具有相同的波特率，否则无法成功地完成串行数据通信。

7.2　AT89S51 单片机串行口

AT89S51 单片机内置的一个全双工的串行通信接口，既可作通用异步接收/发送器 (Universal Asynchronous Receiver/Transmitter，UART)用，也可作同步移位寄存器使用，还可用于网络通信，其帧格式有 8 位、10 位和 11 位，并能设置各种波特率。下面着重介绍单片机串行口的结构、控制寄存器及工作方式。

7.2.1　串行口的结构

串行通信接口的结构如图 7-2 所示，串行数据从 TXD(P3.1)引脚输出，从 RXD(P3.0)引脚输入。

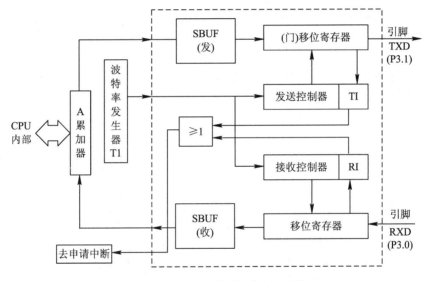

图 7-2　AT89S51 单片机串行口结构

串行通信接口 UART 的发送、接收使用两个物理上独立的同名的接收/发送缓冲寄存器 SBUF(字节地址都是 99H)。发送缓冲器 SBUF 只能写入数据，不可以读出数据，接收缓冲器 SBUF 只可以读出数据，不可以写入数据。

执行写指令启动一次数据发送，向发送缓冲器 SBUF 写入数据即可发送数据；执行读指令完成一次数据接收，从接收缓冲器 SBUF 读出数据即可接收数据。接收/发送数据时，无论是否采用中断方式工作，每接收/发送一个数据都必须用指令对 RI/TI 清 0，以备下一次接收/发送。

由于串行口接收部分由输入移位寄存器和接收缓冲器构成双缓冲结构，因此在接收缓冲器读出数据之前，串行口可以开始接收第二个字节。但是如果第二个字节已接收完毕时，第一个字节还没有读出，则将丢失其中一个字节。

7.2.2　串行口的控制寄存器

单片机串行口除了用于数据通信外，还可以通过外接移位寄存器非常方便地构成一个或多个并行 I/O 口，或实现串/并转换功能，用来驱动键盘或显示器。在 AT89S51 单片机中，有两个特殊功能寄存器 SCON 和 PCON，用于串行口的初始化编程。

1. 串行口控制寄存器 SCON

SCON 用于定义串行口工作方式和实施接收/发送控制，字节地址为 98H，可按位寻址，位地址从 98H 到 9FH，SCON 的格式及各位的含义如表 7-1 所示。

表 7-1　SCON 寄存器格式

SCON (98H)	D7	D6	D5	D4	D3	D2	D1	D0
	SM0	SM1	SM2	REN	TB8	RB8	TI	RI
位地址	9FH	9EH	9DH	9CH	9BH	9AH	99H	98H

下面分别介绍 SCON 的各位功能。

(1) SM0、SM1：串行口工作方式控制位。SM0、SM1 的 4 种组合控制了串行口的 4 种工作方式。

SM0SM1 = 00 时，对应串口方式 0，此时串行口为 8 位同步移位寄存器，仅用于扩展 I/O 口时使用，其波特率为 $f_{osc}/12$；

SM0SM1 = 01 时，对应串口方式 1，此时串行口为 10 位 UART，其波特率为可变，由定时器控制；

SM0SM1 = 10 时，对应串口方式 2，此时串行口为 11 位 UART，其波特率为 $f_{osc}/64$ 或 $f_{osc}/32$；

SM0SM1 = 11 时，对应串口方式 3，此时串行口为 11 位 UART，其波特率可变，由定时器控制。

其中，f_{osc} 为系统晶振频率。串行口的这 4 种工作方式中，方式 0 并不用于通信，而是通过外接移位寄存器芯片实现扩展 I/O 口的功能，该方式又称为移位寄存器方式；方式 1、方式 2、方式 3 都是异步通信方式。方式 1 每帧信息由 10 位组成，用于双机通信；方式 2 和方式 3 每帧信息都是 9 位，其区别仅在于波特率不同。方式 2 和方式 3 主要用于多机通信，也可用于双机通信。

在实际应用中，可通过软件方式查询 TI 或 RI，也可通过中断方式判断发送、接收过程是否完成。

(2) RB8：在方式 2、方式 3 中，用于存放收到的第 9 位数据。在双机通信中，作为奇偶校验；在多机通信中，用作区别地址帧/数据帧的标志。在方式 1 时，SM2 = 0，RB8 接收的是停止位。在方式 0 时，RB8 不用。

(3) TB8：在方式 2、方式 3 中，存放要发送的第 9 位数据。在双机通信中，用于对接收到的数据进行奇偶校验；在多机通信中，用作判断地址帧/数据帧，TB8 = 0 表示发送的是数据，TB8 = 1 表示发送的是地址。

(4) TI：发送中断标志位，用于指示一帧信息发送是否完成，可位寻址。在工作方式 0

时发送完第 8 位数据后由硬件自动置位 TI，在其他方式下，开始发送停止位时硬件自动置位 TI。TI 置位表示一帧信息发送完成，同时申请中断。TI 在发送数据前必须由软件清 0。

(5) RI：接收中断标志位，用于指示一帧信息是否接收完成，也可位寻址。在串行接收(不考虑 SM2)时，在方式 0 时接收完第 8 位数据后或在其他方式时，接收到停止位的中间时刻由硬件置位 RI，RI 置位表示一帧信息接收完毕，并发出中断申请。它也必须由软件清 0。

(6) SM2：多机通信控制位，允许工作在方式 2 和方式 3 的单片机实现多机通信。

在工作方式 2 或方式 3 时，若 SM2 = 1，当接收到的第 9 位数据(RB8)为 0 时，不启动接收中断标志 RI，即 RI = 0，并将接收到的前 8 位数据丢弃；当 RB8 = 1 时，把接收到的前 8 位数据送入 SBUF，且置 RI = 1，发出中断申请，接收数据有效。当 SM2 = 0，不管第 9 位是 0 还是 1，都将接收到的前 8 位数据送入 SBUF，并发出中断申请。在工作方式 1 时，若 SM2 = 1，则当接收有效停止位时，置 RI = 1，数据有效；没有接收到有效停止位时，RI = 0，数据无效。在工作方式 0 时，SM2 不用，应设置为 0。

(7) REN：接收允许控制位，用于控制是否允许接收数据。REN = 0 时，表示禁止接收数据；REN = 1 时表示允许接收数据。该位的置 1 或清 0 由软件控制。

2. 电源控制寄存器 PCON

PCON 主要是为实现电源控制而设置的专用寄存器，字节地址为 87H，不可位寻址，PCON 的格式如表 7-2 所示。

表 7-2　PCON 寄存器格式

PCON	D7	D6	D5	D4	D3	D2	D1	D0
(87H)	SMOD	—	—	—	GF1	GF0	PD	IDL

PCON 的 GF1、GF0、PD 和 IDL 都跟串行通信无关，用于单片机的电源控制。SMOD 为波特率加倍位，在计算串行方式 1、方式 2、方式 3 的波特率时，SMOD = 0 时波特率不加倍；SMOD = 1 时波特率加倍。系统复位时默认为 SMOD = 0。

7.2.3　串行口的工作方式

AT89S51 单片机的串行通信口接口有 4 种工作方式，分别为方式 0、方式 1、方式 2、方式 3。

1. 工作方式 0

当 SM0 SM1 = 00 时，串行口工作在方式 0。串行口在工作方式 0 下为 8 位同步移位寄存器输入/输出方式，用于通过外接移位寄存器扩展 I/O 接口，也可以外接同步输入输出设备。方式 0 下的波特率固定为 $f_{osc}/12$。此时，串行口本身相当于"并入串出"(发送状态)或"串入并出"(接收状态)的移位寄存器。串行数据由 RXD(P3.0)逐位移出/移入，低位在先，高位在后。TXD(P3.1)输出移位时钟，频率为系统时钟频率 f_{osc} 的 1/12。发送/接收数据时，每发送/接收 8 位数据 TI/RI 自动置 1，需要用软件清 0 TI/RI。

工作方式 0 下，串行口的发送条件是 TI = 0；接收条件是 TI = 0 且 REN = 1 (允许接收数据)。

串行口方式 0 下的扩展电路如图 7-3 所示。

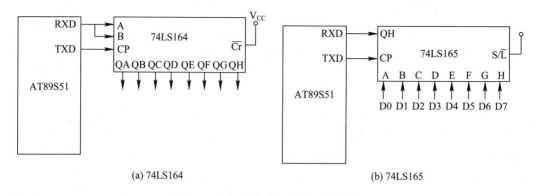

(a) 74LS164　　　　　　　　　　　(b) 74LS165

图 7-3　串行口方式 0 下的扩展电路

2. 工作方式 1

当 SM0SM1 = 01 时，串行口工作在方式 1。方式 1 为波特率可变的 10 位异步通信方式，RXD 为接收端，TXD 为发送端。发送或接收一帧信息包括 1 个起始位 0，8 个数据位和 1 个停止位 1。方式 1 的波特率可变，由定时器/计数器的溢出率以及 SMOD(PCON.7)决定。SBUF 中的串行数据由 RXD 逐位移入；TXD 输出串行数据，数据移入/移出的频率 = $(2^{SMOD}/32) \times T1(或 T0)$ 的溢出率，波特率可变。发送/接收数据时，每发送/接收 8 位数据 TI/RI 自动置 1；需要用软件清 0 TI/RI。工作时，发送端自动添加一个起始位和一个停止位；接收端自动去掉一个起始位和一个停止位。

方式 1 的工作过程为：CPU 执行一条写 SBUF 指令并启动了串行口发送，数据从 TXD 输出。在指令执行期间，CPU 送来"写 SBUF"信号，将并行数据送入 SBUF(发送)，并启动发送控制器，此时串行口自动在 8 个串行数据位的前、后分别插入 1 位起始位(0)和 1 位停止位(1)，构成 10 位数据帧，然后按设定的波特率依次从 TXD 上输出起始位、数据位、停止位。一帧信息发送完毕之后，发送控制器硬件置发送中断标志 TI = 1，表示发送缓冲区内容已发送完毕，并向 CPU 申请中断。

接收过程在 TI = 0 且 REN=1 条件下启动，此时接收器开始工作。平时，接收电路跳变检测器对高电平的 RXD 进行采样(采样频率是移位脉冲的 16 倍)。当采样到从 1 至 0 的负跳变时，确认是开始位 0，就启动接收控制器接收数据，由于发送、接收双方各自使用自己的时钟，两者的频率总有少许差异。为了避免这种差异的影响，控制器将位的传送时间分成 16 等份，位检测器在 7、8、9 三个状态，也就是在信号中央采样 RXD 3 次。而且，3 次采样中至少 2 次相同的值被确认为数据，这是为了减少干扰的影响。如果接收到的起始位的值不是 0，则起始位无效，复位接收电路。如果起始位为 0，则开始接收本帧其他各位数据。控制器发出内部移位脉冲将 RXD 上的数据逐位移入移位寄存器，当 8 位数据及停止位全部移入后，根据以下状态，进行相应操作。

①　若 RI = 0、SM2 = 0，则接收控制器发出"装载 SBUF"信号，将 8 位数据装入接收数据缓冲器 SBUF，停止位装入 RB8，并置 RI = 1，向 CPU 发出中断请求信号。

②　若 RI = 0、SM2 = 1，则只有在停止位为 1 时才发生上述操作。

③　若 RI = 0、SM2 = 1，且停止位为 0，则所接收的数据不装入 SBUF，即数据丢失。

④ 若 RI = 1，则所接收的数据在任何情况下都不装入 SBUF，即数据丢失。

无论出现哪一种情况，跳变检测器将继续采样 RXD 引脚上的负跳变，以便接收下一帧信息。移位器采用移位寄存器和 SBUF 双缓冲结构，以避免在接收后一帧数据之前，CPU 尚未及时响应中断而将前一帧数据取走，造成两帧数据重叠。采用双缓冲结构后，前、后两帧数据进入 SBUF 的时间间隔至少有 10 个机器周期。在后一帧数据送入 SBUF 之前，CPU 有足够的时间将前一帧数据取走。

3. 工作方式 2 和工作方式 3

SM0SM1=10 时，串行口工作在方式 2；SM0SM1=11 时，串行口工作在方式 3。方式 2 和方式 3 都是 11 位异步接收/发送方式。发送或接收的一帧信息由 11 位组成。其中，1 位起始位、9 位数据位和 1 位停止位。方式 2 的波特率固定为 $f_{OSC} \times (2^{SMOD}/64)$，不可调；而方式 3 的波特率为 $(2^{SMOD}/32) \times T$ 的溢出率，波特率可调。选择不同的初值或晶振频率，即可获得不同的定时/计数溢出率，从而得到不同的波特率，故方式 3 较常用。

方式 2 的接收/发送过程类似于方式 1，所不同的是它比方式 1 增加了一位"第 9 位"数据(TB8/RB8)，用于奇偶校验。

奇偶校验是检验串行通信双方传输的数据正确与否的一个措施，常用的有奇校验和偶校验，奇校验规定 8 位有效数据连同 1 位附加位中，二进制"1"的个数为奇数；偶校验规定 8 位有效数据连同 1 位附加位中，二进制"1"的个数为偶数。

约定发送采用奇校验时，若发送的 8 位有效数据中"1"的个数为偶数，则要在附加位中添加一个"1"一起发送；若发送的 8 位有效数据中"1"的个数为奇数，则要在附加位中添加一个"0"一起发送。

约定接收采用奇校验时，若接收到的 9 位数据中"1"的个数为奇数，则表明接收正确，取出 8 位有效数据即可；若接收到的 9 位数据中"1"的个数为偶数，则表明接收出错，应当进行出错处理。

采用偶校验时，处理方法与奇校验类似。

方式 3 和方式 2 唯一的区别是波特率机制不同，其工作过程是完全一样的。

4. 串行通信的波特率设置

串行口的通信波特率反映了串行传输数据的速率，在串行通信中，收发双方的波特率须有一定的约定，否则无法完成正常通信。

MCS-51 单片机串行口有 4 种工作方式，其中方式 0 和方式 2 的波特率是固定的，方式 1 和方式 3 的波特率是可变的，由定时器的溢出率(定时器溢出信号的频率)控制。

方式 0 的波特率是固定的，其值为系统晶振频率的 1/12。

方式 2 的波特率也是固定的，由 PCON 的选择位 SMOD 来决定，表示为

$$波特率 = \frac{2^{SMOD}}{64} \times f_{OSC}$$

由上式可知，当 SMOD=1 时，波特率为 $f_{OSC}/32$；当 SMOD = 0 时，波特率为 $f_{OSC}/64$。

方式 1 和方式 3 的波特率由定时器的溢出率控制，是可变的，表示为

$$波特率 = \frac{2^{SMOD}}{32} \times 定时器的溢出率$$

$$定时器的溢出率 = \frac{1}{产生溢出所需的时间} = \frac{f_{osc}12}{2^N - T_C}$$

其中：N 为定时器 T1/T0 的位数，T_C 为定时器 T1/T0 的预置初值。定时器 T1/T0 用作波特率发生器时，通常工作在方式 2，所以 T1/T0 溢出所需的周期数 $= 2^8 - T_C$。

串行口的波特率发生器就是利用定时器提供一个时间基准。定时器计数溢出后需要重新装入初值，再开始计数，而且中间没有任何延迟。因为 MCS-51 单片机定时器/计数器的方式 2 是自动重装初值的 8 位定时器/计数器模式，所以可将它用作波特率发生器。

单片机的串行通信包括单片机之间的通信以及单片机和上位机(PC 机)之间的通信，单片机之间的通信对通信双方波特率数值没有明确限制，只要发送方和接收方波特率相等就可以；但单片机和 PC 机通信时就需要考虑波特率的数值了，因为 PC 机串行口的波特率是某些标准的数值(600 b/s 的整数倍)，单片机要与 PC 机正常通信，也需要采用这些特定的波特率。经验证，当时钟频率选用 11.0592 MHz 时，容易获得标准的波特率，所以很多单片机系统选用这个晶振频率。定时器 T1 在方式 2 时的常用波特率和初值如表 7-3 所示。

表 7-3　定时器 T1 在方式 2 时的常用波特率和初值

常用波特率/(b/s)	f_{osc} / MHz	SMOD	TH1 初值
19200	11.0592	1	FDH
9600	11.0592	0	FDH
4800	11.0592	0	FAH
2400	11.0592	0	F4H
1200	11.0592	0	E8H

7.3　串行口的应用实例及 Proteus 仿真

【例 7-1】　如图 7-4 所示，单片机甲、乙双机串行通信，双机 RXD 和 TXD 相互交叉相连，甲机 P1 口接 8 个开关，乙机 P1 口接 8 个发光二极管。甲机设置为只能发送不能接收的单工方式。要求甲机读入 P1 口的 8 个开关的状态后，通过串行口发送到乙机，乙机将接收到的甲机的 8 个开关的状态数据送入 P1 口，由 P1 口的 8 个发光二极管来显示 8 个开关的状态。双方晶振均采用 11.0592 MHz。

分析：在编程的时候，两个单片机的程序分别编写，然后加载到对应的单片机中仿真即可。

程序如下：

```
//甲机的发送程序
#include<reg51.h>
#define uchar unsigned char
#define uint unsigned int
//主程序
void main()
```

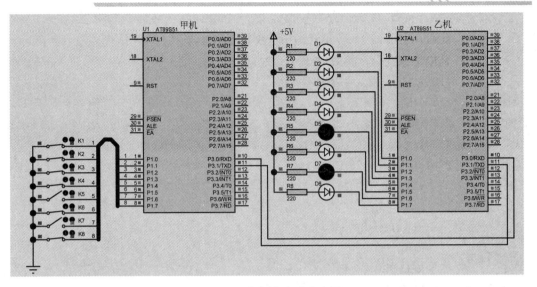

图 7-4　双机通信电路仿真图

```
{
    uchar SEND=0;
    SCON=0x40;          //串行口工作方式 1
    TMOD=0x20;          //T1 定时方式 2
    TH1=0xfd;           //波特率 9600
    TL1=0xfd;
    PCON=0x00;          //波特率不倍增
    TR1=1;
    P1=0xff;
        while(1)
    {
        SEND=P1;
        SBUF=SEND;
        while(TI==0);
        TI=0;
    }
}
//乙机通过串口接收数据的程序
#include<reg51.h>
#define uchar unsigned char

//主程序
void main()
{
```

```
uchar REC=0;
SCON=0x50;          //串行口工作方式 1，允许接收
TMOD=0x20;          //T1 定时方式 2
TH1=0xfd;           //波特率 9600
TL1=0xfd;
PCON=0x00;          //波特率不倍增
TR1=1;
P1=0xff;
    while(1)
{
    while(RI==0);
    RI=0;
    REC=SBUF;
    P1=REC;
}
}
```

本 章 小 结

对于 MCS-51 单片机而言，片内提供 UART 异步串行通信接口，实现单片机与外部设备之间的信息传输。本章介绍了串口通信的基本概念和单片机串行通信接口的结构、控制寄存器、工作方式以及控制寄存器设置，最后还简单介绍了单片机串口通信的应用。

习 题

1. AT89S51 单片机串口有几种工作方式，它们各自的特点是什么？
2. 如果单片机系统晶振频率为 11.059 MHz，要采用 9600 的波特率，应该如何设置？
3. 并行通信与串行通信的主要区别是什么，各自有什么优缺点？
4. 试用查询法编写串行口方式 3 下的接收程序。设波特率为 2400 b/s，$f_{OSC} = 6$ MHz，接收数据区在片外 RAM，起始地址为 RTAB，块长度为 40 字节，采用奇校验，放在接收数据第 9 位上。
5. 串行口多机通信的原理是什么？其中 SM2 的作用是什么？与双机通信的区别是什么？

第 8 章　单片机并行扩展技术

一个完整的单片机应用系统，是由系列芯片扩展外围器件组成的。这种通过扩展外围器件形成应用系统的原理和方法，称之为接口技术。接口技术从功能上可分为两大类：单片机自身资源的扩展技术和外围功能器件的扩展技术。本章和第 9 章主要讨论单片机系统扩展的原理和方法、自身资源的扩展技术，包括存储器、并行 I/O 及串行 I/O 总线等的扩展及应用，外围功能器件的扩展技术将在第 10 章介绍。

8.1　并行扩展技术概述

单片机通过扩展外围电路而组成实际应用系统。应用系统有三个组成部分：单片机(也叫最小系统)、三总线和外围电路。扩展技术的基本内容就是以单片机为核心，以三总线为接口，连接相关外围集成电路(IC)芯片而形成符合 MCS-51 单片机指令时序要求的应用系统。

8.1.1　单片机系统扩展的原理

MCS-51 系列单片机具有很强的外部扩展功能。其外部扩展都是通过三总线进行的。三总线包括：地址总线、数据总线和控制总线。

1. 地址总线(AB)

地址总线用于传送单片机输出的地址信号，宽度为 16 位，P0 口经锁存器提供低 8 位地址，锁存信号是由 CPU 的 ALE 引脚提供的，P2 口提供高 8 位地址。

2. 数据总线(DB)

数据总线是由 P0 口提供的，宽度为 8 位。

3. 控制总线(CB)

控制总线实际上是 CPU 输出的一组控制信号，用来确定数据传送方向和传送时刻。用控制总线中的 $\overline{RD}$ 和 $\overline{WR}$ 信号来读/写外围 RAM 器件和 I/O 器件的数据；用控制总线中 $\overline{PSEN}$ 信号来读取外围 ROM 器件的固定常数和表格数据。

AT89S51 单片机通过三总线扩展外部设备的总体结构，如图 8-1 所示。

若要保证数据的正确交换，则需要解决以下几点问题。

(1) 数据传送对象的唯一性。必须保证和单片机交换数据的 IC 芯片及其内部的存储单元或 I/O 单元是唯一的，即在任一时刻只有一个外围对象取得了和单片机交换数据的资格，未获得资格的其余 IC 芯片及其内部的存储单元或 I/O 单元不能参与和单片机的数据交换。

(2) 数据传送方向的确定性。在任一时刻数据的传送只能是一个方向，对于传送对象来说，或者是输出数据，或者是输入数据。

(3) 数据传送时刻的可控性。即在规定的时刻进行数据的发送或接收。

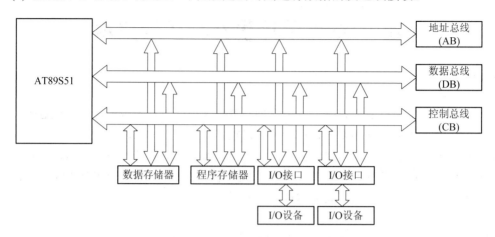

图 8-1　AT89S51 单片机外部扩展总体结构框图

三总线解决这些问题的原理和方法如下。

(1) 用地址总线来确定数据传送对象的唯一性。我们通过地址总线为外围 IC 芯片分配地址编码，16 位二进制地址总线可编码的范围是 0000H～FFFFH，共 64 KB(65536)个存储(I/O)单元。所有的外围 IC 芯片存储单元被分成了两个大类：程序存储器类和数据存储器类，每大类各自占据了 64 KB 的地址空间，我们使用 MOVX 和 MOVC 两种指令来对这两个 64KB 区间进行寻址操作，合计可寻址 128 KB 个单元。其中，数据存储器区还包含了非存储器类的其他 IC 器件，如 A/D、D/A、LCD 模块等，这些单元地址统称为 I/O 地址，和数据存储单元一起被编址。由此可见，16 条地址总线编码了 64KB 的地址空间，在此范围之内的两大类的外围 IC 芯片的每个地址单元，都有自己唯一的地址码，如同唯一的名字。MCS-51 通过地址总线的编码来指定这些器件单元，就可以准确定位数据交换的对象——被指定为交换对象的地址单元允许和 MCS-51 交换数据；而未被指定为交换对象的其余地址单元则被禁止交换数据。

(2) 用控制总线来确定传送方向和传送时刻。在单片机和外围器件组成的系统中，数据传送的方向一般用输入(I)和输出(O)表示。I/O 一般是针对主机而言的：从单片机向外围器件传送数据叫输出(Output)，也叫写；反之，从外围器件向单片机传送数据叫输入(Input)，也叫读。

由此可知：

(1) 扩展技术的基本内容就是用三总线连接外围电路组成应用系统。

(2) 扩展技术的基本原理就是用三总线时序信号控制外围电路的数据交换。简单说来，数据总线是传送数据的载体，数据在其中传送；地址总线指定了数据传送的位置，保证数据传送给指定的对象；控制总线决定了数据传送的时刻和方向。

8.1.2　单片机系统扩展的方法

我们知道，单片机系统并行扩展时是通过三总线与外围电路进行数据交换的，外围 IC

芯片为了和单片机相连，也都具有数据线、地址线和控制线的引脚配置。其中，数据线引脚用来和单片机交换数据；地址线引脚用来接收单片机的地址编码数据，译码后指向内部的对应存储单元；控制线引脚用来接收单片机的控制信息，如读/写允许引脚等。

在进行 AT89S51 单片机系统扩展时，要特别注意系统空间分配。通过适当的地址线产生各外部扩展器件的片选、使能等信号的过程就是系统空间分配。进行系统空间分配，需要事先设计好系统的编址方案。

编址是指利用系统提供的地址总线，通过适当的连接，实现一个编址唯一对应系统中的一个外围芯片的过程。编址就是研究系统地址空间的分配问题。

IC 芯片内部的存储单元(或 I/O 单元)的数量决定了该 IC 芯片地址线引脚的数量。N 条地址线可编码的存储单元数量为存储单元数量 = 2^N，例如，某 IC 芯片内部的存储单元数目是 1024(1K) = 2^{10}，则需要 10 条地址线来对这些存储单元进行地址编码。IC 芯片还有一个片选(常用 $\overline{CS}$ 或 $\overline{CE}$ 符号)引脚，用来决定该 IC 芯片是否允许工作，该引脚信号有效时允许和单片机交换数据，无效时禁止交换数据。

AT89S51 与外部 IC 芯片扩展的基本方法是将两者的三总线引脚正确连接。具体方法如下。

1．数据线的连接

在 P0 口负载能力满足外围电路输入电流要求的情况下，将 AT89S51 的 P0 口和外围器件芯片的数据线对应引脚直接相连即可。否则应在两者之间添加电流驱动器件。

2．控制线的连接

将 $\overline{PSEN}$ 连接到程序存储器件芯片的输出有效信号引脚 $\overline{OE}$；$\overline{RD}$ 连接数据存储器件芯片的 $\overline{OE}$ 或 $\overline{RD}$；$\overline{WR}$ 连接数据存储器间芯片和 I/O 芯片的 $\overline{WE}$ 或 $\overline{WR}$ 端。即在地址编码相同时，用不同的控制信号来区分数据和程序两类存储芯片。

3．地址线的连接

地址线连接需满足两个条件：一是要指定某个芯片工作，即"片选"(选择芯片)；二是要指定被选中的芯片内部的存储单元，即"字选"(选择字节单元)，也就是使该芯片的 $\overline{CS}$ 引脚信号有效。

字选引线的连接：单片机地址总线的最低位 A_0 连接到外部芯片的最低位地址线引脚，然后依次连接 A_1、A_2、$\cdots$、A_N，直到芯片的最高位地址线引脚。比如，对应于某 4K 存储器芯片，单片机的 $A_0 \sim A_{11}$ 与芯片的最低地址引脚 A_0 到最高地址引脚 A_{11} 一一相连，即如前所说，N 条地址总线 $A_0 \sim A_{N-1}$ 的编码，对应了芯片内部的 2^N 个存储单元。

片选引线的连接：字选余下的高位地址线可用来作为选择芯片的地址总线。

产生外围芯片片选信号的方法有 2 种，即线选法、译码法。

(1) 线选法。在外围器件较少、单片机高位地址总线剩余较多的情况下，可以使用某条高位地址总线(一般从最高位 A_{15}(P2.7)开始向下取)作为某器件的片选信号，这种连接最简单，如图 8-2(a)所示。

(2) 译码法。地址总线输出地址编码，经过译码电路产生片选信号。译码可分为全译码和部分译码。全译码是将字选后剩余的所有高位地址线都参与译码；部分译码是用剩余的一部分地址线译码。前者的优点是地址唯一，缺点是译码电路多。译码电路可以使用普通逻辑门电路，如图 8-2(b)所示；也可以使用专用译码芯片。

此外，在某类 IC 芯片只有一片时，由于不会发生和其他同类芯片的地址冲突，常将其片选端接固定电平，使之一直有效，如图 8-2(c)所示。

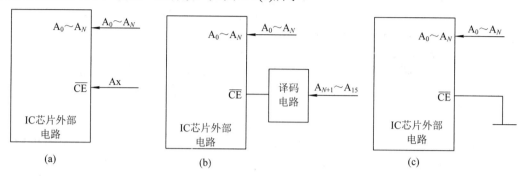

图 8-2　外部芯片片选的方式

综上所述，我们把 MCS-51 单片机应用系统外部扩展的原则表述为：

(1) 使用相同控制信号的 IC 芯片，片选地址不能相同，比如两片程序存储器使用相同的控制信号 $\overline{PSEN}$，两者的片选地址必须有区别；

(2) 使用相同片选地址的 IC 芯片，各自的控制信号不能相同，比如同是 16K 存储容量的程序存储器 27128 和数据存储器 62128，由于其控制信号不同，可使用相同的片选地址。

8.1.3　地址锁存器和地址译码器

1. 地址锁存器

地址锁存器用来将地址/数据复用端口 P0 传输的低 8 位地址总线 A0～A7 分离出来并保持，形成对外部 IC 芯片编码的低 8 位地址。地址锁存器可用 8 位 D 触发器(如 74LS373、74LS573 等 IC 芯片)。74LS373 的引脚图如图 8-3 所示，其功能表如表 8-1 所示。

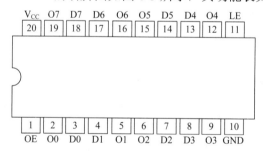

图 8-3　74LS373 的引脚图

表 8-1　74LS373 的功能表

输入 Dn	锁存允许 LE	使能 OE	输出 On
H	H	L	H
L	H	L	L
×	L	L	O_n
×	×	H	高阻态

由 74LS373 功能表可知，在锁存允许控制端 LE(引脚 11)＝高电平时，输出端 On 的电平随输入端 Dn 而变化，LE＝低电平时，输出端 On 的电平被保持住(O0)而不再变化，即 On"锁存"了 LE＝0 开始瞬间 Dn 端的数据。

我们把 P0 口和 74LS373 的 Dn 端按二进制位从低到高对应连接，单片机的地址锁存允许信号 ALE 和 74LS373 的锁存允许控制端 LE 相连，在 P0 端口输出低 8 位地址总线编码数据时，用 ALE 的下降沿将它们锁存在 74LS373 的 On 端。从而实现了分离 A0～A7 低 8 位地址并锁存的目的。

2．地址译码器

地址译码器是对地址总线中字选所剩余的高位地址线的编码数据进行译码，译出地址线编码所对应的 IC 芯片。译码器的有效输出是低电平，连接到 IC 芯片的片选引脚。因此，地址译码器也可以理解为片选译码器，它可以用普通逻辑门电路组成，也可以使用专用的译码器件。

1)　用普通逻辑门电路组成译码电路

普通逻辑门电路都可组成地址译码电路，如 TTL 74LS 系列和 CMOS 4000 系列门电路。设某外围芯片的字选地址线为 A0～A11(容量 4 KB)，片选地址编码为 A15A14A13A12，使用普通逻辑门器件组成的该译码电路如图 8-4 所示，该器件的地址排列如表 8-2 所示。其中，字选部分的地址可变，从 A11～A0 全"0"到全"1"共 4096 个(4 KB)存储单元；片选部分的编码地址固定，即 A15A14A13A12＝1010B。在 16 位地址线的高 4 位等于 1010B 时，才选中该芯片工作。因此，该片内字节单元的地址范围是 A000H～AFFFH，共 4K 字节。该译码电路使用了所有的地址总线，所以叫做全译码。如果该芯片使用 3 条地址线 A15A14A13 作为片选，那就是部分译码。部分译码的地址会有重复的现象，原因是未参与译码的地址线 A12 的状态不会对片选产生影响：若 A12＝0，则片内字节单元的地址范围是 A000H～AFFFH；若 A12＝1，则片内字节单元的地址范围是 B000H～BFFFH。在使用时取其任意一组即可，一般情况下，选用未参与译码的地址线＝1 的地址范围。

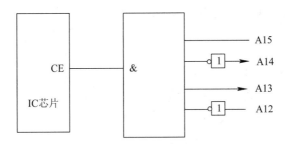

图 8-4　用逻辑门器件的译码电路

表 8-2　译码电路地址排列

片　　选				字　　选		
A15	A14	A13	A12	A11～A0		
1	0	1	0	0000	0000	0000
1	0	1	0	1111	1111	1111

2) 专用译码器

常用的专用译码器芯片有 74LS139(双 2-4 译码器)、74LS138(3-8 译码器)、74LS154(4-16 译码器)等,现以 74LS139 为例介绍。

图 8-5 是 74LS139 的引脚图,表 8-3 是其功能表,它是两个 2-4 译码器。每个有 2 个编码输入端 B、A,4 个译码输出端 Y0～Y3。在允许端 $\overline{G}$ =L(0)时,B 和 A 的输入编码被译码,译码结果对应的输出引脚被置为低电平,其余未被译码的引脚保持高电平。BA 按 2 位二进制编码 00～11 顺序排列,对应的译码输出顺序为 Y0～Y3。我们用 2 条高位地址线接 BA,则 Y0～Y3 即是 2 条地址线的 4 个译码输出。显然,这种专用的译码电路使用很方便,特别是在扩展外 IC 芯片数量较多的时候更是如此。

74LS139

```
1G̅   1       16   V_CC
1A   2       15   2G
1B   3       14   2A
1Y0  4       13   2B
1Y1  5       12   2Y0
1Y2  6       11   2Y1
1Y3  7       10   2Y2
GND  8        9   2Y3
```

图 8-5   74LS139 的引脚

表 8-3   74LS139 的功能

输　入			输　出			
$\overline{G}$	B	A	Y0	Y1	Y2	Y3
H	×	×	H	H	H	H
L	L	L	L	H	H	H
L	H	L	H	H	L	H
L	H	H	H	H	H	L
×	V	×	H	H	H	H

【例 8-1】 试用 16KB 的存储器芯片,组成容量 64KB 的存储器区,请问:

(1) 需用多少个存储器芯片?多少条地址线?其中,字选用哪些地址线、片选用哪些地址线?

(2) 若用 74LS139 译码器,试画出译码电路,并标出其输出引脚的选址范围。

(3) 若用线选法,则组成的最大存储空间是多少?

(1) 解:64 KB ÷ 16 KB = 4(片)

$$64 \text{ KB} = 2^{16}$$
$$16 \text{ KB} = 2^{14}$$
$$4 \text{ 片} = 2^{2}$$

答:需要 4 片 16 KB 的存储器芯片,16 条地址线,14 条字选线,2 条片选线。

(2) 低位 14 地址线 A0～A13 为字选,高 2 位地址 A15A14 线为片选,用 74LS139 专用译码器组成的全译码电路如图 8-6。74LS139 各译码输出引脚的芯片地址范围如表 8-4 所示。

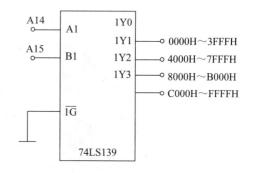

图 8-6   74LS139 组成的译码电路

(3) 若用线选法,A15、A14 各自只能选一片 16 KB 的芯片,则组成的存储空间为 16 KB × 2 = 32 KB。其地址范围是:芯片 1 中 A15 = 0,4000H～7FFFH;芯片 2 中 A14 = 0,8000H～BFFFH。

表 8-4　各引脚地址芯片地址范围

139 译码	片选		位　　选			
	A15	A14	A13～A0			
1Y0	0	0	00	0000	0000	0000
	0	0	11	1111	1111	1111
1Y1	0	1	00	0000	0000	0000
	0	1	11	1111	1111	1111
1Y2	1	0	00	0000	0000	0000
	1	0	11	1111	1111	1111
1Y3	1	1	00	0000	0000	0000
	1	1	11	1111	1111	1111

8.2　存储器扩展

从使用者的角度看，AT89S51 单片机的存储器可以分为三个空间：片内 128B 的数据存储器、片外 64KB 的数据存储器和片内外统一编址的 64 KB 程序存储器。在其内部存储区间不能满足应用系统要求的时候，需要进行外部存储器的扩展。外部储存器的扩展是 MCS-51 单片机资源扩展的主要内容之一。本节将详细介绍 AT89S51 单片机存储器扩展的原则，并介绍程序存储器和数据存储器的扩展方法。

8.2.1　存储器扩展的原则

存储器是计算机系统中的记忆装置，用来存放要运行的程序和程序运行所需要的数据。单片机系统扩展的存储器通常使用半导体存储器，根据用途可以分为程序存储器(一般用 ROM)和数据存储器(一般用 RAM)两种类型，本部分主要介绍 ROM 和 RAM 的扩展原理及方法。

在进行存储器扩展时，要考虑以下几个问题。

1. 选择合适类型的存储器芯片

只读存储器(ROM)常用于固化程序和常数，可分为掩膜 ROM、可编程 PROM、紫外线可擦除 EPROM、电可擦除 E^2PROM、Flash ROM 等几种。若所设计的系统是小批量生产或开发产品，则建议使用 EPROM 和 E^2PROM；若为成熟的大批量产品，则应采用 PROM 或掩膜 ROM 。

随机存取存储器(RAM)常用来存取实时数据、变量和运算结果。可分为静态 RAM(SRAM)和动态 RAM(DRAM)两类。若所用的 RAM 容量较小或要求较高的存取速度，则宜采用 SRAM；若所用的 RAM 容量较大或要求低功耗，则应采用 DRAM，以降低成本。

2. 要考虑工作速度匹配

MCS-51 的访存时间(单片机对外部存储器进行读/写所需要的时间)必须大于所用外部存储器的最大存取时间(存储器的最大存取时间是存储器固有的时间)，以保证双方的速度匹配和数据读取的正确性。

3. 选择合适的存储容量

要根据实际的存储容量需要，选择合适的存储容量。在 MCS-51 应用系统所需存储容量不变的前提下，若所选存储器本身存储容量越大，则所用芯片数量就越少，所需的地址译码电路就越简单。

4. 合理分配存储器地址空间

要根据外扩存储器的类型，选择合适的地址译码方式，并合理进行地址空间的分配。

8.2.2 Flash 存储器的扩展

Flash 存储器又叫 PEROM (Programmable and Erasable Read Only Memory)存储器，它是一种可在线编程擦除写入的只读存储器件，通常作为程序存储器使用。Flash 的主要性能指标如下。

(1) 最大读取时间 150 ns。

(2) 页编程时间 10 ms。

(3) 擦写寿命 10 000 次。

(4) 数据保存时间 10 年。

(5) 功耗低，待机电流 300 μA，工作电流 50 mA。

PEROM 器件的型号以数字 29 开头。与以 28 开头的 E^2PROM 器件相比，Flash 存储器的最大特点在于它的成本低，市场上同类产品的价格要比 28 系列低 20%左右，因此近年来得到了广泛的应用。在性能上，PEROM 器件有不及 E^2PROM 器件的地方，它的擦写寿命没有 E^2PROM 长(100 000 次)，写入时间不及 E^2PROM 快(页写 5 ms)，最主要的是 PEROM 器件不能进行字节写的操作，只能进行页写操作，也就是说，要改写一个字节内容，需将该字节所在的页内存储单元都改写。尽管有这样的一些不及之处，但价格的低廉是 PEROM 器件广为流行的最大推力，取得了越来越多的市场份额。与此同时，许多单片机的生产厂家还把 PEROM 器件集成到单片机内部，替代原先的 EPROM 存储器，可以实现单片机程序的在线改写，大大方便了单片机的程序改写和固化过程。如 ATMEL 公司的 AT89 系列单片机，Winbond 公司的 W77、W78 系列单片机，Philips 公司的 P89、P87 系列单片机，SST 公司的 ST89C、ST89F 单片机等，都用 PEROM 作为片内程序存储器。

现以 ATMEL 公司的 32K 字节的 PEROM 芯片 AT29C256 为例，说明 PEROM 芯片的编程原理和与单片机的连接方式。

AT29C256 的数据写入(编程)是以页为基本单位的，每页的字节数是 64 个，页的基本地址由 A6～A14 决定，页内的地址由 A0～A5 决定。在页写的过程中，页基本地址 A6～A14 是不能改变的，若要改写页内的某一个字节的内容，则必须把该页内其他所有的 63 个字节的内容按原样重新装入，也就是必须安排这些字节的写操作，否则未安排重写的字节在页写之后的数据将是随机的。

对 AT29C256 的控制，在写数据时可将 $\overline{CE}$ 和 $\overline{WE}$ 并联作为一个控制引脚连接到 MCS-51 的 $\overline{WR}$，或将两者中的任一个接固定低电平，另一个接单片机的 $\overline{WR}$，在读数时 $\overline{OE}$ 端接读数据控制信号。AT29C256 和 MCS-51 的连接见图 8-7。

(1) 数据线连接。AT29C256 的数据线接引脚 MCS-51 的 P0 端口。

(2) 地址线连接。AT29C256 为 32K 字节存储器，15 条地址线，接单片机 A0～A15，其中，A0～A7 需经 373 锁存；设没有其他同类芯片，$\overline{CE}$ 端接地。

(3) 控制线连接。AT29C256 的 $\overline{WE}$ 接单片机 $\overline{WR}$，$\overline{OE}$ 接 $\overline{RD}$ 或 $\overline{PSEN}$，在 $\overline{RD}$ 或 $\overline{PSEN}$ 任一个信号有效时，均可读出存储器数据，即 AT29C256 可作为 ROM 和 RAM 两种存储器使用。在不同的存储区间放置随机数据和固定数据，用数据类型及数据的存储类型加以区分。实际应用中，应注意字页内地址的概念和 64 字节数量的要求。

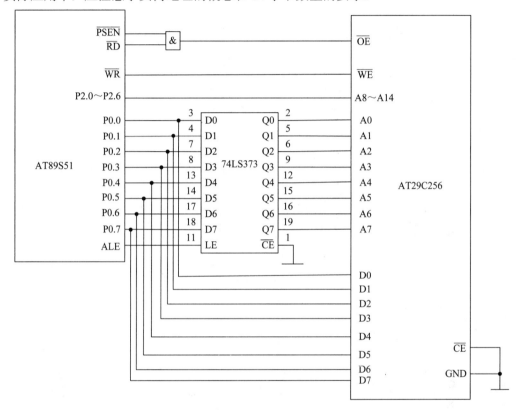

图 8-7　AT29C256 和 MSC-51 的连接

8.2.3　静态数据存储器 SRAM 的扩展

AT89S51 单片机可在外部扩展至 64 KB 的数据存储器空间。实现外部数据存储器的扩展，必须符合单片机的三总线对外部 RAM 区进行读/写操作的时序要求。

对外部数据存储器 RAM 的读写，都是通过以下三个步骤进行的。

(1) ALE 下降沿将地址编码 A0～A7 锁存；

(2) $\overline{RD}$ 和 $\overline{WR}$ 的下降沿时刻地址编码被译码，选中外部 RAM 的存储单元；

(3) $\overline{RD}$ 和 $\overline{WR}$ 的中间位置时刻进行数据的传送，写数据由 P0 口输出到 RAM 存储单元，读数据由 RAM 存储单元输入 P0 口。

单片机应用系统常用的静态数据存储器，按存储容量有 8K × 8 Bit、16K × 8 Bit、32 K × 8 Bit、64 K × 8 Bit 等，现以 IS65C256 为例讲述。IS65C256 是 ISSI(美国芯成)生产的 CMOS

静态随机存储芯片。主要性能参数如下。

(1) 存储容量是 32 KB × 8 位，即 32K 字节。

(2) 存取时间是 25 ns、45 ns。

(3) 5 V 电源。

(4) 低功耗 200 mW，待机功耗 150 μW。

其引脚如图 8-8 所示，真值表如表 8-5 所示。

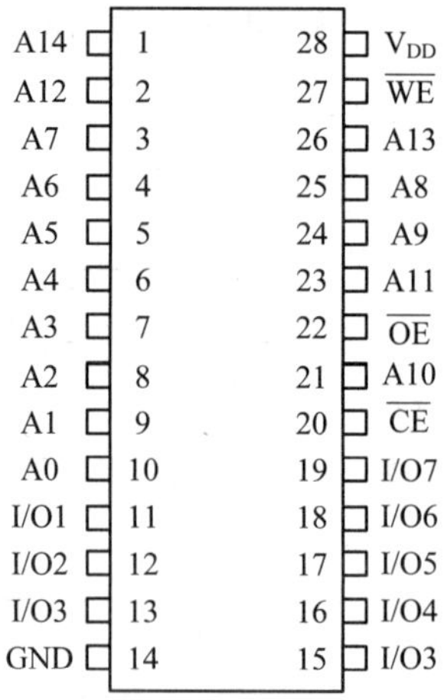

```
A14  ┌1      28┐ V_DD
A12  ┌2      27┐ WE
A7   ┌3      26┐ A13
A6   ┌4      25┐ A8
A5   ┌5      24┐ A9
A4   ┌6      23┐ A11
A3   ┌7      22┐ OE
A2   ┌8      21┐ A10
A1   ┌9      20┐ CE
A0   ┌10     19┐ I/O7
I/O1 ┌11     18┐ I/O6
I/O2 ┌12     17┐ I/O5
I/O3 ┌13     16┐ I/O4
GND  ┌14     15┐ I/O3
```

图 8-8　IS65C256 引脚

表 8-5　IS65C256 真值表

模式	$\overline{WE}$	$\overline{CE}$	$\overline{OE}$	I/O 操作
未选中	×	H	×	高阻态
禁止输出	H	L	H	高阻态
读	H	L	L	输出
写	L	L	×	输入

表中片选端 $\overline{CE}$ 用来选择芯片是否工作，$\overline{CE}$ = H 时，芯片处于待机状态，I/O 线输出为高阻抗。$\overline{OE}$ 为数据输出允许控制引脚，可连接 $\overline{RD}$，在该引脚信号有效时，数据从 IS65C256 芯片的指定存储单元被读出到 P0 口。$\overline{WE}$ 为写入允许引脚，可连接 $\overline{WR}$，在该引脚信号有效时，数据从 P0 口被写入 IS65C256 芯片的指定存储单元中。I/O0～I/O7 是数据线，连接至 P0 口；32K 字节存储单元有 15 条地址编码线，可接单片机的地址总线 A0～A14。AT89S51 单片机与 IS65C256 连接如图 8-9 示。

图中，地址线的连接：ALE 接到 8D 锁存器 373 的 LE 端，其下降沿将 P0 口的 A0～A7 锁存在 373 的 Q0～Q7 端，373 的 Q0～Q7 连接到 IS65C256 的 A0～A7 作为低 8 位的地址编码。IS65C256 的"字选"地址需要 15 条，A8～A14 和单片机 P2 口的 A8～A14 对应相连。因只扩展一片，片选脚 $\overline{CE}$ 接地。

控制线的连接：$\overline{RD}$ 连 $\overline{OE}$，$\overline{WR}$ 连 $\overline{WE}$；

数据线的连接：P0.0～P0.7 连 I/O0～I/O7。

该图中，IS65C256 的 32 KB 个存储单元所对应的编码地址是：0000H～7FFFH，即 MCS-51 在外部扩展了 32 KB 的静态存储器空间。

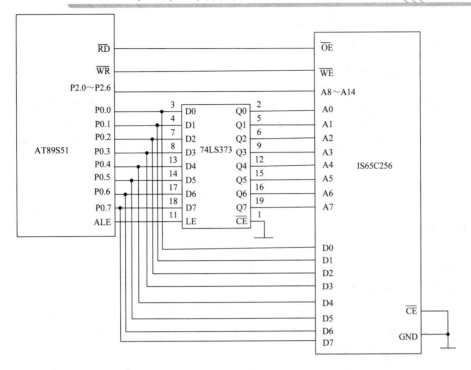

图 8-9　IS65C256 和 MCS-51 的连接

【例 8-2】　编写程序将片外数据存储器中的 0x5000～0x50FF 的 256 个单元全部清 0。
程序如下：

```
xdata unsigned char databuf[256] _at_0x5000;
void main(void)
{
        unsigned char i;
        for(i=0;i<256;i++)
            {
            databuf[i]=0
            }
}
```

8.3　并行 I/O 端口扩展

　　MCS-51 的 4 个并行 I/O 端口 P0～P3 在扩展外部存储器或其他芯片后，P0 和 P2 口作为数据和地址总线使用，P3 口的一些位作为控制总线用，此时可作为完整 8 位并行 I/O 端口使用的只有 P1。在实际应用系统有更多并行端口需求的情况下，需要进行并行 I/O 端口的扩展。

　　MCS-51 将片外的并行 I/O 接口地址和片外的存储器统一编址，就是把片外的 I/O 端口看成是片外数据存储器的单元。因此片外的 I/O 接口的扩展方法和片外的数据存储器完全相同，即两者的读/写操作时序一致、三总线连接方法相同。

I/O 的扩展可分为简单扩展和可编程扩展两种方式。

8.3.1 并行 I/O 端口的简单扩展

并行 I/O 端口是在 MCS-51 和外部 IC 芯片之间，以并行传送 8 位数据的方式实现输入/输出操作的端口。和存储单元一样，I/O 端口有自己的编码地址线、读/写控制线和数据线。并行 I/O 端口可细分为输入端口(I)、输出端口(O)和双向端口(I/O)。输入(I)端口无须锁存功能，输出(O)端口一般情况需要锁存功能；输入(I)端口无须驱动功能，输出(O)端口视具体情况，可添加驱动功能。双向端口具有 I 和 O 的双重功能，使用同一个编码地址。

简单并行 I/O 端口，是指 MCS-51 可以随时对它们进行读/写操作。这些端口总是处于准备好接收 MCS-51 读/写指令的状态，交换数据之前无须通信联络信号(问答信号)询问状态，其读/写操作过程与外部数据存储单元完全相同。

扩展简单并行 I/O 端口，就是扩展可以直接操作、能并行输入输出数据、具有一定驱动能力和输出锁存功能的 I/O 单元。

扩展简单并行 I/O 端口的方式通常采用普通的 TTL 电路和 CMOS 门电路实现，如八线驱动器 74LS244\40244、八双向总线发送\接收器 74LS245\40245、八 D 锁存器 74LS373\40373、八 D 触发器 74LS377\40377 等。

图 8-10 是采用 74LS244 扩展的 8 位输入口和采用 74LS373 扩展的 8 位输出口。

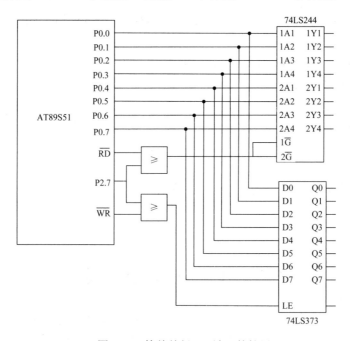

图 8-10　简单并行 I/O 端口的扩展

图中 74LS244 是八位线驱动器，有 20 条引脚，其中部分引脚如图 8-11 所示，功能表如表 8-6 所示。74LS244 内部由 2 组 4 位三态缓冲器组成，一组输入端 1A1～1A4，输出端 1Y1～1Y4，控制端 1Ḡ；另一组输入端 2A1～2A4，输出端 2Y1～2Y4，控制端 2Ḡ。由功能表见，当控制端 G = L 时，输出端 Y = A，即输出和输入联通；当控制端 G = H 时，输出端 Y = Z，即输出端是高阻状态。我们对 G 端进行控制，即可对 244 的输入端 1A1～1A4 和 2A1～2A4 的数据进行读入操作。由此例道理可推及一般，即凡作为并行输入(I)端口连接到数据总线的器件，必须具备三态门的功能。74LS373 是八 D 触发器，作为地址锁存器已在前面介绍过其性能。

<table>
<tr><td colspan="3" style="text-align:center">表 8-6　74LS244 真值表</td></tr>
<tr><td colspan="2">输入</td><td>输出</td></tr>
<tr><td>$\overline{G}$</td><td>A</td><td>Y</td></tr>
<tr><td>L</td><td>L</td><td>L</td></tr>
<tr><td>L</td><td>H</td><td>H</td></tr>
<tr><td>H</td><td>×</td><td>Z</td></tr>
</table>

图 8-11　74LS244 引脚示意图

8.3.2　可编程并行 I/O 端口芯片扩展

并行 I/O 端口扩展，除了简单扩展方式外，还可以用并行 I/O 端口的可编程芯片进行扩展。所谓可编程接口芯片是指其功能可由微处理器的指令来加以改变的接口芯片，利用编程的方法，可以使一个接口芯片执行不同的接口功能。目前，各生产厂家已提供了很多系列的可编程接口，MCS-51 单片机常用的两种接口芯片是 8255 以及 8155，本节主要介绍8255 芯片在 MCS-51 单片机系统中的扩展方法。

Intel 8255A 芯片是通用可编程并行接口电路，广泛应用于单片机扩展并行 I/O 口。它具有 3 个 8 位并行口 PA、PB 和 PC，一个 8 位的数据口 D0～D7，PC 口分高 4 位和低 4位，高 4 位可与 PA 口合为一组(A 组)，低 4 位可与 PB 口合为一组(B 组)，PC 口可按位置位/复位。8255A 芯片 40 条引脚，DIP 封装。8255A 引脚及内部结构如图 8-12 所示，下面简要介绍。

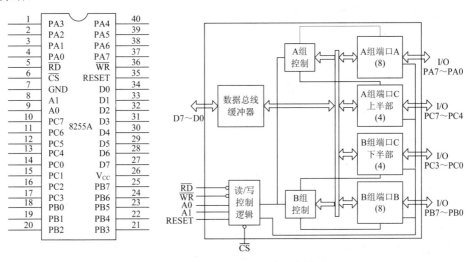

图 8-12　8255A 引脚及内部结构图

1. 8255A 的引脚介绍

8255A 采用双列直插封装，有 40 只引脚，其功能如下。

D7～D0 是三态双向数据线，与单片机的 P0 口连接，用来与单片机之间传送数据信息。

$\overline{CS}$ 是片选信号线，低电平有效，表示本芯片被选中。

$\overline{RD}$ 是读信号线，低电平有效，用来读出 8255A 端口数据的控制信号。

$\overline{WR}$ 是写信号线，低电平有效，用来向 8255A 写入端口数据的控制信号。

V_{CC} 是+5 V 电源。

PA7～PA0 是端口 A 输入/输出线。

PB7～PB0 是端口 B 输入/输出线。

PC7～PC0 是端口 C 输入/输出线。

A1、A0 是地址线，选择 8255A 内部 4 个端口。

RESET 是复位引脚，高电平有效。

2. 8255 的内部结构功能

1) 端口 PA、PB、PC

3 个 8 位并行口 PA、PB 和 PC，它们都可选为输入/输出工作模式。

PA 口：1 个 8 位数据输出锁存器和缓冲器；1 个 8 位数据输入锁存器。

PB 口：1 个 8 位数据输出锁存器和缓冲器；1 个 8 位数据输入缓冲器。

PC 口：1 个 8 位输出锁存器；1 个 8 位数据输入缓冲器。

通常，PA 口、PB 口作为输入/输出口，PC 口既可作为输入/输出口，也可在软件控制下分为两个 4 位端口，作为端口 PA、PB 选通方式操作时的状态控制信号。

2) A 组和 B 组控制电路

AT89S51 写入的命令字控制 82C55 工作方式的控制电路。A 组控制 PA 口和 PC 口的上半部(PC7～PC4)；B 组控制 PB 口和 PC 口的下半部(PC3～PC0)，并可使用命令字来对端口 PC 的每一位实现按位置 1 或清 0。

3) 数据总线缓冲器

数据总线缓冲器是一个三态双向 8 位缓冲器，作为 82C55 与系统总线之间的接口，用来传送数据、指令、控制命令以及外部状态信息。

4) 读/写控制逻辑电路

读/写控制逻辑电路接收 AT89S51 单片机发来的控制信号 $\overline{RD}$、$\overline{WR}$、RESET 和地址信号 A1、A0。A1、A0 共 4 种组合 00、01、10、11，分别选择 PA、PB、PC 及控制寄存器的端口地址。根据控制信号不同组合，端口数据被 AT89S51 读出，或者将 AT89S51 送来的数据写入端口。

各端口工作状态与地址信号 A1、A0 及控制信号关系见表 8-7。

表 8-7　8255A 工作状态与控制信号和地址信号关系

A1	A0	$\overline{RD}$	$\overline{WR}$	$\overline{CS}$	工 作 状 态
0	0	0	1	0	PA 口数据→数据总线(读端口 A)
0	1	0	1	0	PB 口数据→数据总线(读端口 B)
1	0	0	1	0	PC 口数据→数据总线(读端口 C)
0	0	1	0	0	总线数据→PA 口(写端口 A)
0	1	1	0	0	总线数据→PB 口(写端口 B)
1	0	1	0	0	总线数据→PC 口(写端口 C)
1	1	1	0	0	总线数据→控制寄存器(写控制字)
×	×	×	×	1	数据总线为三态
1	1	0	1	0	非法状态
×	×	1	1	0	数据总线为三态

3．8255A 芯片的控制字

AT89S51 可向 8255A 写入两种不同控制字。

8255A 芯片的初始化编程是通过对控制寄存器写入控制字的方式实现的，控制字包括工作方式选择控制字及 C 口按位置位/复位控制字。工作方式控制字的特征是控制寄存器最高位为 1；C 口的按位置位/复位控制字的特征是控制寄存器最高位为 0。

1）工作方式选择控制字

图 8-13 为 8255A 的工作方式控制字格式，最高位 D7=1，为本控制字标志。3 个端口中 PC 口被分为两个部分，上半部分随 PA 口称为 A 组，下半部分随 PB 口称为 B 组，其中 PA 口可工作于方式 0、1 和 2，而 PB 口只能工作在方式 0 和 1。

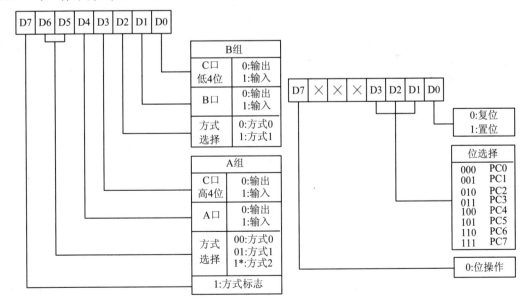

图 8-13　8255A 工作方式选择控制字格式

【例 8-3】 AT89S51 与 8255A 的连接如图 8-14 所示。将 8255A 编程设置为：PA 口方

式 0 输入，PB 口方式 1 输出，PC 口的上半部分(PC7～PC4)输出，PC 口的下半部分(PC3～PC0)输入。

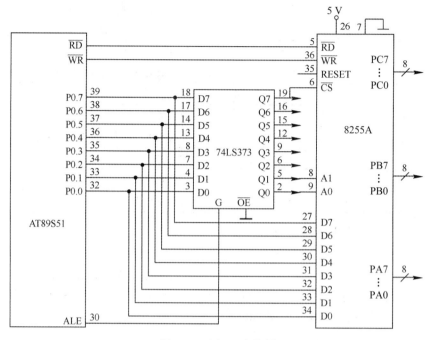

图 8-14　例 8-3 电路图

分析：图 8-14 中 8255A 只有 3 条线与 AT89S51 单片机的地址线相接，片选端 $\overline{CS}$ 与 P0.7 相连，端口地址选择端 A1、A0 分别与 P0.1 和 P0.0 连接，其他地址线未用。显然，只要保证 P0.7 为低电平时，即可选中 8255A 芯片；若 P0.1、P0.0 再为"00"，则选中 8255A 的 PA 口，同理 P0.1、P0.0 为"01""10""11"，分别选中 PB 口、PC 口及控制口。

若端口地址用十六位表示，其他未用端全为"1"，则 8255A 的 PA、PB、PC 及控制寄存器地址分别为 0xff7c、0xff7d、0xff7e 以及 0xff7f。根据图 8-13，写入工作方式控制字为 10010101B，即为 0x95。

程序如下：

```
#include   <absacc.h>
#define COM8255 XBYTE[0xff7f]        //0xff7f 为 8255A 的控制寄存器地址
#define uchar unsigned char
    …
    void init8255(void)
    {
    COM8255=0x95;                    //方式选择控制字写入 8255A 控制寄存器
        …
    }
```

2) C 口按位置位/复位控制字

图 8-15 为 8255A 的 C 口按位置位/复位控制字格式。最高位 D7=0，为本控制字标志，

本控制字可以实现对 PC 口按位置 1 或清 0。

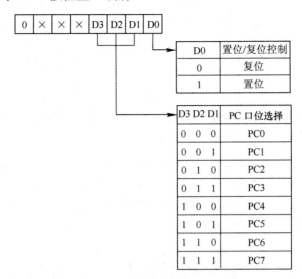

图 8-15　C 口按位置位/复位控制字格式

【例 8-4】　如图 8-14 所示，将 8255A 编程设置为 PC1 清 0，PC5 置 1。

分析：由图 8-15，将 PC1 口清 0，需要设置 8255A 口按位置位/复位控制字为 0×××
0010B，可以写出 0000 0010B，即 0x02；将 PC5 口置 1，需要设置按位置位/复位控制字为
0××× 1011B，可以写出 0000 1011B，即 0x0b。

程序段如下：

```
#include <absacc.h>
#define COM8255 XBYTE[0xff7f]        //0xff7f 为 8255A 控制寄存器地址
…
void init8255(void)
{
    COM8255=0x02;                    //置位/复位控制字写入控制端口，PC1=0
    COM8255=0x0b;                    //置位/复位控制字写入控制端口，PC5=1
    …
}
```

3．8255A 的三种工作方式

8255A 有 3 种工作方式：

(1) 方式 0(基本输入/输出方式)：不需要任何选通信号，适合于无条件传输数据的设备，
数据输出有锁存功能，数据输入有缓冲(无锁存)功能。

【例 8-5】　假设 8255A 的控制字寄存器端口地址为 0xff7f，则令 PA 口和 PC 口的高 4
位工作在方式 0 输入，PB 口和 PC 口的低 4 位工作于方式 0 输出，写出其初始化程序。

分析：设定 8255 的工作方式控制寄存器为 10011000B，即为 0x98。

程序如下：

```
uchar xdata COM8255_at_0xff7f        //0xff7f 为 8255A 控制寄存器地址
```

```
…
void init8255(void)
{
    COM8255=0x98;                //工作方式选择控制字写入控制寄存器
    …
}
```

(2) 方式 1(选通输入/输出方式)：A 组包括 A 口和 C 口的高四位(PC7～PC4)，A 口可由程序设定为输入口或输出口，C 口的高四位则用来作为输入/输出操作的控制和同步信号；B 组包括 B 口和 C 口的低四位(PC3～PC0)，功能和 A 组相同。

(3) 方式 2(双向 I/O 口方式)：仅 A 口有这种工作方式，B 口无此工作方式。此方式下，A 口为 8 位双向 I/O 口，C 口的 PC7～PC3 用来作为输入输出的控制和同步信号。此时，B 口可以工作在方式 0 或方式 1。

8.4　并行扩展实例及 Proteus 仿真

【例 8-6】　根据图 8-14，要求 8255A PA 口方式 0 输入，PB 口方式 1 输出，PC 口的上半部分(PC7～PC4)输出，PC 口的下半部分(PC3～PC0)输入，并从 PC6 脚输出连续的方波信号，频率为 1 kHz。

分析：根据工作方式，设定工作方式控制寄存器为 0x85。PC6 口输出 1 kHz 方波，则高低电平持续的时间分别为 500 μs。可以先写一个 500 μs 的延时程序 delay_500us ( )，并在函数之前对其进行声明。

程序如下：
```
#include    <reg51.h>
#include    <absacc.h>
#define PA8255    XBYTE[0xff7c]      //0xff7c 为 8255A PA 端口地址
#define PB8255    XBYTE[0xff7d]      //0xff7d 为 8255A PB 端口地址
#define PC8255    XBYTE[0xff7e]      //0xff7e 为 8255A PC 端口地址
#define COM8255    XBYTE[0xff7f]     //0xff7f 为 8255A 控制端口地址
#define uchar unsigned char
extern void delay_500us ( );
void init8255(void)
{
 COM8255=0x85;                //工作方式控制字写入控制寄存器
}
void main(void)
{
    init8255(void)
        for(;;)
```

```
    {
        COM8255=0x0d;              //PC5 脚为高电平
        delay_500us ( );           //高电平持续 500 μs
        COM8255=0x0c;              //PC5 脚为低电平
        delay_500us ( );           //低电平持续 500 μs
    }
}
```

【例 8-7】　单片机扩展的一片 8255A 的 PA 口接有一个 4×4 矩阵键盘，PB 口接有一个 7 段的 LED 数码管，要求能对矩阵键盘进行扫描，识别出键盘中按下键的键号，并在 LED 数码管上以 16 进制的形式显示出来。

程序如下：

```
#include<reg52.h>
#include<absacc.h>
#define uchar unsigned char
#define uint unsigned int
                                   //PA、PB、PC 端口及命令端口地址定义
#define PA XBYTE[0x0000]
#define PB XBYTE[0x0001]
#define PC XBYTE[0x0002]
#define COM XBYTE[0x0003]

uchar KeyNo=16;                    //数码管初始显示为"—"

uchar
dis[]={0xc0,0xf9,0xa4,0xb0,0x99,0x92,0x82,0xf8,0x80,0x90,0x88,0x83,0xc6,0xa1,0x86,0x8e,0xbf};

//延时函数
void DelayMS(uint ms)
{
    uchar i;
    while(ms--) for(i=0;i<120;i++);
}
//矩阵键盘扫描
void Keys_Scan()
{
    uchar Tmp;
    PA=0x0f;                       //高 4 位置 0，放入 4 行
    DelayMS(20);
```

```
        Tmp=PA^0x0f;    //按键后 0f 变成 0000XXXX，X 中一个为 0，3 个仍为 1，通过异或把
                          3 个 1 变为 0，唯一的 0 变为 1
        switch(Tmp)         //判断按键发生于 0~3 列的哪一列
        {
            case 1:    KeyNo=0;break;
            case 2:    KeyNo=1;break;
            case 4:    KeyNo=2;break;
            case 8:    KeyNo=3;break;
            default: break;    //无键按下
        }
        PA=0xf0;            //低 4 位置 0，放入 4 列
        DelayMS(1);
        Tmp=PA>>4^0x0f;    //按键后 f0 变成 XXXX0000，X 中有 1 个为 0，三个仍为 1；高 4 位
                            转移到低 4 位并异或得到改变的值
        switch(Tmp)        //对 0~3 行分别附加起始值 0、4、8、12
        {
            case 1: KeyNo+=0;break;
            case 2: KeyNo+=4;break;
            case 4: KeyNo+=8;break;
            case 8: KeyNo+=12;break;
            default: break;
        }
        while(PA!=0xf0);        //等待按键释放
}
//主程序
void main()
{
    uchar k=1;
    COM=0x80;                //8255 工作方式选择：PA 输出，PB 输出，都工作在方式 0
    while(1)
    {
        PA=0x0f;
        if(PA!=0x0f)
            Keys_Scan();     //获取键序号
        PB=dis[KeyNo];
        DelayMS(20);
    }
}
```

仿真结果如图 8-16 所示。

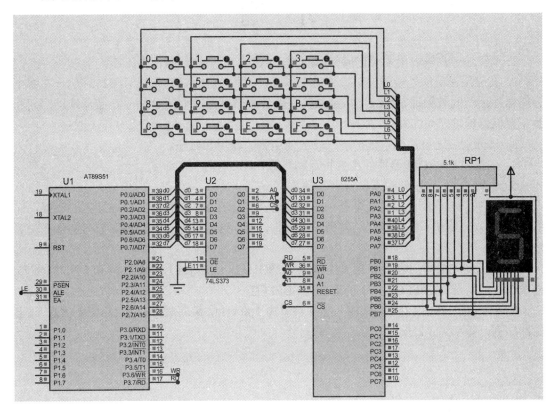

图 8-16 例 8-7 仿真图

本 章 小 结

本章介绍了单片机并行扩展的原理及方法，并介绍了相关器件和端口的扩展。主要内容为：

(1) 扩展技术是组成单片机应用系统的基本手段。在单片机的片内资源不够用以及需要增加外围功能器件的时候，都要用到扩展技术。

并行扩展技术的基本内容就是以单片机为核心，以三种线为接口，连接相关外围集成电路(IC)芯片而形成的符合 MCS-51 指令时序要求的应用系统。

(2) 三总线是连接单片机和外部 IC 器件的桥梁。其中地址总线的连接是扩展技术中的重点。对外部 IC 芯片存储单元的选择，要涉及片选和字选，字选通常由低位地址线承担，片选通常由字选余下的高位地址线承担。片选的原则是：使用相同控制信号的 IC 芯片，片选地址不能相同；使用相同片选地址的 IC 芯片，各自的控制信号不能相同。

(3) 8255、8155 是可编程的 I/O 扩展芯片。使用它们不仅可以扩展 I/O、RAM、计数器，而且可以和慢速的外围设备通过联络通信的方式交换数据。

习　题

1. 试叙述单片机应用系统扩展技术的基本内容、基本原理和基本方法。

2. 在应用系统的外接器件中，作为 I/O 接口的芯片(如 A/D、8155、8255 等)，在哪个存储器地址空间被编址？MCS-51 是如何在硬件和软件两方面区分程序存储器地址空间和数据存储器地址空间的？

3. 试分别叙述单片机系统扩展三总线的引脚、作用和时序。

4. 试叙述 E^2PROM 器件的主要特点和参数。

5. 试叙述 Flash 器件的主要特点和参数。

6. AT89S51 单片机扩展地址外部存储器时，为什么 P0 口的低 8 位地址需要锁存，而 P2 口高 8 位地址却不需要锁存？在锁存过程中，锁存信号是什么？在锁存信号的什么位置发生？

7. 在 AT89S51 单片机上扩展 1 片 SRAM 28C16(2K×8 位)、1 片 74LS244 和 1 片 74LS373，要求 244 的地址为 7FFFH，373 的地址为 0BFFFH。

8. 8155 的 TIMER IN 引脚输入脉冲频率为 100 kHz，编写程序，使 TIMER OUT 输出脉冲序列，频率为 1 kHz。

第 9 章　单片机串行扩展技术

单片机应用系统的 IC 芯片都是安装在印制电路板上面的。IC 芯片之间需要进行数据交换，数据交换使用的连接线越少，芯片的体积和印制电路板的面积也会越小。这不仅会带来诸如节省安装空间、减少装配工序、缩小产品体积、降低设备成本等一系列优点，也会使系统在便于调试维护、抗御电磁干扰等方面的内在品质得到提升。

串行 I/O 总线扩展技术特指在同一块印制板上，单片机和外围的串行 IC 芯片之间的数据交换技术，是单片机串行 I/O 数据交换接口和功能的扩展。

串行 I/O 总线扩展技术共包含三种总线方式：SPI(Serial Peripheral Interface)总线、I^2C (IC TO IC BUS)总线和 One-Wire 总线。

尽管 MCS-51 系列单片机的多数 MCU 内部没有集成这些总线接口，但可以很方便地通过编程来模拟 I/O 端口的电平时序，使之符合这些总线规定的通信协议，从而构成各种所需的应用系统。

本章将介绍 SPI、I^2C 和 One-Wire 三种串行总线的原理及应用。

9.1　SPI 串行总线技术

SPI 是 Motorola 公司推出的串行外设总线，它是一种高速的，全双工的同步通信总线。由于其在芯片的管脚上只占用四根线，既节约了芯片的管脚又为 PCB 的布局节省了空间，因此，现在越来越多的芯片集成了这种通信协议。本节将主要介绍 SPI 总线结构典型，SPI 芯片 AT93C64 及其与 AT89S51 单片机的接口。

9.1.1　SPI 总线概述

由于 SPI 总线的简便灵活，现已广泛用于 EEPROM、模/数转换器、数/模转换器、移位寄存器、显示驱动器等多种 IC 器件。

带 SPI 接口的外围器件都有片选端，其特点是数据传送速度较高(可达 1.05 Mb/s)，硬件扩展比较简单，软件实现方便。单片机与外围扩展器件在时钟线 SCLK、数据线 MOSI、MSIO 上都是同名端相连。SPI 是一种允许一个主设备启动一个从设备的同步通信的协议，也就是 SPI 是一种规定好的通信方式。这种通信方式的优点是占用端口较少，一般 4 根就够基本通信用(不算电源线)，同时传输速度也很高。一般来说，主设备要有 SPI 控制器(也可用模拟方式)，就可以与基于 SPI 的芯片通信。SPI 总线格式如图 9-1 所示。

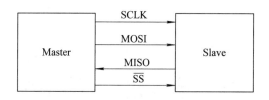

图 9-1　SPI 总线结构

图 9-1 中，Master 为主器件，Slave 为从器件。SCLK 为同步时钟信号，由主器件产生，也简称 SCK；MOSI 为主器件输出、从器件输入线，简称 SI；MISO 为主器件输入、从器件输出线，简称 SO；$\overline{SS}$ 为从器件使能信号，由主器件控制，用来选择和主机通信的外围芯片。

SPI 系统数据交换的时序信号定义如图 9-2 所示。

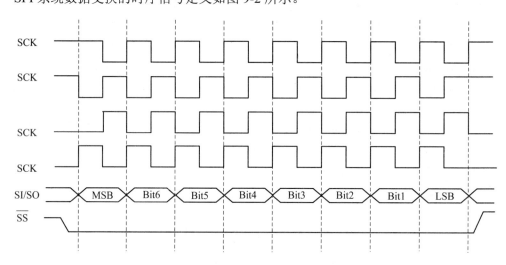

图 9-2　SPI 总线数据/时钟时序示意图

图 9-2 中，在 $\overline{SS}$ 信号有效后，SPI 芯片被选中，数据传送在 MOSI/MISO 总线上进行，在 SCK 的控制下，从高位至低位逐位传送。8 位送完，$\overline{SS}$ 信号复位，传送结束。

需要注意的是，对应不同的芯片，SCK 信号的触发方式不同，图 9-2 中列出了 4 种形式，选用时需查阅具体 SPI 芯片的使用说明。另外，若使用的 SPI 芯片只需单向的数据传送，可省去不用的 SI/SO；若只有单个芯片，可将 $\overline{SS}$ 引脚接地，此时 SPI 和单片机的连接只需 2 条线。

MCS-51 系列单片机中，多数单片机内部没有 SPI 接口，我们可以用软件控制单片机 I/O 引脚的电平时序来模拟 3 条总线。

9.1.2　SPI 总线应用实例及 Proteus 仿真

本节以单片机扩展 8 位 A/D 转换器 TLC549 为例，介绍 SPI 接口扩展。

TLC549 是美国 TI 推出的一种低价位、高性能的 8 位 A/D 转换器，它以 8 位开关电容逐次逼近方法实现 A/D 转换，其转换速度小于 17 μs，最大转换速率为 40 kHz，内部系统时钟的典型值为 4 MHz，电源为 3～6 V。它能方便地采用 SPI 串行接口方式与各种单片机连接，构成廉价的测控应用系统。

1. TLC549 的引脚及功能

TLC549 的引脚排列如图 9-3 所示。

REF+：正基准电压输入端，$2.5\text{ V}\leqslant V_{REF+}\leqslant$
$V_{CC}+0.1\text{ V}$。

REF−：负基准电压输入端，$-0.1\text{V}\leqslant V_{REF-}\leqslant 2.5\text{ V}$。
且$(V_{REF+})-(V_{REF-})\geqslant 1\text{ V}$。

V_{CC}：电源，$3\text{ V}\leqslant V_{CC}\leqslant 6\text{ V}$。

GND：地。

$\overline{CS}$：片选端。

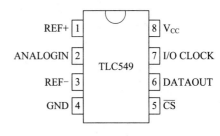

图 9-3　TLC549 引脚排列

DATAOUT：转换结果数据串行输出端，与 TTL 电平兼容，输出时高位在前、低位在后。

ANALOGIN：模拟信号输入端，$0\leqslant V_{ANALOGIN}\leqslant V_{CC}$，当 $V_{ANALOGIN}\geqslant V_{REF+}$时，转换结果为全"1"(0xff)，当 $V_{ANALOGIN}\leqslant V_{REF-}$电压时，转换结果为全"0"(0x00)。

I/O CLOCK：外接输入/输出时钟输入端，用于同步芯片的输入/输出操作，无须与芯片内部系统时钟同步。

2. TLC549 的工作时序

TLC549 的工作时序如图 9-4 所示。

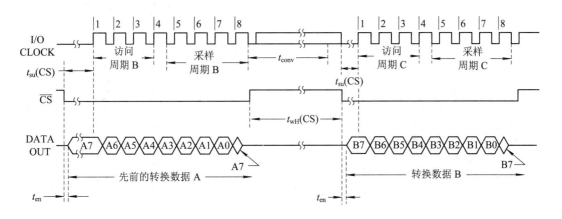

图 9-4　TLC549 工作时序

从图可知。

(1) 串行数据中先输出高位 A7，最后输出低位 A0。

(2) 在 $\overline{CS}$ 变为低电平后，前一次转换结果的最高有效位(A7)自动置于 DATA OUT 总线，其余 7 位(A6～A0)在前 7 个 I/O CLOCK 下降沿由时钟同步输出。

(3) t_{su} 是在片选信号 $\overline{CS}$ 变低后，I/O CLOCK 开始正跳变的最小时间间隔(1.4 μs)；

(4) t_{en} 是从 $\overline{CS}$ 变低到 DATA OUT 线上输出数据最小时间(1.2 μs)。

(5) 当 $\overline{CS}$ 变为低电平后，TLC549 芯片被选中，同时前次转换结果的最高有效位 MSB(A7)自 DATA OUT 端输出，接着要求从 I/O CLOCK 端输入 8 个外部时钟信号，前 7 个 I/O

CLOCK 信号的作用是配合 TLC549 输出前次转换结果的 A6～A0 位，并为本次转换做准备：在第 4 个 I/O CLOCK 信号由高至低的跳变之后，片内采样/保持电路对输入模拟量开始采样，保持功能将持续 4 个内部时钟周期，然后开始进行 A/D 转换。

第 8 个 I/O CLOCK 下降沿后，CS 必须为高，或 I/O CLOCK 保持低电平，这种状态需要维持 36 个内部系统时钟周期以等待转换工作的完成。

由此可见，在 TLC549 的 I/O CLOCK 端输入 8 个外部时钟信号期间需要完成以下工作：读入前次 A/D 转换结果，对本次转换的输入模拟信号采样并保持，启动本次转换开始。

3．TLC549 与单片机的接口设计实例

【例 9-1】 单片机控制串行 8 位 A/D 转换器 TLC549 进行 A/D 转换，原理电路与仿真结果见图 9-5。由电位计 RV1 提供给 TLC549 模拟量输入，通过调节 RV1 上的"＋""－"端，改变输入电压值。编写程序将模拟电压量转换成二进制数字量，本例用 P0 口输出控制 8 个发光二极管的亮与灭来显示转换结果的二进制码，也可通过 LED 数码管将转换完毕的数字量以 16 进制数形式显示出来。

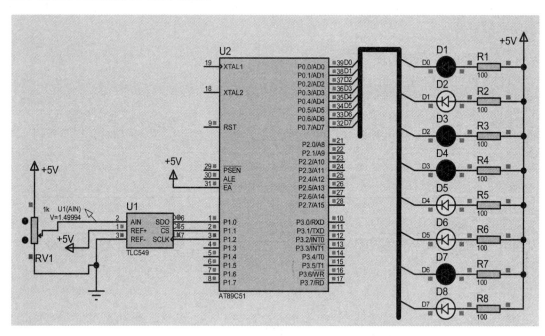

图 9-5　例 9-1 仿真图

程序如下：

```
#include<reg51.h>
#include<intrins.h>              //包含_nop_()函数头文件
#define uchar unsigned char
#define uint unsigned int
#define   led   P0
sbit sdo=P1^0;                   //定义 P1.0 与 TLC549 的 SDO 脚(即 5 脚 DATA OUT)连接
```

```c
sbit cs=P1^1;                //定义 P1.1 与 TLC549 的脚连接
sbit sclk=P1^2;              //定义 P1.2 与 TLC549 的 SCLK 脚(即 7 脚 I/O CLOCK)连接
void delayms(uint j)         //延时函数
{
    uchar i=250;
    for(;j>0;j--)
    {
        while(--i);
        i=249;
        while(--i);
        i=250;
    }
}
void delay18us(void)         延时约 18 μs 函数
{
    _nop_();_nop_();_nop_();_nop_();_nop_();_nop_();_nop_();_nop_();_nop_();
    _nop_();_nop_();_nop_();_nop_();_nop_();_nop_();_nop_(); nop_();_nop_();
}
uchar convert(void)
{
    uchar i,temp;
    cs=0;
    delay18us();
    for(i=0;i<8;i++)
    {
        if(sdo==1)temp=temp|0x01;
        if(i<7)temp=temp<<1;
        sclk=1;
        _nop_(); _nop_(); _nop_();_nop_();
        sclk=0;
        _nop_(); _nop_();
    }
    cs=1;
    return(temp);
}
void main()
{
    uchar result;
    led=0;
```

```
        cs=1;
        sclk=0;
        sdo=1;
        while(1)
          {
                result=convert();
                led=result;          //转换结果从 P0 口输出驱动 LED
                delayms(1000);
          }
}
```

9.2 串行 I²C 总线接口技术

I²C 总线又叫 IIC 总线,是 PHILIPS 公司设计的一种 IC 芯片之间的全双工同步串行总线技术。和 SPI 总线相比,它用的通信连线更少,采用 2 条线实现数据通信。具有 I²C 总线接口的 MCS-51 单片机,如 P87LPCXXX\C8051FXX 等,可通过自身专用接口和 I²C 总线连接;没有 I²C 总线接口的 MCS-51 单片机可以通过编写软件在 I/O 端口位模拟通信电平时序和 I²C 总线连接。实用上,I²C 总线由于其连线少、时序模拟方便、寻址方式容易等特点,近年来在 MCU 应用系统中得到了快速的发展,各种类型的 MCU 外围器件,如存储器、A/D、D/A、LCD 驱动器、逻辑门阵列电路等,都有 I²C 总线型芯片的身影。

9.2.1 I²C 串行总线接口基本结构

1. I²C 串行总线的特点

(1) 使用两条通信总线交换数据,I²C 通信系统如图 9-6 所示。I²C 串行总线由两条总线构成,一条是时钟线 SCL,另一条是数据线 SDA。数据线 SDA 上传送数据,数据传送以帧为单位,每帧含一个字节数据和一位应答信号位,数据字节的传送次序为先高位后低位;时钟线 SCL 提供数据传送的位同步信号。所有的 I²C 器件都挂接在这两条总线上,形成 I²C 通信系统。I²C 器件分为主机器件和从机器件,主机器件负责数据传送的控制,从机器件按照主机器件的控制时序进行操作。

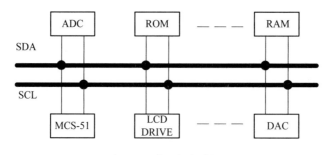

图 9-6 I²C 总线系统

(2) 两条总线的数据传送都是双向的，挂接在总线上的 I^2C 器件，接口为开漏极形式，需接上拉电阻。上拉电阻 R_P 取值一般在 5 kΩ～10 kΩ，使用时可查阅具体器件的技术手册。如图 9-7 所示。

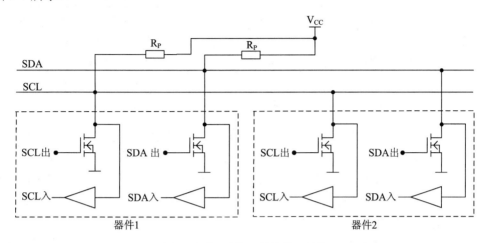

图 9-7　I^2C 总线器件的接口结构

　　总线空闲时为高电平状态，任一芯片输出低电平都会使总线信号变低。挂接总线上器件的数量(总线的负载能力)受总线电容量 400 pF 上限的限制。总线在标准模式下的数据传输速率为 100 kb/s，快速模式下为 400 kb/s，高速模式下为 3.4 Mb/s。

　　(3) I^2C 芯片的寻址方式采用引脚设置、软件寻址，和 MSC-51 的地址总线无关。在此之前我们接触的外围器件芯片，在对它们进行寻址时，总是采用地址总线进行译码来选择片选的方式实现的，MCS-51 用指令在 P2P0 口输出不同的地址编码来选择不同的芯片，或者是用其他 I/O 端口选择芯片；I^2C 芯片只有两条连线，不能和 MCS-51 的地址总线连接，也没有片选端可供 I/O 端口选择；因此，芯片地址的识别采用了全新的方式——用"引脚电平、软件寻址"实现。"引脚电平"是芯片有 3 个地址引脚，可接固定的"0""1"电平而设置成不同的引脚地址。软件寻址指令的编码内容包括"器件标识""引脚电平"和"方向位"三部分，如表 9-1 所示。"器件标识"(D7～D4)用来区别不同种类的 I^2C 芯片，如 EEPROM、A/D 等，厂家在制作时已将数据固化在芯片中；"引脚电平"(D3～D1)是使用者编程时对应的该芯片的 3 个引脚连接的固定电平状态。若寻址指令编码数据和某 I^2C 芯片的"器件标识"和"引脚电平"相一致，则该芯片被选中。"方向位"(D0)表示对该芯片进行的操作，"1"表示读操作，"0"表示写操作。I^2C 芯片的这种特性，使得它的"片选"既不必像并行芯片那样通过数据线"译码"，也不必像 SPI 芯片那样用专门的 I/O 口的位来选择，只要在 SDA 线上传送寻址指令就可以了。

表 9-1　I^2C 芯片寻址指令编码格式

位　　序	器　件　标　识				引　脚　电　平			方　向　位
	D7	D6	D5	D4	D3	D2	D1	D0
寻址编码	DA3	DA2	DA1	DA0	A2	A1	A0	1 = 读，0 = 写

常用的 I^2C 芯片的寻址指令的格式如表 9-2 所示。

表 9-2　常用 I²C 芯片的寻址格式

器　件	类　型	寻址指令格式
PCF8570	256B RAM	1010A2A1A0 R/W
PCF8582	256B E²PROM	1010A2A1A0 R/W
PCF8574	8 位 I/O	0100A2A1A0 R/W
PCFSAA1064	4 位 LED 驱动器	0111 A2A1A0 R/W
PCF8591	8 位 A/D、D/A	1001A2A1A0 R/W
PCF8583	RAM、日历	1010A2A1A0 R/W

(4) I²C 是多主总线结构，具有仲裁功能。I²C 总线系统可以接入多个 MCU，每个 MCU 都可以具有主机资格，即总线是多主机系统。从机一般为外围芯片。总线的操作由主机控制，即由主机发出数据传送的起始信号、停止信号和同步信号。在多主机情况下，总线规定了相应的仲裁协议，可保障在任何时刻经公平竞争后只有一个主机控制总线。

2. I²C 总线的数据传输协议及方式

(1) 数据位的有效性的规定。I²C 总线的技术条件规定，在时钟线 SCL 为高电平期间，数据线 SDA 上的数据状态必须保持稳定。只有在时钟线 SCL 为低电平期间，SDA 线上的数据才允许发生变化，见图 9-8。

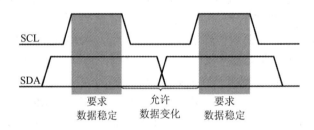

图 9-8　I²C 总线数据位有效性的规定

(2) 起停控制和应答信号的规定。数据传送的起始信号和停止信号时序规定见图 9-9。

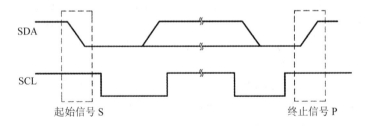

图 9-9　I²C 总线系统的起停条件规定

① 起始信号(S)——在 SCL 为高期间，SDA 线由高到低的变化表明数据传送开始。

② 终止信号(P)——在 SCL 为高期间，SDA 线由低到高的变化表明数据传送停止。

需要说明的是，I²C 总线的起始(S)和终止(P)信号，都是由主机发出的。在起始信号出现后，总线就处于"忙"状态；在终止信号发出后，表示该主机放弃总线，总线处于空闲状态。连接在总线上的芯片，若内部具有 I²C 总线接口，则能够及时检测到 S 和 P 信号；

对于内部没有 I^2C 总线接口的单片机(设处于从机状态),则需要在一个 SCL 时钟周期内至少 2 次采样 SDA 线来读取 S 和 P 信号。

(3) 数据传送形式。数据传送以数据帧为单位,每帧含 1 个字节 8 位数据和 1 个应答信号位,共 9 位。帧内字节的传送顺序是先最高位(MSB),依次到最低位(LSB),传送数据帧的数量没有限制,直到停止信号为止。应答信号(A)和非应答信号($\overline{A}$)见图 9-10。

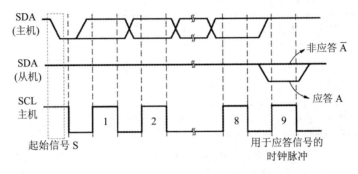

图 9-10　I^2C 总线系统的应答信号和非应答信号

① 应答信号(A)。应答信号是接收方接收到一个字节数据后,给予发送方的回应,表示接收正常。I^2C 总线上传送一个字节的数据后,发送方在第 9 个 SCL 脉冲高电平期间,释放 SDA 线(高电平),接收方使该线变为低电平,作为应答信号。发送方在收到应答信号后,才能继续进行后续的数据发送。

② 非应答信号($\overline{A}$)。如果接收方未能收到数据字节,在第 9 个 SCL 脉冲高电平期间,它将在数据线 SDA 上发出非应答信号,即高电平。发送方在收到该信号后,发出停止信号或新的起始信号。当主机接收来自从机的数据时,在接收最后一个数据帧后,需发出非应答信号,使从机释放 SDA 线,以便随后主机发出停止信号。

I^2C 总线系统的字节(帧)传送形式见图 9-11。

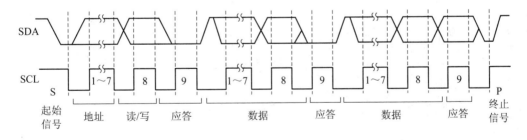

图 9-11　I^2C 总线系统的字节(帧)传送形式

I^2C 总线上传送数据信号即包括真正的数据信号,也包括地址信号。I^2C 总线规定,在起始信号后必须传送一从器件地址(7 位),第 8 位是数据传送的方向位(R/$\overline{W}$),用"0"表示主器件发送数据($\overline{W}$),"1"表示主器件接收数据(R)。每次数据传送总是由主器件产生的终止信号结束。但是,若主器件希望继续占用总线进行新的数据传送,则可不产生终止信号,马上再次发出起始信号对另一从器件进行寻址。因此,在总线一次数据传送过程中,可有以下几种组合方式(有阴影的部分表示主机发送,没有阴影的部分表示从机发送):

① 主机向从机发送数据。主机发送从机内部地址并收到从机应答信号后,即可开始 N

个数据帧的发送，数据传送格式为

S	从器件地址	0	A	字节 1	A	⋯	字节(n-1)	A	字节 n	A/$\overline{A}$	P

② 主机接收从机数据。主机发送从机内部地址并收到从机应答信号后，即可开始 N 个数据帧的接收，其格式为

S	从机地址	1	A	字节 1	A	⋯	字节(n-1)	A	字节 n	$\overline{A}$	P

③ 主机对从机读/写操作。数据传送的方向需要改变时，起始位和从机地址都被重复发送一次，其数据传送格式为

S	从器件地址	0	A	数据	$\overline{A}$/A	Sr	从器件地址 r	1	A	数据	$\overline{A}$	P

由此可见，数据传送是在主机的控制下进行的，起始信号、停止信号和从机寻址信号均由主机发出，传送的方向由方向位(R/$\overline{W}$)确定，数据接收方需提供应答或非应答信号。

9.2.2 I²C 总线的信号时序及模拟

图 9-12 给出了 I²C 总线的起始、停止、应答、非应答信号的时序规定，图中均是用 P1.0 模拟数据传送位，P1.1 模拟时钟传送位。

1. 总线初始化函数

```
#include <reg51.h>
#include <intrins.h>              //包含函数_nop_( )的头文件
sbit  sda=P1^0;                   //定义 I²C 模拟数据传送位
sbit  scl=P1^1;                   //定义 I²C 模拟时钟控制位
void init( )                      //总线初始化函数
{
    scl=1;                        //scl 为高电平
    _nop_( );                     //延时约 1 μs
    sda=1;                        //sda 为高电平
    delay5us();                   //延时约 5 μs
}
```

2. 起始信号 S 函数

起始信号 S 要求一个新的起始信号前总线的空闲时间大于 4.7 μs，而对于一个重复的起始信号，要求建立时间也大于 4.7 μs。图 9-12(a)为起始信号的时序波形在 SCL 高电平期间 SDA 发生负跳变，起始信号到第 1 个时钟脉冲负跳沿的时间间隔应大于 4 μs。起始信号 S 的函数如下：

```
void start(void)      //起始信号函数
{
    scl=1;
```

```
        sda=1;
        delay5us();
        sda=0;
        delay4us();
        scl=0;
    }
```

3．终止信号 P 函数

图 9-12(b)为终止信号 P 的时序波形。在 SCL 高电平期间 SDA 的一个上升沿产生终止信号。

终止信号函数如下：

```
    void stop(void)        //终止信号函数
    {
        scl=0;
        sda=0;
        delay4us();
        scl=1;
        delay4us();
        sda=1;
        delay5us();
        sda=0;
    }
```

4．应答位函数

发送接收应答位与发送数据"0"相同，即在 SDA 低电平期间 SCL 发生一个正脉冲，产生如图 9-12(c)所示的模拟时序。

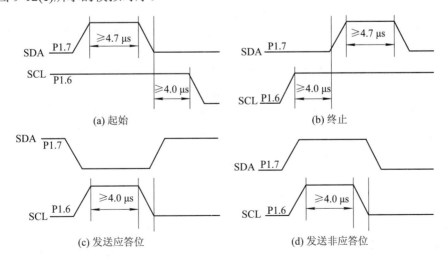

图 9-12　I^2C 总线信号的时序

发送/接收应答位的函数如下：

```
void Ack(void )
{
    uchar i;
    sda=0;
    scl=1;
    delay4us();
    while((sda==1)&&(i<255))i++;
    scl=0;
    delay4us();
}
```

5. 非应答位/数据"1"函数

发送非应答位与发送数据"1"相同，即在 SDA 高电平期间 SCL 发生一个正脉冲，产生如图 9-12(d)所示的模拟时序。

发送非接收应答位/数据"1"的函数如下：

```
void NoAck(void )
{
    sda=1;
    scl=1;
    delay4us();
    scl=0;
    sda=0;
}
```

9.2.3　I²C 应用实例及 Proteus 仿真

许多公司都推出带有 I²C 接口的单片机及各种外围扩展器件，常见的有 ATMEL 的 AT24C××系列存储器、PHILIPS 的 PCF8553(时钟/日历且带有 256×8 RAM)、PCF8570 (256×8 RAM)，MAXIM 的 MAX117/118(A/D 转换器)和 MAX517/518/519(D/A 转换器)等。

AT240××系列芯片是 ATMEL 公司的产品，是一种采用 I²C 总线接口技术的 E²PROM 器件，该系列常见的型号有 AT2401A/02/04/08/16 等 5 种，其存储容量分别为 1024/2048/ 4096/ 8192/16384 位，也就是 128/256/512/1024/2048 字节。本节以 AT24C02 为例介绍。

1. AT24C02 的工作原理简述

1) 引脚

AT24C02 引脚如图 9-13 所示。

(1) V_CC：+5 V 电源。

(2) GND：电源地。

(3) SCL：时钟输入。

(4) SDA：数据 I/O。

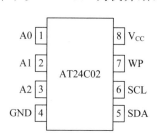

图 9-13　AT24C02 引脚

(5) A0、A1、A2：引脚地址。

(6) WP：写保护。接高电平时，禁止写操作。

2) 运行状态

(1) 起始状态。符合 I^2C 总线的起始信号时序规定，该状态位于所有的操作命令之前。

(2) 终止状态。符合 I^2C 总线的终止信号时序规定。

(3) 应答/非应答信号。由接收数据的器件发出，可以是 AT24C02，也可以是 MCS-51；符合 I^2C 总线的应答信号时序规定，在第 9 个 SCL 时钟周期出现。

(4) 备用方式(stanby mode)。该方式保证 AT24C02 在没有读/写方式时处于低功耗状态。在两种情况下芯片会自动进入该状态：上电复位；在接到了终止信号并完成了内部写操作后。

3) 器件寻址

AT24C02 芯片的寻址指令字节编码格式如表 9-3 所示。

表 9-3　AT24C02 寻址字节编码表

位	D7	D6	D5	D4	D3	D2	D1	D0
内容	1	0	1	0	A2	A1	A0	R/$\overline{W}$

寻址指令字节由三部分内容组成：

(1) D7～D4 = 1010 为标识位，表明芯片是 AT24XX 类型芯片；

(2) D3～D1 = A2 A1 A0 为引脚电平，由芯片的引脚接固定"1""0"电平，编码排序为 000～111，即在一个系统中，AT24CXX 芯片的最大数目是 8；

(3) D0 = R/$\overline{W}$ 是读/写控制位，为"0"则 AT24C02 被写入数据，为"1"则 AT24C02 被读出数据。

4) 写操作

该操作是单片机向 AT24C02 写入数据的过程，可分为两种形式，一是字节写，二是页面写。

(1) 字节写。该操作完成对 1 个字节数据的写入操作，即把 1 个字节数据写入 1 个指定的存储单元。其过程是：起始状态后，单片机先送出芯片寻址指令，该指令的 R/$\overline{W}$ 位为"0"，表示是向 I^2C 器件传送命令；在接到 AT24C02 芯片应答信号后，再送出该芯片的指定字节地址；得到应答后，送出要写的数据内容，AT24C02 芯片接收后送应答信号，MCS-51 发终止信号。至此，AT24C02 芯片的外部字节写操作完成。接下来 AT24C02 芯片进入一个内部擦写过程，将收到的数据写入指定单元。内部写最长用时为 5 ms。

(2) 页写。该操作完成对指定 1 页数据的写入操作，即把 1 页数据写入指定的 1 页存储单元中。1 页的数量和具体芯片有关：AT24CXX 系列中，容量为 1K、2K 的芯片，1 页为 8 个字节；4K、8K、16K 的芯片，1 页为 16 个字节。AT24C02 芯片页写操作是一次写 1 页，即对 8 个存储单元写数据。页写过程的起始条件和字节写一样，不同的是，在送出字节 1 并收到应答信号后，单片机并不发送终止信号，而是继续发送剩余的 7 个字节的数据，送完这 1 页数据后才发送终止信号。收到终止信号后，芯片开始内部写过程，其用时和字节写一样，也是最长 5 ms。

5) 写保护

WP 端接高电平时芯片禁止写操作,此时芯片仅作为 ROM 使用。

6) 读操作

读操作是 MCS-51 从 AT24C02 读出数据的过程。读操作和写操作类似,也需要启动、写芯片地址等步骤,不同的是在写芯片地址时将 R/$\overline{W}$ 位置为 1;另外在停止信号之后,也没有内部操作时间。读操作分三种形式:现行地址读、随机地址读和顺序地址读。

(1) 现行地址读。在上次读或写操作结束后,芯片内部字地址会自动加 1,产生现行地址。一旦本芯片被选中且 R/$\overline{W}$ 位为 1,则芯片应答后即将现行地址单元的数据送出。单片机收到数据后,产生非应答信号,然后发出停止条件结束现行读。

(2) 随机地址读。这种方式允许单片机读出 AT24C02 的任意字节内容,它由两个步骤组成:第一步,选择要读的数据地址,单片机发出芯片地址和字节地址,芯片应答后即在 AT24C02 的内部产生了现行地址;第二步,执行现行地址读段的内容。

(3) 顺序地址读。和前两种方式相比,这种方式的最大特点是可以连续地读出一批数据。顺序地址读用现行地址读或随机地址读启动,在 MCS-51 接收第一个字节数据后,不是发送非应答而是发送应答(ACK)信号,AT24C02 收到应答(ACK)信号后就会对字地址加 1,并送出该地址单元的数据,该过程一直持续到单片机发出非应答($\overline{ACK}$)和终止信号为止。

2. 单片机和 AT24C02 的连接

【例 9-2】单片机通过 I²C 串行总线扩展 1 片 AT24C02,实现单片机对存储器 AT24C02 的读/写。由于 Proteus 元件库中没有 AT24C02,可用 FM24C02 芯片代替。AT89S51 与 FM24C02 的接口原理仿真电路如图 9-14 所示。

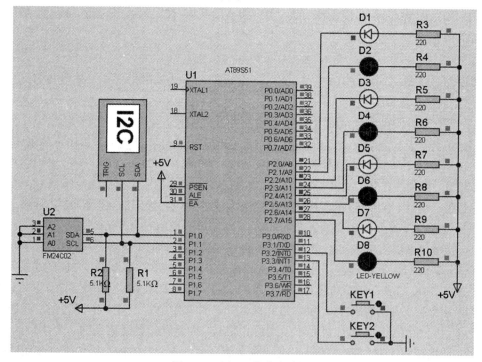

图 9-14 例 9-2 仿真电路图

图中 KEY1 作为外部中断 0 的中断源，当按下 KEY1 时，单片机通过 I²C 总线发送数据 0xa3 给 FM24C02，等发送数据完毕后，将 0xa3 送 P2 口通过 LED 显示。

KEY2 作为外部中断 1 的中断源，当按下 KEY2 时，单片机通过 I²C 总线读 AT24C02，等读数据完毕后，将读出的最后数据 0x55 送 P2 口的 LED 显示出来。

最终显示的仿真效果是：按下 KEY1，标号为 D1～D8 的 8 个 LED 中 D2、D4、D6、D8 灯亮，如图 9-14 所示。按下 KEY2，则 D1、D3、D5、D7 灯亮。

Proteus 提供的 I²C 调试器是调试 I²C 系统的得力工具，使用 I²C 调试器的观测窗口可观察 I²C 总线上的数据流，查看 I²C 总线发送的数据，也可作为从器件向 I²C 总线发送数据。

程序如下：

```c
#include "reg51.h"
#include "intrins.h"              //包含有函数_nop_()的头文件
#define uchar unsigned char
#define uint unsigned int
#define out P2                    //发送缓冲区的首地址
sbit scl=P1^1;
sbit sda=P1^0;
sbit key1=P3^2;
sbit key2=P3^3;
uchar data mem[4]_at_ 0x55;       //发送缓冲区的首地址
uchar mem[4]={0x41,0x42,0x43,0xaa};  //欲发送的数据数组
uchar data rec_mem[4] _at_ 0x60 ;  //接收缓冲区的首地址
void start(void);                 //起始信号函数
void stop(void);                  //终止信号函数
void sack(void);                  //发送应答信号函数
bit rack(void);                   //接收应答信号函数
void ackn(void);                  //发送无应答信号函数
void send_byte(uchar);            //发送一个字节函数
uchar rec_byte(void);             //接收一个字节函数
void write(void);                 //写一组数据函数
void read(void);                  //读一组数据函数
void delay4us(void);              //延时 4 μs
void main(void)                   //主函数
{
    EA=1;EX0=1;EX1=1;             //总中断开，外中断 0 与外中断 1 允许中断
    while(1);
}
```

```
    void ext0()interrupt 0                    //外中断 0 中断函数
    {
        write();                              //调用写数据函数
    }
    void ext1()interrupt 2                    //外中断 1 中断函数
    {
        read();                               //调用读数据函数
    }
    void read(void)                           //读数据函数
    {
        uchar i;
        bit f;
        start();                              //起始函数
        send_byte(0xa0);                      //发从机的地址
        f=rack();                             //接收应答
        if(!f)
        {
            start();                          //起始信号
            send_byte(0xa0);
            f=rack();
            send_byte(0x00);                  //设置要读取从器件的片内地址
            f=rack();
            if(!f)
            {
                or(i=0;i<3;i++)
                {
                    rec_mem[i]=rec_byte();
                    sack();
                }
                rec_mem[3]=rec_byte();ackn();
            }
        }
        stop();out=rec_mem[3];while(!key2);
    }
    void write(void)                          //写数据函数
    {
```

```
        uchar i;
        bit f;
        start();
        send_byte(0xa0);
        f=rack();-
        if(!f){
                send_byte(0x00);
                f=rack();
                if(!f){
                        for(i=0;i<4;i++)
                          {
                                send_byte(mem[i]);
                                f=rack();
                                if(f)break;
                          }
                }
        }
        stop();out=0xc3;while(!key1);
}
void start(void)                    //起始信号
{
    scl=1;
    sda=1;
    delay4us();
    sda=0;
    delay4us();
    scl=0;
}
void stop(void)                     //终止信号
{
    scl=0;
    sda=0;
    delay4us();
    scl=1;
    delay4us();
    sda=1;
    delay5us();
```

```c
    sda=0;
}
bit rack(void)                    //接收一个应答位
{
    bit flag;
    scl=1;
    delay4us();
    flag=sda;
    scl=0;
    return(flag);
}
void sack(void)                   //发送接收应答位
{
    sda=0;
    delay4us();
    scl=1;
    delay4us();
    scl=0;
    delay4us();
    sda=1;
    delay4us();
}
void ackn(void)                   //发送非接收应答位
{
    sda=1;
    delay4us();
    scl=1;
    delay4us();
    scl=0;
    delay4us();
    sda=0;
}
uchar rec_byte(void)              //接收一个字节
{
    uchar i,temp;
    for(i=0;i<8;i++)
    {
```

```
        temp<<=1;
        scl=1;
        delay4us();
            temp|=sda;
            scl=0;
            delay4us();
        }
        return(temp);
    }
    void send_byte(uchar temp)                    //发送一个字节
    {
        uchar i;
        scl=0;
        for(i=0;i<8;i++)
        {
            sda=(bit)(temp&0x80);
            scl=1;
            delay4us();
            scl=0;
            temp<<=1;
        }
        sda=1;
    }
    void delay4us(void)                           //延时 4 μs
    {
        _nop_();_nop_();_nop_();_nop_();
    }
```

9.3　串行单总线(One-Wire)技术

单总线(One-Wire)是 Dallas 公司设计的串行总线技术，和 SPI、I^{2}C 等总线不同，它只有一条数据输入/输出线 DQ，该线既传送控制信号，又传送数据信号，相比较别的串行总线技术，单总线更能节省单片机的 I/O 接口资源和减少印制线路板面积。

9.3.1　单总线的工作原理

具备单总线通信功能的集成电路芯片叫单总线芯片。单总线芯片通过漏极开路引脚并联在单总线上，总线通过一个约 5 kΩ 的上拉电阻接电源。MCS-51 系列单片机可通过 I/O

口和单总线连接。当连接在总线上的某芯片不使用总线时，它输出高电平以释放总线，因此总线的闲置状态为高电平。单总线芯片内部结构示意图如图 9-15 所示。

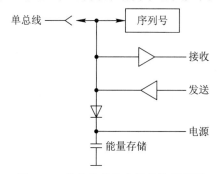

图 9-15　单总线芯片内部结构示意图

单总线中数据的交换是在主机的控制下进行的。单片机和其他单总线芯片交换数据的过程一般分为三个步骤：一是主机对总线的初始化，包括呼叫从机芯片和从机芯片回答；二是单片机发出芯片寻址指令，通过和每个芯片固有的 64 位 ROM 地址代码相比较，使指定的芯片成为数据交换的对象，而其余的芯片则处于等待状态；三是单片机发送具体操作指令进行读/写操作。在只有一个从机芯片的情况下，步骤二可以省略其中的寻址过程，仅执行一条"跳跃"命令，然后进入步骤三。

单总线硬件连接简单，而相应的软件控制过程则比较复杂。除了从机芯片的寻址过程复杂外，单片机对系统的操作必须严格遵循单总线协议的时序要求。这些时序包括以下三个方面。

1) 初始化序列时序

该时序由主机发出，对单总线系统进行复位，并由从机发出应答信号。单总线的所有通信过程都以初始化时序开始，初始化时序包括主机发出的复位脉冲和从机的应答脉冲，该过程至少需要 960 μs。如图 9-16 所示，主机在总线上输出"0"电平并保持至少 480 μs 作为复位脉冲，表示主机对系统复位并呼叫从机，然后主机释放总线，总线在上拉电阻的作用下变为"1"电平，至此复位脉冲完成；从机在接到主机的复位脉冲后，先对自己内部复位，然后对总线输出"0"电平，并保持 60 μs～240 μs，作为对主机呼叫的应答信号，主机检测到该信号，即可确认总线上有从机存在。

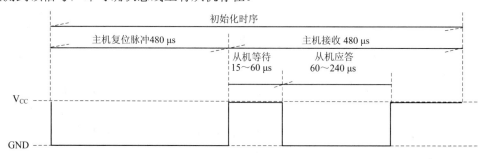

图 9-16　单总线初始化时序

2) 写时序

如图 9-17 所示，在"写时序"中，主机对从机写 1 位数据。一个写时序至少 60 μs，在两个写时序之间要有 1 μs 的恢复时间。

(1) 写"0"。主机向总线输出"0"，并保持 60 μs 后释放总线。从机在写时序开始 15 μs 后开始对总线采样，读入总线数据。

(2) 写"1"。主机向总线输出"0"，1 μs 后输出"1"并保持 60 μs。从机在写时序开始 15 μs 后开始对总线采样，读入总线数据。

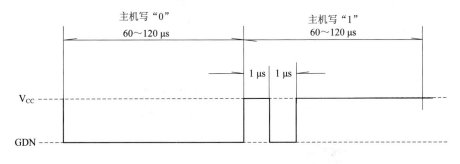

图 9-17　主机写时序

3) 读时序

如图 9-18 所示，单总线器件仅在主机发出读时序时，才向主机送出数据，所以在主机发出读数据命令后，必须立即产生读时序，以便从机开始传送数据。每个读时序也至少需要 60 μs 时间，且两个读时序的间隔也至少为 1 μs。读时序由主机发起，拉低总线至少 15 μs，然后从机接管总线，开始发送"0"或"1"数据，主机在 1 μs 后采样总线接收数据。

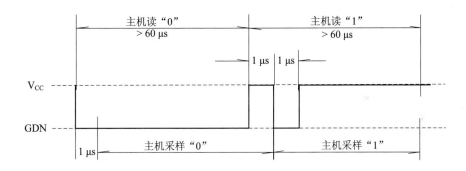

图 9-18　主机读时序

9.3.2　单总线(One-Wire)应用实例及 Proteus 仿真

本节介绍单总线的应用实例，用 AT89S51 单片机控制数字温度传感器芯片 DS18B20，实现温度的测量和控制。

1. DS18B20 芯片

数字温度传感器 DS18B20 是采用单总线方式的温度传感器。图 9-19 为芯片的外形图和引脚图，图中显示了该芯片的两种封装形式，SOIC 为小外形集成电路封装，另一种为 TO-92 的三极管外形封装。

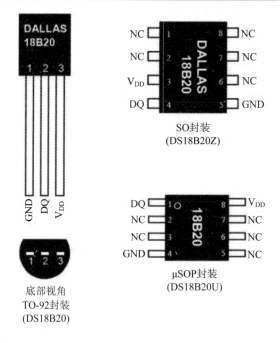

图 9-19　DS18B20 芯片外形及引脚

该芯片测量物体的温度，可直接将温度转化成数字信号并在单总线上传送测量数据，因而可省去传统的信号放大、A/D 转换等外围电路。与传统的模拟信号测量方式相比，它提高了抗干扰能力，适用于环境控制、设备控制、过程控制以及测温类消费电子产品等领域。

(1) DS18B20 芯片的主要特点。

● 工作电压为 3.0 V～5.5 V。

● 温度测量范围为 −55℃～125℃。

● 在 −10℃～+85℃范围内，测量精度为 ±0.5℃。

● 待机状态下无功率消耗。

● 可编程分辨率为 9～12 位，每位分别代表 0.5℃、0.25℃、0.125℃和 0.0625℃。

● 温度测量时间为 200 ms。

(2) DS18B20 芯片内部结构。

DS18B20 芯片内部中主要部件是 64 位光刻 ROM 和温度传感器。64 位的光刻 ROM，其中存放着 64 位的序列号代码，在出厂前被厂家制作固化在芯片中，是该芯片的地址序列代码。64 位代码的排序是：开始 8 位(28H)是产品类型标号，接下来的 48 位是该芯片自身的序列号，最后 8 位是前面 56 位数字的循环冗余校验码(CRC = $X^8 + X^5 + X^4 + X + 1$)。该序列代码在主机发出读 ROM 指令后可被读出，主机可由此确定芯片的身份，如同 I^{2}C 芯片引脚地址。64 位的序列号代码的作用是可允许在一个单总线系统中连接多个 DS18B20 芯片。有资料介绍，一个系统中最多可连接 8 个 DS18B20 芯片；若再增加数量，则需要扩大 MCU 端口的总线驱动能力。

温度传感器是芯片的核心部分，它连续地对物体温度进行测量，并连续地将新测量结果存放在高速暂存器 RAM 中，存放形式如下：

低字节(LS　Byte)

Bit 7	Bit 6	Bit 5	Bit 4	Bit 3	Bit 2	Bit 1	Bit 0
2^3	2^2	2^1	2^0	2^{-1}	2^{-2}	2^{-3}	2^{-4}

高字节(MS　Byte)

Bit 7	Bit 6	Bit 5	Bit 4	Bit 3	Bit 2	Bit 1	Bit 0
S	S	S	S	S	2^6	2^5	2^4

测量温度值被放在两个字节中，高字节的高 5 位是符号位，代表 1 位符号。若这 5 位均为"0"，表示符号为正，测量温度为正值；若这 5 位均为"1"，则表示符号为负，测量的温度为负值。高字节的低 3 位和低字节的 8 位，共 11 位，是测量的数值部分。测量值为正时，将数值乘以 0.0625 即可得到实际测量温度数；测量值为负时，将数值变补再乘以 0.0625 即可得到实际测量温度的绝对值。表 9-4 列出了 DS18B20 温度转换后所得到的 16 位转换结果的典型值，存储在 DS18B20 的两个 8 位 RAM 单元中。

表 9-4　DS18B20 温度数据

温度/℃	16 位二进制温度值																16 进制温度值
	符号位(5 位)					数据位(11 位)											
+125	0	0	0	0	0	1	1	1	1	1	0	1	0	0	0	0	0x07d0
+25.0625	0	0	0	0	0	0	0	1	1	0	0	1	0	0	0	1	0x0191
−25.0625	1	1	1	1	1	1	1	0	0	1	1	0	1	1	1	1	0xfe6f
−55	1	1	1	1	1	1	0	0	1	0	0	1	0	0	0	0	0xfc90

非易失性温度报警触发器 TH、TL 以及配置寄存器由 9 字节的 E^2PROM 高速暂存器组成。高速暂存器各字节分配如下：

温度低位	温度高位	TH	TL	配置寄存器	—	—	—	8 位 CRC
第 1 字节	第 2 字节			...				第 9 字节

当单片机发给 DS18B20 温度转换命令后，经转换所得温度值以两字节补码形式存放在高速暂存器的第 1 字节和第 2 字节。单片机通过单总线接口读得该数据，读取时低位在前，高位在后，第 3、4、5 字节分别是 TH、TL 以及配置寄存器的临时副本，每一次上电复位时被刷新。第 6、7、8 字节未用，为全 1。读出的第 9 字节是前面所有 8 个字节的 CRC 码，用来保证正确通信。一般情况下，用户只使用第 1 字节和第 2 字节。

DS18B20 片内非易失性温度报警触发器 TH 和 TL 可由软件写入用户报警的上下限值。高速暂存器中第 5 个字节为配置寄存器，可对其更改 DS18B20 的测温分辨率。配置寄存器的各位定义如下：

TM	R1	R0	1	1	1	1	1

其中，TM 位出厂时已被写入 0，用户不能改变；低 5 位都为 1；R1 和 R0 用来设置分辨率。表 9-5 列出了 R1、R0 与分辨率和转换时间的关系，用户可通过修改 R1、R0 位的编码，获得合适的分辨率。

表 9-5　DS18B20 的 R1、R0 与分辨率和转换时间的关系

R1	R0	分辨率/位	最大转换时间/ms
0	0	9	93.75
0	1	10	187.5
1	0	11	375
1	1	12	750

由表 9-5 可知,DS18B20 转换时间与分辨率有关。当设定为 9 位时,转换时间为 93.75 ms;设定 10 位时,转换时间为 187.5 ms;当设定 11 位时,转换时间为 375 ms;当设定为 12 位时,转换时间为 750 ms。

单片机对 DS18B20 的读/写过程的三个步骤如下。

① 发出初始化时序。单片机将总线拉低 480 μs,DS18B20 收到复位信号后即开始自身复位,并发出应答信号(输出一持续 60～240 μs 的低电平),然后进入测温状态,并将测得温度随时装入高速暂存器 RAM 中,等待读出。

② 写时序。单片机将数据线电平从高拉到低时,产生写时序,有写"0"和写"1"两种时序。写时序开始后,DS18B20 在 15～60 μs 期间从数据线上采样。如果采样到低电平,则向 DS18B20 写的是"0";如果采样到高电平,则向 DS18B20 写的是"1"。这两个独立时序间至少需拉高总线电平 1 μs 时间。

(3) 读时序,当单片机从 DS18B20 读取数据时,产生读时序。此时单片机将数据线电平从高拉到低使读时序被初始化。如果在此后 15 μs 内,单片机在数据线上采样到低电平,则从 DS18B20 读的是"0";如果在此后的 15 μs 内,单片机在数据线上采样到高电平,则从 DS18B20 读的是"1"。

DS18B20 所有命令均为 8 位长,常用的命令代码见表 9-6。

表 9-6　DS18B20 的 RAM 指令

命令的功能	命令代码	功　　能
温度变换	44H	启动温度转换,12 位转换时最长为 750 ms,结果存入内部 9 字节 RAM 中
读暂存器	BEH	读 DS18B20 RAM 中 9 字节内容
写暂存器	4EH	发出向内部 RAM 的第 2、3、4 字节写上、下限温度数据和配置寄存器命令,紧跟该命令之后是传送三字节的数据
复制暂存器	48H	将 RAM 中第 2、3 字节的内容复制到 E^2PROM 中
重调 E^2PROM	B8H	将 E^2PROM 中内容恢复到 RAM 中的第 2、3 字节
读供电方式	B4H	读供电模式,寄生供电模式时发送"0",外界电源供电发送"1"

2. AT89S51 单片机和 DS18B20 组成的温度控制单元

【例9-3】利用 DS18B20 和 LED 数码管组成单总线温度测量系统,仿真电路见图 9-20。DS18B20 测量范围是 −55～128℃,本例只显示 00～99。

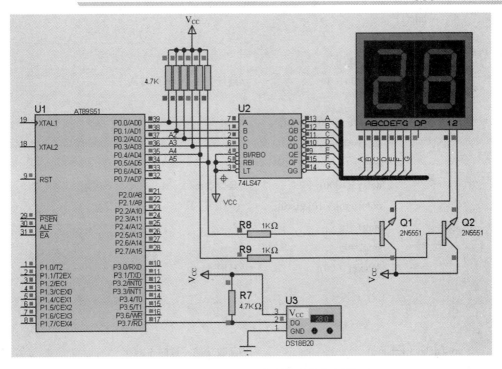

图 9-20   DS18B20 温度测量系统仿真图

电路中 74LS47 是 BCD-7 段译码器/驱动器，用于将单片机 P0 口输出欲显示的 BCD 码转化成相应的数字显示的段码，并直接驱动 LED 数码管显示。

程序如下：

```
#include "reg51.h"
#include "intrins.h"
#define uchar unsigned char
#define uint unsigned int
#define out P0
sbit smg1=out^4;
sbit smg2=out^5;
sbit DQ=P3^7;
void delay5(uchar);
void init_ds18b20(void);
uchar readbyte(void);
void writebyte(uchar);
uchar retemp(void);
void main(void)                    //主函数
{
    uchar i,temp;
    delay5(1000);
```

```
        while(1)
        {
            temp=retemp();
            for(i=0;i<10;i++)                //连续扫描数码管 10 次
            {
                out=(temp/10)&0x0f;
                smg1=0;
                smg2=1;
                delay5(1000);                //延时 5 ms
                out=(temp%10)&0x0f;
                smg1=1;
                smg2=0;
                delay5(1000);                //延时 5 ms
            }
        }
    }
    void delay5(uchar n)                     //函数功能：延时 5 μs
    {
        do
        {
            _nop_();
            _nop_();
            _nop_();
            n--;
        }
        while(n);
    }
    void init_ds18b20(void)                  //函数功能：18B20 初始化
    {
        uchar x=0;
        DQ =0;
        delay5(120);
        DQ =1;
        delay5(16);
        delay5(80);
    }
    uchar readbyte(void)                     //函数功能：读取 1 字节数据
    {
        uchar i=0;
```

```
        uchar date=0;
        for (i=8;i>0;i--)
        {
                DQ =0;
                delay5(1);
                DQ =1;                    //15 μs 内拉释放总线
                date>>=1;
                if(DQ)
                date|=0x80;
                delay5(11);
        }
        return(date);
}
void writebyte(uchar dat)             //函数功能：写 1 字节
{
        uchar i=0;
        for(i=8;i>0;i--)
        {
            DQ =0;
            DQ =dat&0x01;             //写 "1" 在 15 μs 内拉低
            delay5(12);              //写 "0" 拉低 60 μs
            DQ = 1;
            dat>>=1;
            delay5(5);
        }
}
uchar retemp(void)                    //函数功能：读取温度
{
        uchar a,b,tt;
        uint t;
        init_ds18b20();
        writebyte(0xCC);
        writebyte(0x44);
        init_ds18b20();
        writebyte(0xCC);
        writebyte(0xBE);
        a=readbyte();
        b=readbyte();
        t=b;
```

```
t<<=8;
t=t|a;
tt=t*0.0625;
return(tt);
}
```

Proteus 仿真时，用手动，即用鼠标单击 DS18B20 图标上的"↑"或"↓"来改变温度，手动调节温度同时，LED 数码管会显示出与 DS18B20 窗口相同的 2 位温度数值。

本 章 小 结

(1) 串行 I/O 总线扩展技术用于 MCS-51 应用系统中印制电路板内芯片之间的数据交换，它的最大特点和优势是节省连线和面积。

(2) 本章介绍了三种串行 I/O 总线，即 SPI、I²C 和 One-Wire，分别使用四条、两条和一条总线进行通信。

(3) SPI 芯片有专用的片选端 $\overline{CS}$，SCK 是时钟线，MOSI 和 MISO 是两条单向的数据线。在只有 1 个芯片时，可省去 $\overline{CS}$，在只有 1 个传送方向时，可省去一条数据线。

(4) I²C 总线用两条线传送数据，有 4 种时序，芯片有引脚地址。

(5) 单总线使用连线最少，但芯片的寻址相对复杂，通信占用时间也更多。因此，该类芯片的品种比前两种要少得多。

(6) 实用中，串行方式的芯片越来越多，是一种技术的发展趋势。人们更愿意使用引脚少、连线简单的串口芯片，而放弃并行器件。

习 题

1. 比较 UART 和串行总线 SPI、I²C、One-Wire 的区别。
2. 试叙述三种串行总线各自的芯片寻址方式。
3. 画出 I²C 总线的起始、终止、应答和非应答时序图，编写模拟时序的子程序。
4. 简述 I²C 的数据传输过程和数据传送的三种基本形式。
5. SPI 使用几条线进行数据通信？在什么情况下可以省略 MISO、MOSI 和 $\overline{CS}$ 线？
6. 在单片机上扩展 2 片 AT24C04，画出连接图并说出 2 片 AT24C04 的地址。
7. 选择一种具有 SPI 接口的 IC 器件和 AT89S51 连接。
8. 叙述 One-Wire 总线系统中，AT89S51 和从机芯片交换数据的 3 个典型步骤。

第 10 章　AT89S51 单片机外围接口技术

在学习了单片机系统并行扩展技术和芯片间串行总线扩展技术的基础之上，本章介绍单片机系统中常用的一些典型接口技术，这些技术是前两章理论和方法的具体应用，也是单片机应用系统中常用的基本内容。

10.1　模拟信号输入

单片机应用系统除了处理现场的开关量信号外，还要处理另一类的现场信号，这些信号不仅存在"有"和"无"的变化，更重要的是有数值的大小变化，有的还有正负方向的变化，如电压、电流、温度、压力、流量等信号，信号我们称之为"模拟量信号"。把被测模拟信号输入到单片机的过程称作"模拟量输入"，从单片机输出模拟信号以控制现场设备的过程称作"模拟量输出"。进入到单片机系统的模拟量被用来检测、测量现场设备的运行状况；单片机系统输出的模拟量用来调节、控制现场设备的运行过程。这些输入和输出的循环过程就形成并实现了单片机应用系统的闭环控制。由此可见，对模拟量的处理，是单片机应用系统接口技术的重要内容。

10.1.1　模拟/数字转换器件概述

单片机只能处理二进制的数字量，对模拟量的处理就存在两者之间的变换问题。把模拟信号转换成数字信号的过程叫作模/数转换(A/D 转换)，具有模/数转换功能的集成电路芯片叫作模/数转换器，简称 A/D 转换器或 ADC(Analog Digital Converter)。

反过来，把数字量转换成模拟信号的过程叫作数/模转换(D/A)，具有数/模转换功能的集成电路芯片叫作数/模转换器，简称 D/A 转换器或 DAC(Digital Analog Converter)。

ADC 和 DAC 是联系单片机和模拟测控部件之间的必经环节，也是两者的桥梁和接口，其原理示意见图 10-1。

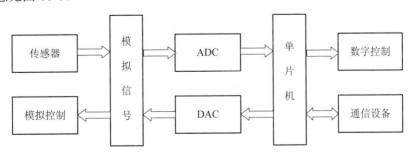

图 10-1　ADC/DAC 在 MCS-51 应用系统中的原理示意

1. A/D 转换器的分类

A/D 转换器把模拟量转换成数字量，以便于单片机进行数据处理。随着超大规模集成电路技术的飞速发展，大量结构不同、性能各异的 A/D 转换芯片应运而生。ADC 器件按转换原理可分为以下四类。

(1) 计数式，结构简单、转换速度慢，不常用。

(2) 双积分式，转换精度高、抗干扰能力强，转换速度低。

(3) 并行式，速度快，结构复杂，价格高，只适用于需要极高转换速度的场合。

(4) 逐次逼近式，分辨率高、速度快、价格适中，是常用的转换芯片。

2. ADC 器件的主要技术指标

(1) 分辨率。分辨率是 ADC 器件最本质的特征参数，表明了 ADC 器件能够分辨出最小的模拟输入量值的能力，由 ADC 器件自身具有的模/数转换的二进制位数决定。分辨率定义为最大输入模拟电压值与最大输出二进制数字值之比，也就是输入的模拟量可以转换为多少二进制位。一个有 n 位二进制的 ADC 器件，若最大输入电压为 5 V，则其分辨率= $5 \text{ V}/2^n$，如 ADC0809 芯片有 8 位二进制输出，则其分辨率便是 $5 \text{ V}/2^8 = 0.0195 \text{ V}$。显然，ADC 内部模/数转换的二进制位数越多，则其分辨率就越高，常见的 ADC 器件模/数转换的二进制位数有 8 位、10 位、12 位、16 位等。

(2) 转换时间。转换时间是表征 ADC 器件工作速度的指标，定义为转换开始到转换结束的时间。不同的 ADC 其转换时间差别很大，一般认为，转换时间大于 1 ms 为低速器件，1 μs～1 ms 为中速器件，小于 1 μs 为高速器件，小于 1 ns 为超高速器件。

(3) 转换误差。转换误差通常以相对误差的形式出现。相对误差指实际输出的各转换点偏离理想特性的误差，用最低有效位的倍数表示，如相对误差≤1/2 LSB，表明实际输出的数字量与理想数字量的最大误差不大于最低有效位数值的一半。需要指出的是，也有用绝对误差参数来表示 ADC 转换精度的，读者在使用时应查阅具体的芯片说明。

(4) 模拟输入电压范围。它是指 ADC 所能允许的模拟量输入电压(峰-峰值)的范围。在输入最大模拟量时，转换输出的数字量为满码；输入最小模拟量时，转换输出的数字量为 0。

按 ADC 器件和单片机数据交换的方式，ADC 芯片可分为并行和串行两类。下面分别介绍。

10.1.2 并行 A/D 转换器 ADC0809 和单片机的接口设计及 Proteus 仿真

ADC0809 是 8 位二进制分辨率的模/数转换器芯片，其原理框图和引脚图如图 10-2 和图 10-3 所示。ADC0809 可对 8 路输入的模拟电压分时进行转换，输出并行的 8 位二进制数字量，典型转换时间为 100 μs。

ADC0809 转换方式是逐次逼近式(Succesive Aproximation)，逐次逼近式的转换原理简单来说，就是在芯片内部有一个 D/A 部件，给该部件加上试验数字会产生相应的转换电压。把转换电压和输入的模拟电压值相比较，若前者大于后者，则减小试验的数字量，转换电压也跟着减小；反之若前者小于后者，则做相反处理。经过"逐次"的试验比较，直到两者的误差在可允许的范围之内，此时对应的试验数字，即是要转换的二进制数值。

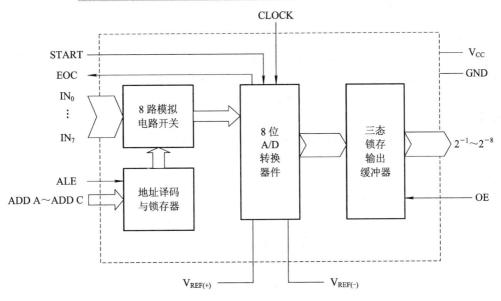

图 10-2　ADC0809 原理框图

1. ADC0809 的引脚

1) ADC0809 的输入信号(引脚)

(1) 8 路输入模拟电压信号 IN0～IN7。

(2) 模拟通道地址选择信号，由引脚 ADD A～ADD C 接入，编码 000～111，对应通道 IN0～IN7。

(3) 地址锁存信号 ALE，用来锁存 ADD A～ADD C 信号。

(4) 启动控制信号 START，控制 A/D 开始转换。

(5) 工作时钟信号 CLOCK，控制芯片工作时序，频率范围为 10 kHz～1280 kHz，典型值 640 Hz。

(6) 输出允许信号 OE(9 脚)，高电平有效，打开三态输出锁存缓冲器，将转换完成的数据从引脚 2^{-1}～2^{-8} 读出。

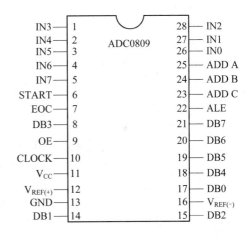

图 10-3　ADC0809 引脚图

2) ADC0809 的输出信号(引脚)

(1) 8 位数字量，2^{-1}(MSB)～2^{-8}(LSB)模拟电压的二进制转换结果，并行输出。

(2) 转换结束信号 EOC，高电平有效，表示 0809 的 A/D 转换过程结束，8 位数字量可读出。此信号可查询，也可变反后作为中断请求。

(3) 基准电压引脚 $V_{REF(+)}$和 $V_{REF(-)}$，作为芯片内部 D/A 部件的参考电位。$V_{REF(-)}$接 0 V，$V_{REF(+)}$接+5 V，输入模拟电压的范围是 0～+5 V。因 MCS-51 的工作电源 V_{CC} 为稳压电源，一般情况下 $V_{REF(+)}$可直接连到 V_{CC}上。

2. ADC0809 的工作原理

单片机控制 ADC0809 进行 A/D 转换过程如下：首先由加到 ADD C、ADD B、ADD A 上的编码决定选择 ADC0809 的某一路模拟输入通道，同时产生高电平加到 ADC0809 的 START 引脚，开始对选中通道转换。当转换结束时，ADC0809 发出转换结束 EOC(高电平) 信号。当单片机读取转换结果时，需控制 OE 端为高电平，把转换完毕的数字量读入到单片机内。

单片机读取 A/D 转换结果可采用查询方式和中断方式。

(1) 查询方式是检测 EOC 脚是否变为高电平，如果为高电平则说明转换结束，然后单片机读入转换结果。

(2) 中断方式是单片机启动 ADC 转换后，单片机执行其他程序。ADC0809 转换结束后 EOC 变为高电平，EOC 通过反相器向单片机发出中断请求，单片机响应中断，进入中断服务程序，在中断服务程序中读入转换完毕的数字量。很明显，中断方式效率高，特适合于转换时间较长的 ADC。

3. ADC0809 输入模拟电压与输出数字量的关系

ADC0809 输入模拟电压与转换输出结果数字量关系如下：

$$V_{IN} = \frac{V_{REF(+)} - V_{REF(-)}}{256} \times N + V_{REF(-)}$$

4. ADC0809 与单片机的接口设计

【例 10-1】 设计一个能对两路模拟电压(0～5 V)信号进行交替采集的数字电压表，单片机可以采用中断方式对两路电压信号进行采集，当某一路电压高于 2.5 V 时，蜂鸣器响，发光二极管先闪烁后亮。原理电路与仿真结果如图 10-4 所示。

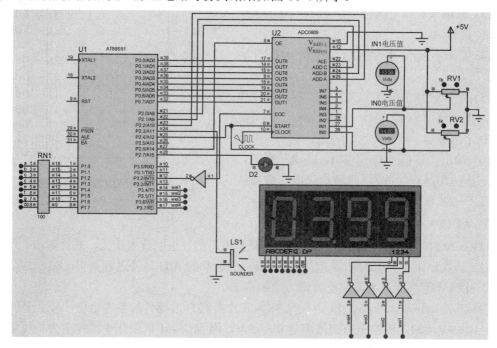

图 10-4 例 10-1 仿真电路图

分析：将两路 0～5 V 的被测电压分别加到 ADC0809 的 IN0 和 IN1 通道，两路输入电压的大小可以通过手动调节可调电阻 RV1、RV2 来实现。2.5 V 电压对应的转换数字量为 0x80，当测得转换结果大于 0x80 时，蜂鸣器发声，二极管发光报警。

由于 ADC0809 采用的基准电压为+5 V，因此根据转换结果 $addata$ 计算出对应的模拟输入电压值$=\dfrac{5}{2^8}\times addata$，若将其显示到小数点后两位，不考虑小数点的话，需要先乘以 100，可得模拟输入电压值(扩大 100 倍)$=\dfrac{5}{2^8}\times addata\times100=1.96addata$。然后分别将四位数字显示出来，再控制小数点显示在从左边数第二位上面即可。

程序如下：

```c
#include<reg51.h>
unsigned char a[16]={0x3f,0x06,0x5b,0x4f,0x66,0x6d,0x7d,0x07,0x7f,0x6f,0x77,0x7c,0x39,0x5c,0x79, 0x71};
                                        //共阴极数码管字形表
unsigned char b[4];
sbit START=P2^4;                        //定义 START 连接端口
sbit OE=P2^6;                           //定义 OE 连接端口
sbit add_a=P2^2;                        //定义地址 ADDA、ADDB、ADDC
sbit add_b=P2^1;
sbit add_c=P2^0;
sbit led=P2^7;
sbit buzzer=P2^3;
sbit wei1=P3^4;
sbit wei2=P3^5;
sbit wei3=P3^6;
sbit wei4=P3^7;                         //定义显示结果的各个位
unsigned int addata=0,i;
void Delay1ms(unsigned int count)       //延时函数
{
    unsigned int i,j;
    for(i=0;i<count;i++)
    for(j=0;j<120;j++);
}
void show()                             //显示函数
{
    wei1=1;
    P1=b[0];
    Delay1ms(1);
    wei1=0;
```

```
        wei2=1;
        P1=b[1];
        Delay1ms(1);
        wei2=0;

        wei3=1;
        P1=b[2]+128;                    //右边第三位(个位)带小数点
        Delay1ms(1);
        wei3=0;
        wei4=1;
        P1=b[3];
        Delay1ms(1);
        wei4=0;
    }
void main(void)
{
        EA=1;                           //中断总允许
        IT0=1;                          //中断触发方式：下跳沿触发
        EX0=1;                          //开外部中断
        while(1)
        {
          START=0;
            add_a=0;add_b=0;add_c=0;    //选择 0 通道
            START=1;                    //START 和 ALE 连接，ALE 上升沿锁存地址
            START=0;                    //START 下降沿启动 A/D 转换
            Delay1ms(20);               //转换期间 START 保持低电平
            START=0;
            add_a=1;add_b=0;add_c=0;    //选择 1 通道
            START=1;
            START=0;
            Delay1ms(20);
        }
}

void int0(void) interrupt 0
{
        OE=1;                           //转换结束，OE 置 1，ADC0809 允许输出转换结果
        addata=P0;                      //P0 口读取 A/D 转换结果
```

```
if(addata>=0x80)                //根据转换结果计算对应电压大于 2.5 V
{
            for(i=0;i<=100;i++)
            {
              led=~led;          //发光二极管闪烁
              buzzer=~buzzer;    //蜂鸣器响
            }
            led=1;
            buzzer=1;
  }
       else
       { led=0;
       buzzer=0;
       }
       addata=addata*1.96;       //转换结果乘以 100
       OE=0;
       b[0]=a[addata%10];        //最右边(百分位)
       b[1]=a[addata/10%10];     //右边第二位(十分位)
       b[2]=a[addata/100%10];    //右边第三位(个位)
       b[3]=a[addata/1000];      //最高位(十位)
       for(i=0;i<=200;i++)
       {
       show();                   //显示结果
       }
}
```

10.1.3　串行 A/D 转换器 TLC2543 和单片机的接口设计及 Proteus 仿真

与并行器件相比，串行 A/D 转换器的最大特点是器件连接线少、引脚少，节省印制板面积。串行 A/D 转换器的使用逐渐增多，随着价格降低，大有取代并行 A/D 转换器的趋势。下面介绍串行 A/D 转换器 TLC2543 基本特性及工作原理。

TLC2543 是美国 TI 公司生产的 12 位串行 SPI 接口的 A/D 转换器，转换时间为 10μs。由于 TLC2543 与单片机接口简单，且价格适中，分辨率较高，因此在智能仪器仪表中有着较为广泛应用。

1. TLC2543 的引脚

TLC2543 片内有 1 个 14 路模拟开关，用来选择 11 路模拟输入以及 3 路内部测试电压中的 1 路进行采样。为了保证测量结果的准确性，该器件具有 3 路内置自测试方式，可分别测试"REF+"高基准电压值、"REF−"低基准电压值和"REF+/2"值，该器件的模拟量输入范围为 REF+~REF−，一般模拟量的变化范围为 0~+5 V，REF+ 脚接+5 V，REF− 脚接地。TLC2543 的引脚见图 10-5，各引脚功能如下。

(1) AIN0~AIN10：11 路模拟量输入端。

(2) $\overline{CS}$：片选端。

(3) DATA INPUT：串行数据输入端，由 4 位的串行地址输入来选择模拟量输入通道。

(4) DATA OUTPUT：A/D 转换结果的三态串行输出端，为高时处于高阻抗状态，为低时处于转换结果输出状态。

(5) EOC：转换结束端。

(6) I/O CLOCK：I/O 时钟端。

(7) REF+：正基准电压端。基准电压的正端(通常为 V_{CC})被加到 REF+，最大的输入电压范围为加在本引脚与 REF−引脚的电压差。

(8) REF−：负基准电压端。基准电压低端(通常为地)加在此端。

(9) V_{CC}：电源。

(10) GND：地。

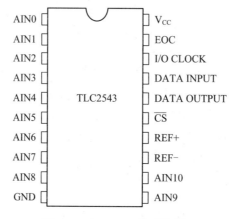

图 10-5　TLC2543 的引脚图

2. TLC2543 的工作过程

TLC2543 工作过程分为两个周期：I/O 周期和实际转换周期。

1) I/O 周期

I/O 周期由外部提供的 I/O CLOCK 定义，延续 8、12 或 16 个时钟周期，取决于选定的输出数据长度。器件进入 I/O 周期后同时进行两种操作。

(1) TLC2543 的工作时序如图 9-6 所示。在 I/O CLOCK 的前 8 个脉冲的上升沿，以 MSB 前导方式从 DATAINPUT 端输入 8 位数据到输入寄存器。其中前 4 位为模拟通道地址，控制 14 通道模拟多路器从 11 个外部模拟输入和 3 个内部自测电压中选通 1 路送到采样保持电路，该电路从第 4 个 I/O CLOCK 脉冲下降沿开始，对所选通道输入的模拟信号进行采样，直到最后一个 I/O CLOCK 脉冲下降沿；同时，在 I/O CLOCK 脉冲的下降沿，前一次 A/D 转换的数据从 DATA OUTPUT 端输出。I/O 脉冲时钟个数与输出数据长度(位数)有关，输出数据的长度由输入数据的 D3、D2 位决定，可选择为 8 位、12 位或 16 位，当选择输出数据为 12 位或 16 位时，在前 8 个 I/O CLOCK 脉冲之后，DATA INPUT 无效。

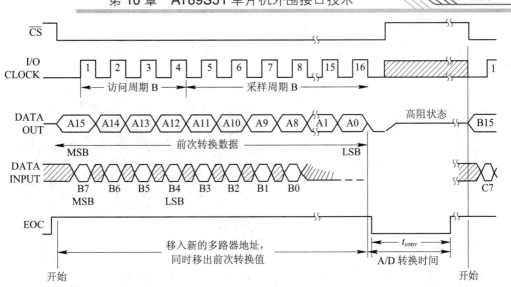

图 10-6　TLC2543 的工作时序

(2) 在 DATA OUT 端串行输出 8 位、12 位或 16 位数据。当 $\overline{CS}$ 保持为低电平时，第 1 个数据出现在 EOC 的上升沿，若转换由 $\overline{CS}$ 控制，则第 1 个输出数据发生在 $\overline{CS}$ 的下降沿。这个数据是前 1 次转换的结果，在第 1 个输出数据位之后的每个后续位均由后续的 I/O CLOCK 脉冲下降沿输出。

2) 转换周期

在 I/O 周期最后一个 I/O CLOCK 脉冲下降沿后，EOC 变低，采样值保持不变，转换周期开始，片内转换器对采样值进行逐次逼近式 A/D 转换，其工作由与 I/O CLOCK 同步的内部时钟控制。转换结束后 EOC 变高，转换结果锁存在输出数据寄存器中，待下一个 I/O 周期输出。I/O 周期和转换周期交替进行，从而可减少外部数字噪声对转换精度的影响。

3. TLC2543 命令字

每次转换都必须向 TLC2543 写入命令字，以便确定被转换信号来自哪个通道，转换结果用多少位输出，输出的顺序是高位在前还是低位在前，输出结果是有符号数还是无符号数。命令字写入顺序是高位在前，命令字格式如下：

通道地址选择(D7～D4)	数据的长度(D3～D2)	数据的顺序(D1)	数据的极性(D0)

(1) 通道地址选择位用来选择输入通道。0000～1010 分别是 11 路模拟量 AIN0～AIN10 的地址；地址 1011、1100 和 1101 所选择的自测试电压分别是 $(V_{REF(+)} - V_{REF(-)})/2$、$V_{REF-}$、$V_{REF+}$。1110 是掉电地址，选掉电后，TLC2543 处于休眠状态，此时电流小于 20 μA。

(2) 数据长度(D3～D2)位用来选择转换的结果用多少位输出。D3～D2 为 ×0：12 位输出；D3～D2 为 01：8 位输出；D3～D2 为 11：16 位输出。

(3) 数据的顺序位(D1)用来选择数据输出的顺序。D1 = 0，高位在前；D1 = 1，低位在前。

(4) 数据的极性位(D0)用来选择数据的极性。D0 = 0，数据是无符号数；D0 = 1，数据是有符号数。

4. TLC2543 与单片机的接口设计

【例 10-2】 单片机与 TLC2543 接口仿真电路图见图 10-7，编写程序对 AIN2 模拟通道进行数据采集，结果在数码管上显示，输入电压调节通过调节 RV1 来实现。

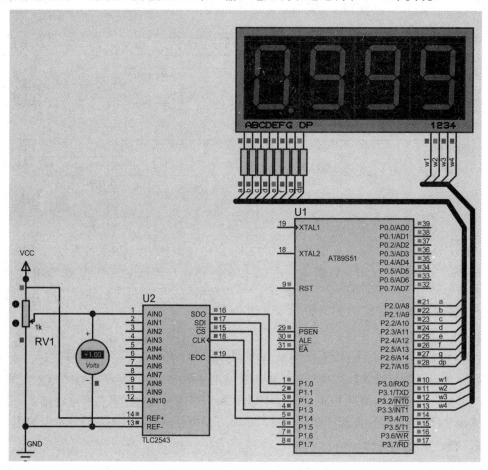

图 10-7　例 10-2 仿真电路图

程序如下：

```c
#include<reg51.h>
#include<intrins.h>
#define uchar unsigned char
#define uint unsigned int
unsigned char code table[]={0xc0,0xf9,0xa4,0xb0,0x99,0x92,0x82,0xf8,0x80,0x90};
                            //共阳极 0～9 的字形码
uint ADresult[11];          //11 个通道的转换结果
sbit DATOUT=P1^0;
sbit DATIN=P1^1;
sbit CS=P1^2;
sbit IOCLOCK=P1^3;          //定义各个引脚功能
```

```
sbit EOC=P1^4;
sbit wei1=P3^0;
sbit wei2=P3^1;
sbit wei3=P3^2;
sbit wei4=P3^3;
void    delayms(uint i)
{
    int j;
    for(;i>0;i--)
        for(j=0;j<123;j++);
}

uint getdata(uchar channel)              //getdata()为转换结果
{
    uchar i,temp;
    uint read_ad_data=0;
    channel=channel<<4;
    IOCLOCK=0;
    CS=0;
    temp=channel;
    for(i=0;i<12;i++)
    {
        if(DATOUT)read_ad_data=read_ad_data|0x01;
        DATIN=(bit)(temp&0x80);
        IOCLOCK=1;
        _nop_();_nop_();_nop_();
        IOCLOCK=0;
        _nop_();_nop_();_nop_();              //根据时序进行操作
        temp=temp<<1;
        read_ad_data<<=1;
    }
    CS=1;
    read_ad_data>>=1;
    return(read_ad_data);
}

void display(void)
{
    uchar qian,bai,shi,ge;
```

```
        uint value;
        value=ADresult[0]*1.221;
        qian=value%10000/1000;
        bai=value%1000/100;
        shi=value%100/10;
        ge=value%10;                  //分别得到从左到右的各个位的数字

        wei1=1;
        P2=table[qian]-128;           //共阳极数码管，左边(个位)显示小数点
        delayms(1);
        wei1=0;

        wei2=1;
        P2=table[bai];
        delayms(1);
        wei2=0;

        wei3=1;
        P2=table[shi];
        delayms(1);
        wei3=0;

        wei4=1;
        P2=table[ge];
        delayms(1);
        wei4=0;                       //从左到右动态显示个位、十分位、百分位、千分位
}

void main(void)
{
        ADresult[0]=getdata(0);
        while(1)
        {
            _nop_();_nop_();_nop_();
            ADresult[0]=getdata(0);
            while(!EOC);
            display();
        }
}
```

10.2　模拟信号输出

10.2.1　数字/模拟转换概述

把数字量转换成模拟电压或电流信号的过程叫作数/模转换，它与模/数转换相反，具有数/模转换功能的集成电路芯片叫作数/模转换器，简称 D/A 转换器或 DAC。

和 A/D 转换器芯片一样，D/A 转换芯片的种类也很多，有 8 位、10 位、12 位、16 位等。按其和单片机的连接方式，D/A 转换器也分为并行和串行两种。D/A 转换芯片的输入量是数字量，若采用并行的数据总线连接，则需考虑数字量的锁存功能，即在转换过程中保证被转换数字量的稳定。某些 D/A 转换器芯片不具有输入量锁存功能，使用时应注意。D/A 转换芯片的输出量是模拟量，模拟量有电压量和电流量两种形式，对于输出是电流量的 D/A 转换器芯片，若控制对象需电压量，在输出端还要加上 I/V 转换环节。

选用 D/A 转换器芯片主要考虑的性能指标和因素如下。

(1) 分辨率。分辨率是表征 D/A 转换器性能的最本质特征参数，其物理意义是对输出模拟电压(电流)最小变化量的控制能力。它定义为输出电压的最小值(对应的输入二进制数为"1")和输出电压的最大值(对应的输入二进制数为"2^n-1")之比：

$$分辨率 = \frac{1}{2^n-1}$$

其中，n 是 D/A 芯片内部转换部件的二进制位数。设模拟电压输出最大值为 5 V，对于一个内部有 8 位二进制的 D/A 器件，它的分辨电压能力 = 5 V/(2^8-1) = 19.6 mV，而对于具有 12 位二进制的 D/A 器件，其分辨电压能力 = 5 V/($2^{16}-1$) = 1.22 mV，后者对输出电压单位变化的控制程度要比前者"精细"得多。

(2) 转换精度。转换精度表征 D/A 器件将数字量转换成模拟量后所输出模拟量的精确程度，它表明了实际值与理论值之间的最大误差。精度一般以满刻度输出值的百分数给出，或以最低有效位 LSB 的分数形式给出。如果精度为满量程的±0.1%，满量程输出为 5 V，则该 D/A 器件的最大误差为±5 mV；如果精度为±1/2LSB，则最大误差为分辨电压的二分之一。

(3) 建立时间。建立时间是指从接到数字输入信号开始到输出稳定的电压(或电流)为止所需的时间，它表征了 D/A 器件的转换速度。这是器件的一个重要指标，直接关系到应用系统的实时性，即对运行状态控制和调节速度的快慢。与同类原理的 A/D 转换器芯片相比，D/A 器件的转换速度要快很多，一般器件的转换时间不大于 1 μs。

(4) 与 MCS-51 的连接方式。在种类繁多的 D/A 转换芯片中，应该考虑转换速度和节省连线及印制板(PCB)面积的综合因素，选择合适的数据通信方式的芯片。一般说来，并行芯片的速度要快些，串行芯片要节省连线和印制电路板面积。

10.2.2　并行 D/A 转换器 DAC0832 的接口设计及 Proteus 仿真

1. DAC0832 特点

DAC0832 是 8 位分辨率的数/模转换器芯片，建立时间为 1 μs，单电源供电 5～15 V。

DAC0832 的引脚分布见图 10-8。DAC0832 芯片的引脚有 20 个，芯片内部有一个 8 位输入锁存器、一个 8 位 DAC 寄存器、一个 8 位的 D/A 转换器和控制电路等。DAC0832 的引脚功能如下：

(1) DI7～DI0：8 位数字量输入端。

(2) ILE、$\overline{CS}$、$\overline{WR1}$：当 ILE=1，$\overline{CS}$=0，$\overline{WR1}$=0 时，即 M1=1，第一级 8 位输入寄存器被选中，待转换的数字信号被锁存到第一级 8 位输入寄存器中。

(3) $\overline{XFER}$、$\overline{WR2}$：当 $\overline{XFER}$=0，$\overline{WR2}$=0 时，第一级 8 位输入寄存器中待转换数字进入第二级 8 位 DAC 寄存器中，该数据连接到 8 位 D/A 转换器，随时被进行转换，转换后由 I_{OUT1} 和 I_{OUT2} 引脚共同输出模拟电流。

(4) I_{OUT1}：D/A 转换电流输出 1 端，输入数字量全为"1"时，I_{OUT1} 最大，输入数字量全为"0"时，I_{OUT1} 最小。I_{OUT2}：D/A 转换电流输出 2 端，$I_{OUT2} + I_{OUT1}$ = 常数。

(5) R_{fb}：I-V 转换时的外部反馈信号输入端，内部已有反馈电阻 R_{fb}，根据需要也可外接反馈电阻。

(6) V_{REF}：参考电压输入端，V_{REF} 可在-10 V～+10 V 范围内选择，它决定了外接运放输出电压的范围。若 V_{REF} 接-5 V，则输出电压为 0 V～+5 V；若 V_{REF} 接+10 V，则输出电压为 0 V～-10 V。

(7) V_{CC}：电源输入端，在+5～+15 V 范围内。

(8) DGND：数字地。

(9) AGND：模拟地，最好与基准电压共地。

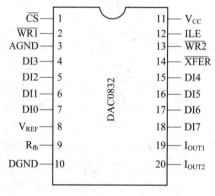

图 10-8　DAC0832 引脚示意图

3. DAC0832 和单片机的连接方式

对于输入数据来说，DAC0832 内部有两级数据缓冲器，即 8 位输入锁存器和 8 位 DAC 寄存器，控制 DAC0832 的转换过程，也就是控制这两级数据缓冲器的数据锁存过程。根据两级数据缓冲器的特点，对 DAC0832 的转换控制可分为 3 种。

(1) 直接联通控制方式。该方式将 $\overline{CS}$、$\overline{WR1}$、$\overline{WR2}$、$\overline{XFER}$ 接地，将 ILE 接高电平，则输入数据将直接到达 8 位 D/A 转换器并进行转换，随时输出转换结果。此方式连接和控制简单，但要占用单片机的数据总线或 8 位 I/O 端口的资源，故使用较少。

(2) 单缓冲控制方式。该方式将 DAC0832 两级数据缓冲器中的任一个处于直接联通，即两个 $\overline{LE}$ 中的任何一个始终处于有效状态，另一个处于受控状态，控制受控的缓冲器进行 D/A 的转换进程，或将两级缓冲器的控制信号并联，作为一级缓冲器来控制。图 10-9 给出的单缓冲控制方式就是将 $\overline{WR1}$ 和 $\overline{WR2}$、$\overline{CS}$ 和 $\overline{XFER}$ 分别并联，同时对两级数据缓冲器进行选通控制。

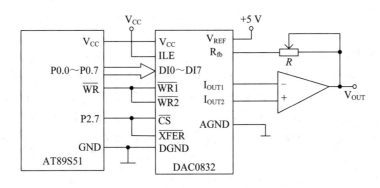

图 10-9　DAC0832 单缓冲控制方式连接示意图

(3) 双缓冲控制方式。该方式对 DAC0832 两级数据缓冲器分别进行选通控制。完成一次 D/A 转换，需要单片机对 DAC0832 发出两次写命令，第一次控制 8 位输入锁存器的选通，第二次控制 8 位 DAC 寄存器的选通。图 10-10 给出了双缓冲控制方式的接线。

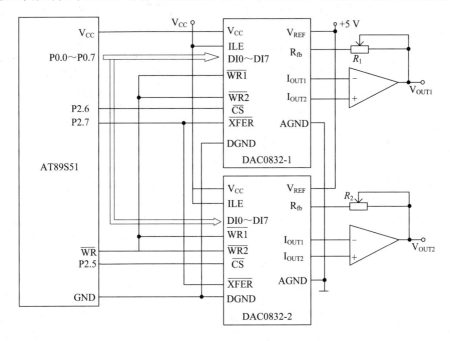

图 10-10　DAC0832 双缓冲控制方式接线

单片机控制两片 DAC0832 同时输出 D/A 转换结果的过程是：单片机先向第一片 (0832-1)(地址 P2.6＝0)写入待转换的数据；再向第二片(0832-2)(地址 P2.5＝0)写入待转换的数据，这些数据经两片 DAC0832 各自的"8 位输入锁存器"锁存后送到了各自的"8 位 DAC 寄存器"；最后，MCS-51 同时向两片 DAC0832 的"8 位 DAC 寄存器"发出锁存指令 (P2.7＝0 使 $\overline{\text{XFER}}$ 有效，$\overline{\text{WR}}$ 使 $\overline{\text{WR1}}$ 和 $\overline{\text{WR2}}$ 有效)，使两片 DAC0832 同时开始转换，1 μs 后同时输出转换结果。在实际应用中，此方式用于控制两个以上需要同时转换、并同时输出转换结果的 DAC 0832 芯片。

4. DAC0832 与 AT89S51 单片机的接口设计

【例 10-3】 设计完成单片机控制 DAC0832 产生正弦波、方波、三角波、梯形波和锯齿波。

可用单片机 P1.3～P1.7 接有 5 个按键，当按键按下时，分别对应产生正弦波、方波、三角波、梯形波和锯齿波。单片机控制 DAC0832 产生各种波形，实质上就是单片机把波形的采样点数据送至 DAC0832，经 D/A 转换后输出模拟信号。改变送出的函数波形采样点后的延时时间，就可改变函数波形的频率。该单片机产生各种波形原理如下。

(1) 正弦波产生原理。单片机把正弦波的 256 个采样点的数据送给 DAC0832。正弦波采样数据可用软件编程或 MATLAB 等工具计算。

(2) 方波产生原理。单片机采用定时器定时中断，时间常数决定方波高、低电平持续时间。

(3) 三角波产生原理。单片机把初始数字量 0 送 DAC0832 后，数据量不断增加 1，增至 0xff 后，然后再把送给 DAC0832 的数字量不断减少 1，减至 0 后，再重复上述过程。

(4) 锯齿波产生原理。单片机把初始数据 0 送 DAC0832 后，数据量不断增加 1，增至 0xff 后，再增加 1 则溢出清"0"，模拟输出又为 0，然后再重复上述过程，如此循环，则输出锯齿波。

(5) 梯形波产生原理。输入给 DAC0832 数字量从 0 开始，逐次加 1。当输入数字量为 0xff 时，延时一段时间，形成梯形波平顶，然后波形数据再逐次减 1，如此循环，则输出梯形波。

程序如下：

```c
#include<reg51.h>
sbit wr=P3^6;
sbit rd=P3^2;
sbit key0=P1^3;
sbit key1=P1^4;
sbit key2=P1^5;
sbit key3=P1^6;
sbit key4=P1^7;
unsigned char flag;

unsigned char    const code
```

SIN_code[256]={0x80,0x83,0x86,0x89,0x8c,0x8f,0x92,0x95,0x98,0x9c,0x9f,0xa2,0xa5,0xa8,0xab,
0xae,0xb0,0xb3,0xb6,0xb9,0xbc,0xbf,0xc1,0xc4,0xc7,0xc9,0xcc,0xce,0xd1,0xd3,0xd5,0xd8,0xda,0xdc,
0xde,0xe0,0xe2,0xe4,0xe6,0xe8,0xea,0xec,0xed,0xef,0xf0,0xf2,0xf3,0xf4,0xf6,0xf7,0xf8,0xf9,0xfa,0xfb,
0xfc,0xfc,0xfd,0xfe,0xfe,0xff,0xff,0xff,0xff,0xff,0xff,0xff,0xff,0xff,0xff,0xfe,0xfe,0xfd,0xfc,0xfc,0xfb,
0xfa,0xf9,0xf8,0xf7,0xf6,0xf5,0xf3,0xf2,0xf0,0xef,0xed,0xec,0xea,0xe8,0xe6,0xe4,0xe3,0xe1,0xde,0xdc,
0xda,0xd8,0xd6,0xd3,0xd1,0xce,0xcc,0xc9,0xc7,0xc4,0xc1,0xbf,0xbc,0xb9,0xb6,0xb4,0xb1,0xae,0xab,
0xa8,0xa5,0xa2,0x9f,0x9c,0x99,0x96,0x92,0x8f,0x8c,0x89,0x86,0x83,0x80,0x7d,0x79,0x76,0x73,0x70,
0x6d,0x6a,0x67,0x64,0x61,0x5e,0x5b,0x58,0x55,0x52,0x4f,0x4c,0x49,0x46,0x43,0x41,0x3e,0x3b,0x39,
0x36,0x33,0x31,0x2e,0x2c,0x2a,0x27,0x25,0x23,0x21,0x1f,0x1d,0x1b,0x19,0x17,0x15,0x14,0x12,0x10,
0xf,0xd,0xc,0xb,0x9,0x8,0x7,0x6,0x5,0x4,0x3,0x3,0x2,0x1,0x1,0x0,0x0,0x0,0x0,0x0,0x0,0x0,0x0,0x0,0x0,0x0,
0x0,0x1,0x1,0x2,0x3,0x3,0x4,0x5,0x6,0x7,0x8,0x9,0xa,0xc,0xd,0xe,0x10,0x12,0x13,0x15,0x17,0x18,0x1a,
0x1c,0x1e,0x20,0x23,0x25,0x27,0x29,0x2c,0x2e,0x30,0x33,0x35,0x38,0x3b,0x3d,0x40,0x43,0x46,0x48,
0x4b,0x4e,0x51,0x54,0x57,0x5a,0x5d,0x60,0x63,0x66,0x69,0x6c,0x6f,0x73,0x76,0x79,0x7c};

```c
unsigned char keyscan()          //按键扫描
{
    unsigned char keyscan_num,temp;
    P1=0xff;
    temp=P1;
    if(~(temp&0xff))
      if(key0==0)
      {
          keyscan_num=1;
      }
      else if(key1==0)
      {
          keyscan_num=2;
      }
      else if(key2==0)
      {
          keyscan_num=3;
      }
    else if(key3==0)
    {
        keyscan_num=4;
    }
    else if(key4==0)
    {
        keyscan_num=5;
    }
```

```
    else
{   keyscan_num=0;
    return keyscan_num;
}
}
void init_DA0832()                //初始化 DA0832
{
    rd=0;
    wr=0;
}
void SIN()                        //产生正弦波
{
    unsigned int i;
    do
    {
        P2=SIN_code[i];
        i=i+1;
    }while(i<256);
}
void Square()                     //产生方波
{
    EA=1;
    ET0=1;
    TMOD=1;
    TH0=0xff;
    TL0=0x83;
    TR0=1;
}
void Triangle()                   //产生三角波
{
    P2=0x00;
    do{
        P2=P2+1;
    }while(P2<0xff);
    P2=0xff;
do{
    P2=P2-1;
  }while(P2>0x00);
  P2=0x00;
```

```
}
void Sawtooth()                        //产生锯齿波
{
    P2=0x00;
    do{
        P2=P2+1;
    }while(P2<0xff);
}
void Trapezoidal()                     //产生梯形波
{
    unsigned char i;
    P2=0x00;
    do{
        P2=P2+1;
    }while(P2<0xff);
    P2=0xff;
    for(i=510;i>0;i--)
    {P2=0xff;
    }
    do{
        P2=P2-1;
    }while(P2>0x00);
    P2=0x00;
}
void main()
{
    init_DA0832();
    do
    {
    flag=keyscan();
    }while(!flag);
    while(1)
    {
        switch(flag)
            {
                case 1:
                do{
            flag=keyscan();
            SIN( );
```

```
                }while(flag==1);
            break;

                        case 2:
            Square ();
            do{
                    flag=keyscan();
                }while(flag==2);
            TR0=0;
            break;
            case 3:
             do{
                    flag=keyscan();
                    Triangle ();
                }while(flag==3);
               break;

                        case 4:
                do{
                flag=keyscan();
                    Trapezoidal ();
                }while(flag==4);
                    break;
            case 5:
                do{
                    flag=keyscan();
                    Sawtooth ();
                }while(flag==5);
                    break;
            default:
             flag=keyscan();
                break;
        }
      }
    }
    void timer0(void) interrupt 1
    {
       P2=~P2;
       TH0=0xff;
```

```
        TL0=0x83;

        TR0=1;

    }
```

本例题在仿真运行时，可从弹出的虚拟示波器屏幕上观察到由按键选择的函数波形输出。

电路仿真图如图 10-11 所示。

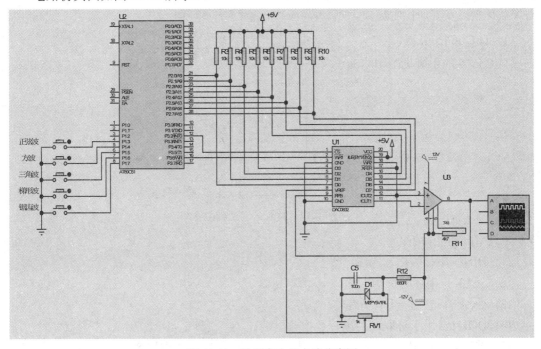

图 10-11　波形发生器电路仿真图

当按下"正弦波"按键时，示波器上显示图形如图 10-12 所示。

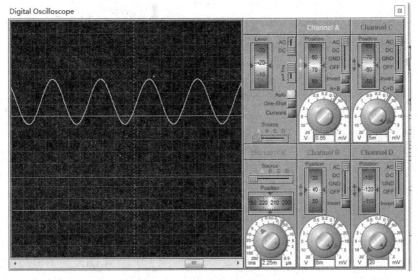

图 10-12　正弦波仿真波形

10.2.3　串行 D/A 转换器 TLC5615 的接口设计及 Proteus 仿真

TLC5615 是美国 TI 公司的产品，是具有串行接口的数/模转换器，其输出为电压型 DAC，最大输出电压是基准电压值的两倍。带上电复位功能，即上电时把 DAC 寄存器复位至全零。单片机只需用 3 根串行总线就可完成 10 位数据的串行输入，易于和工业标准的微处理器或单片机接口，非常适于电池供电的测试仪表、移动电话，也适用于数字失调与增益调整以及工业控制场合。

1. TLC5615 引脚

TLC5615 的引脚见图 10-13。

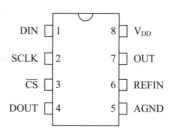

图 10-13　TLC5615 引脚图

8 只引脚功能如下：

(1) DIN：串行数据输入端；

(2) SCLK：串行时钟输入端；

(3) $\overline{\text{CS}}$：片选端，低电平有效；

(4) DOUT：用于级联时的串行数据输出端；

(5) AGND：模拟地；

(6) REFIN：基准电压输入端，电压为 2 V～(V_{DD} − 2)；

(7) OUT：DAC 模拟电压输出端；

(8) V_{DD}：正电源端，电压为 4.5～5.5 V，通常取 5 V。

2. TLC5615 的工作方式

在 TLC5615 内部有一个 16 位的移位寄存器，可以接收串行输入的数据，并且级联 DOUT 端。根据在工作时 TLC5615 接线方式的不同，其可以有两种工作方式。

(1) 第一种工作方式：此工作方式下，TLC5615 为 12 位数据序列，只需要向 16 位移位寄存器先后输入 10 位有效位和 2 位任意填充位。

(2) 第二种工作方式：此工作方式下，TLC5615 为 16 位数据序列，也就是级联方式。在芯片使用时，可将第一片的 DOUT 引脚接到第二片的 DIN 引脚。TLC5615 工作在 16 位数据序列时，需向 16 位移位寄存器先后输入高 4 位虚拟位、10 位有效位和低 2 位填充位，由于增加了高 4 位虚拟位，所以需要 16 个时钟脉冲。

TLC5615 工作过程中，只有当 $\overline{\text{CS}}$ 引脚为低电平时，串行输入数据才能由 DIN 引脚被移入 16 位移位寄存器。此时，在每一个 SCLK 时钟的上升沿将 DIN 的一位数据移入 16 位移寄存器。在数据移入时，从最高位开始最先被移入。接着，在 $\overline{\text{CS}}$ 的上升沿到来时将 16

位移位寄存器的 10 位有效数据锁存于 10 位 DAC 寄存器，供 DAC 电路进行转换；当片选端 $\overline{CS}$ 为高电平时，串行输入数据不能被移入 16 位移位寄存器。

【例 10-4】　单片机控制串行 DAC-TLC5615 进行 D/A 转换，原理电路及仿真见图 10-14。调节可变电位计 RV1 的值，使 TLC5615 的输出电压可在 0～5 V 内调节，从虚拟直流电压表可观察到 DAC 转换输出的电压值。

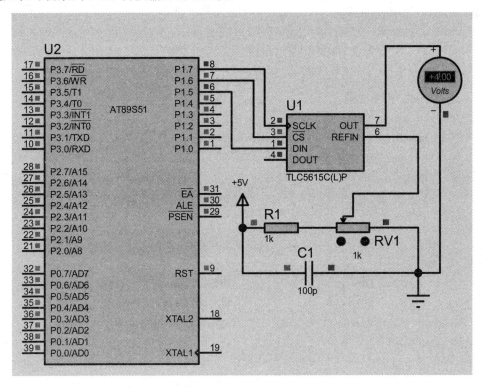

图 10-14　例 10-4 仿真电路图

程序如下：

```
#include<reg51.h>
#define uchar unsigned char
#define uint unsigned int
sbit SCL=P1^7;
sbit CS=P1^6;
sbit DIN=P1^5;
uchar bdata dat_in_h;
uchar bdata dat_in_l;
sbit h_7=dat_in_h^7;
sbit l_7=dat_in_l^7;              //定义各个变量

void delayms(uint j)             //延时函数
{
```

```
        uchar i=250;
        for(;j<0;j--)
        {
            while(--i);
            i=249;
            while(--i);
            i=250;
        }
}
void write_12bits(void)                //一次向芯片写入 12 bit 数据
{
    uchar i;
    SCL=0;
    CS=0;
    for(i=0;i<2;i++)                   //循环 2 次，发送高两位
    {
        if(h_7)                        //高位先发
        {
            DIN=1;                     //将数据送出
            SCL=1;                     //提升时钟，时钟上升沿触发写操作
            SCL=0;                     //结束该位的传输，为下次写作准备
        }
        else
        {
            DIN=0;
            SCL=1;
            SCL=0;
        }
        dat_in_h<<=1;                  //左移，发送次高位
    }
    for(i=0;i<8;i++)                   //循环 8 次，发送低 8 位
    {
        if(l_7)
        {
            DIN=1;
            SCL=1;
            SCL=0;
        }
        else
```

```
        {
            DIN=0;
            SCL=1;
            SCL=0;
        }
        dat_in_l<<=1;
    }
    for(i=0;i<2;i++)                    //循环 2 次，发送 2 个填充位
    {
        DIN=0;
        SCL=1;
        SCL=0;
    }
    CS=1;
    SCL=0;
}

void TCL5615_start(uint dat_in)        //启动 D/A 转换
{
    dat_in%=1024;
    dat_in_h=dat_in/256;
    dat_in_l=dat_in%256;
    dat_in_h<<=6;
    write_12bits();
}

void main()
{
    while(1)
    {
        TCL5615_start(0xffff);
        delayms(1);
    }
}
```

本 章 小 结

本章介绍了模/数转换器和数/模转换器的性质、分类及技术指标，用于指导在实际使用

时进行芯片选型，并分别举例介绍了并行、串行的 ADC 和 DAC 与 AT89S51 单片机的连接及编程。ADC 和 DAC 是测控系统中常用的器件，在实际使用中需要根据系统要求，综合考虑转换时间、分辨率、与单片机的连接方式等多方面的因素来选择器件。

习　题

1. ADC 器件的作用是什么？它们的主要技术指标有哪些？和单片机的连接方式有哪些？

2. DAC 器件的作用是什么？它们的主要技术指标有哪些？和单片机的连接方式有哪些？

3. 设计 AT89S51 和 ADC0809 的连接电路，使用中断方式顺序采集 IN0～IN7 的 8 路模拟电压值，并分别存入内部 RAM 的 60H～67H 单元。

第 11 章　单片机应用系统设计

本章主要介绍单片机应用系统设计，主要内容包括：单片机应用系统的结构及系统设计的基本要求，应用系统的设计过程(包括硬件设计、软件设计即系统调试)，应用系统的可靠性设计等，并给出了单片机应用系统设计的实例。

11.1　单片机应用系统概述

11.1.1　单片机应用系统的结构

由于单片机具有体积小、功耗低、功能强、可靠性高、实时性强、使用方便灵巧、易于维护和操作、性能价格比高、易于推广应用、可实现网络通信等特点，因此单片机在自动化装置、智能仪表、家用电器，乃至数据采集、工业控制、计算机通信、汽车电子、机器人等领域得到了日益广泛的应用。

从系统的角度来看，单片机应用系统是由硬件系统和软件系统两部分组成的。硬件系统包括单片机及其扩展部分和各功能模块部分，如信号测量模块、人机交互模块等；软件系统包括监控程序和各种应用程序。

由于单片机多用于测控领域，因而其典型应用系统包括单片机系统、基本输入/输出通道以及基本的人机对话通道，对大型的多机测控系统，还包括机与机之间进行通信的交互通道。图 11-1 所示是一个典型的单片机应用系统的结构框图。

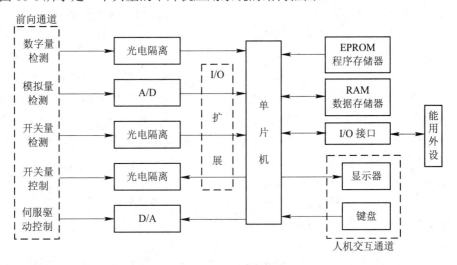

图 11-1　典型单片机应用系统结构

1. 前向通道及其特点

前向通道一般包括数字量检测输入、模拟量检测输入、开关量检测输入等，前向通道与现场采集对象相连，根据现场采集对象的不同，这些输入量都是由安放在现场的传感、变换装置产生的，是一个模拟、数字混合的电路系统，其功耗一般较小，却是现场干扰进入的主要通道，也是整个系统抗干扰的重点。

2. 后向通道及其特点

后向通道是应用系统的伺服驱动通道，作为应用系统的输出通道，大多数需要功率驱动，根据输出控制的不同，后向通道电路多种多样，输出信号形式有电流输出、电压输出、开关量输出等。

3. 人机交互通道及其特点

单片机应用系统中的人机通道是为了人机对话而设置的，主要有键盘、显示器等通道接口，可以实现人工干预系统、设置参数等。

人机通道具有以下特点：

(1) 人机通道一般都是小规模的；

(2) 单片机应用系统的人机对话通道及接口大多采用内总线形式，与计算机系统扩展密切相关；

(3) 人机通道接口一般都是数字电路，可靠性高，结构简单。

11.1.2　单片机应用系统设计的基本要求与特点

单片机应用系统设计的过程中需要注意设计的基本要求和系统设计的特点，因为设计出来的系统如果不能满足这些基本要求，那么也就失去了系统存在的意义，比如设计出的系统不能满足可操作性，那么整个系统也就失去了设计的目的。本节主要对单片机应用系统设计的几个基本要求和特点进行论述。

1. 设计的基本要求

在单片机应用系统设计的过程中会有很多技术要求，但一个良好的单片机应用系统，在进行设计时要满足以下四个基本要求。

(1) 可操作性。

操作性能强，涵盖两个方面的内容：一个是使用方便，另一个是维修容易。这个要求对应用系统来说是很重要的，硬件和软件设计都要考虑这个问题。应用程序是由用户自己编制或修改的，如果应用程序采用机器语言直接编写，显然是十分麻烦的，应尽可能采用汇编语言，配上高级语言，以使用户便于掌握。在硬件配置方面，应该考虑使系统的控制开关不能太多、太复杂，而且操作顺序要简单等。

故障一旦发生，应易于排除，这是系统设计者必须考虑的。从软件角度讲，最好配置查错程序或诊断程序，以便在故障发生时用程序来查找故障发生的部位，从而缩短排除故障的时间。硬件方面，零部件的配置应便于维修。

(2) 通用性。

计算机应用系统可以控制多个设备和不同的过程参数，但各个设备和控制对象的要求是不同的，而且控制设备还有更新，控制对象还有增减，系统设计时应考虑能适应各种不同设备和各种不同的控制对象，使系统不必大改动就能很快适应新的情况。这就要求系统的通用性要好，能灵活地进行扩充。

要使控制系统达到这样的要求，设计时必须使系统设计标准化，尽量采用标准接口，并尽可能采用通用的系统总线结构，以便在需要扩充时，只要增加插件板就能实现。接口最好采用通用的接口芯片，在速度允许的情况下，尽可能把接口硬件部分的操作功能用软件来实现。

系统设计时的设计指标留有一定的余量，这样便于系统功能扩展，也便于系统升级。如 CPU 的工作速度、电源功率、内存容量、过程通道等，均应留有一定余度。

(3) 可靠性。

可靠性要高是应用系统设计最重要的一个基本要求。一旦系统出现故障，将造成整个生产过程的混乱，引起严重后果，特别是对单片机系统模块的可靠性要求更应严格。

在大型计算机应用系统中，因为硬件价格不高，故经常配备常规控制装置作为后备，一旦计算机控制系统出现故障，就把后备装置切换到控制回路中去，以维持生产过程的正常运行。而单片计算机应用系统或 PLC 控制系统的硬件价格较低，通常可组成多微处理器控制系统来提高系统的可靠性。

(4) 性价比。

一个单片机系统能否被广泛使用，关键在于是否有较高的性能/价格比，而硬件电路软件化是提高系统性能/价格比的较好方法，它是将需要通过硬件实现的功能通过软件编程的方式来实现。在进行总体设计时，应尽量减少硬件成本，提高其使用的灵活性，能用软件实现的功能尽量不用硬件来实现(当然必须满足实时性即运行速度的条件下)，以求实现最高的性能/价格比。

在设计单片机应用系统时，把握上面四个方面是至关重要的，由目的和设计要求去设计才能设计出实用性强、适合应用的单片机系统。

2. 单片机应用系统设计的特点

在进行应用系统设计时，系统设计人员必须把系统要实现的任务和功能合理地分配给硬件和软件，既要考虑系统的价格，又要考虑系统满足实时性的工作速度，做到硬件软件合理权衡，并尽量节省机器时间和内存空间。

硬件设计采用大规模集成电路，这不但使组件减少，而且对设计人员所需要的电子线路技术要求低。由于控制对象不同及外围设备各异，因此输入输出接口设计和输入输出控制程序的设计是整个控制系统设计中很重要的一环。各种微处理器都有大量可供选择的通用和专用接口组件，恰当地选择它们也是十分重要的。

在软件设计时，控制系统设计人员往往可以借用计算机厂家提供的系统软件，而主要任务是进行应用程序的设计。后者应根据测试控制对象和系统的具体要求选择恰当的控制算法。对较大的应用系统，由于有比较齐全的系统软件和较大的存储容量，在满足实时性和输入输出要求的前提下，有可能采用高级语言编制应用程序。对比较一般的控制系统，由于存储容量有限，不可能配备齐全的系统软件，故应以汇编语言作为应用程序设计的基础。由控制系统设计人员编写的应用程序，往往通过人工汇编或交叉汇编来产生目标程序。对比较简单的系统，一般不应要求有自汇编功能。由于单片机计算机控制系统所用器件集成度高，没有检测点，一般只有简单的控制面板，故所编写的程序难以在自身系统上调试。加之硬件和程序往往同时研制，程序又必须在实时条件下完成复杂的输入输出操作，硬件的各个部件彼此通过总线连接，内部状态不能直接沟通，因而硬件和程序的故障往往混杂在一起，难以分析和排除。这样，用一般的测试手段和工具，已不能适用要求，需要有高级的开发工具。

11.2　单片机应用系统设计过程

单片机应用系统的设计过程是一个有机结合的环节，一个完整的应用系统的设计过程包含各方面的要求，一般而言包含总体设计、硬件电路方案设计、软件系统的设计及系统调试等环节。单片机应用系统设计应当考虑其主要技术性能(速度、精度、功耗、可靠性、驱动能力等)，还应当考虑功能需求、应用需求、开发条件、市场情况、成本需求等，一旦这些指标确定下来，系统将在这些指标限定下进行。本节主要介绍单片机应用系统设计的四个基本环节，对每个设计环节的要求及注意事项进行论述。

11.2.1　总体方案设计

单片机应用系统设计的总体方案是进行设计的第一步，也是基础的一步，同时也是最重要、最关键的一步。总体方案直接影响着整个系统的投资、系统性能等重要的问题。总体方案的设计主要是通过对被控对象的技术要求来确定的，大体上从以下几个方面进行。

1. 设计要求和调研

单片机应用系统的总体方案设计，必须明确需要开发系统的用户对单片机应用系统的具体要求，通常由该用户将设计的具体要求发给设计者，一般包括：
(1) 系统的功能要求，如开发出的系统应该具备哪些功能，能够完成哪些任务。
(2) 性能指标指设计出的系统应该达到什么标准。
(3) 该系统需要工作在什么环境下，如考虑温度、湿度、粉尘等。
(4) 系统操作界面、系统的开发周期、用户能投入的资金额度等。

这些要求由用户提出，设计者则要对其进行分析和研究，并且做好调研。比如现有设备的状况，检测对象和控制对象的选取，系统的稳定性、可靠性等级以及各种待测参数的选择等。如果开发出的单片机应用系统的工作环境中存在较大干扰问题，且通风不好，易使温度升高，粉尘积累，易燃易爆，那么设计时就必须采取相应的抗干扰措施和散热措施以及通风措施，甚至将系统设计成隔爆型，防止燃烧和爆炸，但是这样设计就会增加系统的造价和开发周期，所以选择一个合适的设计方案是设计单片机应用系统中最重要且首先必须解决的问题，为此，去实地考察做调研并写出调研报告来进行整体设计就显得非常重要。

2. 方案的确定

通过调研分析和确定设计要求后，可根据实际情况和设计要求来拟定几个实现该技术要求的方案，并做相应的可行性论证和优化筛选。在确定方案的过程中需要考虑以下几个问题。

1) 单片机的选择

不同类型、不同系列的单片机内部结构、外部总线特征等均不相同，对一个系统而言，单片机的型号和结构直接决定其总体结构，因此，在确定系统结构时，首先要选择单片机型号或系列。单片机选择主要从性价比及开发周期两方面考虑。

(1) 单片机性价比。应根据应用系统的要求和各种单片机的性能，选择最容易实现产品技术指标的机型，而且能达到较高的性能价格比。这样既能实现系统的技术指标，又不会造成浪费。

(2) 开发周期。选择单片机时，要考虑具有新技术的新机型；更重要的是应考虑选用技术成熟，有较多软件支持，可得到相应的开发工具的机型。这样可借鉴许多现成的技术，移植一些现成软件，以节省人力、物力、缩短开发周期，降低开发成本。

2) 外围器件的选择

外围器件应符合系统的精度、速度和可靠性、功耗、抗干扰等方面的要求。应考虑功耗、电压、温度、价格、封装形式等其他方面的指标，应尽可能选择标准化、模块化、功能强、集成度高的典型电路。

3) 硬件和软件配合问题和接口电路

接口电路是单片机应用系统设计中必须设计的，如打印机、绘图仪、显示器等常用的接口硬件，它使得单片机系统更加完美。系统对工作速度的要求是关键点，若技术要求中明确指出了该系统工作速度高，则就需要用相应的硬件电路来进行实现。反之，在速度要求条件能够满足的情况下，可以将其功能用软件来实现，从而简化硬件电路，同时也降低系统的成本，提高单片机的工作效率和应用系统的灵活性。

3. 总体设计

总体设计就是根据设计任务、指标要求和给定条件，设计出符合现场条件的软、硬件方案，并进行方案优化。应划分硬件、软件任务，画出系统结构框图，并合理分配系统内部的硬件、软件资源。

11.2.2 硬件设计

由总体设计所给出的硬件功能，在确定单片机类型的基础上进行各个功能电路模块的设计，最后综合成一个完整的硬件系统，并进行必要的工艺结构设计，制作出印刷电路板，组装后即完成了硬件设计。

1. 硬件电路设计的一般原则

在进行单片机应用系统的硬件设计时应注意以下问题：

(1) 采用新技术，尽量选用标准化、模块化的选择典型电路。

(2) 在条件允许的情况下，尽量选用功能强、集成度高的电路或芯片。

(3) 选择通用性强、市场供应足的元器件。

(4) 满足应用系统的功能要求，并留有适当余地，以便进行二次开发。

(5) 充分考虑系统各部分的驱动能力及电源的带负载能力，并注意抗干扰设计。

(6) 工艺设计时要考虑安装、调试、维修的方便。

2. 硬件设计的内容

硬件系统设计是指实现某个项目或工程需要的所有硬件电气连接线路，系统的扩展方法与单片机所选的系列(如 51 系列，AVR 系列，ARM 系列等)有关。不同系列的单片机，其内部接口、总线设置是不同的，故硬件系统的设计也是不尽相同的。硬件系统的设计包括单片机基本系统设计、系统扩展、交互设备配置、信号采集配置四个基本方面。

1) 单片机的基本设计

单片机的基本设计包括单片机选型和单片机最小系统设计。对单片机进行选型时应当考虑所需要的功能资源，以及如何使用与扩展等问题。多数情况下单片机本身的 I/O 口、定时器/计数器、中断系统等资源不能满足应用系统的需要，但它们毕竟是最可靠且最有效的核心资源，应当充分利用它们。片外存储器建议尽量选用大容量的芯片。单片机最小系统需要在单片机系统结构上添加常用的扩展电路，如晶振电路、复位电路等，这些电路和单片机的组合就构成了单片机最小系统。

2) 单片机系统扩展

虽然单片机是个高度的集成芯片，芯片内部具备 I/O 口、ROM 程序存储器、RAM 数据存储器和定时器/计数器，但是在单片机应用系统时还是需要对其进行扩展来完善单片机系统。扩展部分设计可以分为存储器扩展和接口扩展。单片机系统扩展有两种方法：一是选择购买现成的专用功能模板或接口板，如各种开关量接口板、A/D 转换接口板、步进电机控制板、继电器转换接口板、CRT 显示板、通信板等，这些模板可以通过总线直接与单片机系统接口连接，通过购置这些接口可以大大缩短系统的开发周期；二是根据系统的实际需求，选用合适的芯片进行设计，这种方式降低了设计的成本，但是同时增加了设计的周期。因此，在单片机应用系统硬件设计的时候，可根据实际需要设计系统扩展电路。

3) 交互设备配置

交互设备主要是指单片机和人之间的通信，常用的设备有键盘、显示器、打印机等。例如，键盘可以完成人对机的控制，显示器可以告诉人此时机器的工作状态等。在这些设备的配置过程中，大部分的系统是要求配置专用控制面板的，同时它的组成材料，形状和键位分布等都不能随意设计，要从操作方便、安全可靠等方面统一安排。具体包括以下四点：

(1) 若干个数字键，以便对系统进行参数修改或对系统进行参数设置。

(2) 若干个命令键，以便使用者向系统输入各种控制命令。

(3) 设置指示灯，以便使用者对系统的运行状态进行监管。

(4) 设置必要的声、光报警，如蜂鸣器、报警灯等，以便操作者注意和处理。

4) 信号采集配置

测控对象的工作状态或者其他信息通过传感器等一系列电路传入单片机，单片机的控制命令通过数/模转换等电路传给执行机构，由执行机构调节被测控对象的工作状态。这两组电路的配置决定了系统的测量精度和控制性能，它们的设计可分两步进行。

(1) 数字量输入、输出电路的设计。这部分是指数字信号的接收和执行，应重点考虑开关的防抖问题、电平的兼容问题、干扰问题和输出的驱动问题。

(2) 模拟量输入、输出通道的设计。这部分主要是指模拟信号的接收和执行，对于模拟量输入通道而言，在这里主要考虑传感器、信号转换器、放大器、采样保持器、A/D 转换器等的设计与选择，同时也要考虑模拟信号的电平转换、信号隔离和滤波等具体问题。在模拟量输出中，主要考虑 D/A 转换器、模拟量放大器、光电隔离的设计与选择等问题。

3．硬件系统设计时的注意事项

(1) 尽量使硬件系统标准化、模块化。尽可能选择典型电路，并符合单片机的常规用法，这样有利于系统的调试、修改、维护和以后的扩展。

(2) 保证系统的可靠性和抗干扰能力。对元器件进行选择，去耦滤波，合理布线，通道隔离等。

(3) 留有适当的功能余量。系统扩展和配置时不要只顾眼前，在充分满足系统功能要求的前提下，为二次开发留有余地。

(4) 留有适当的性能余量。电源功率要高于系统最大功耗的一倍以上，电路驱动负载不能接近驱动能力的极限值，A/D 和 D/A 的转换精度也要高于任务书所规定的指标等。

(5) 在设计过程中，还要考虑应用系统各部分的驱动能力。如果驱动能力弱，系统可能工作不可靠，甚至无法工作，而这种情况必须通过相应的驱动电路来解决，在设计的过程中应该高度重视。

(6) 相关器件的性能匹配。单片机晶振频率较高时，应选择存储速度较高的存储器芯片；以 CMOS 型单片机构成低功率系统时，系统中所有芯片都应选择低功率产品。

(7) 传感器选择。传感器选择主要考虑所需的量程范围、线性度、稳定性、信号输出形式等因素。

11.2.3　软件设计

在进行应用系统的总体设计时，软件设计和硬件设计应统筹兼顾、协调进行，一旦硬件设计确定，相应的软件任务也就确定了。单片机应用系统的软件一般是由系统的监控程序和应用程序两部分组成。其中，应用程序是用来完成诸如测量、计算、显示、打印、输出控制能各种实质性功能的软件；监控程序是控制单片机系统按照预定操作方式运行的程序，它负责组织调度各应用程序模块，完成程序自检、初始化、处理各种命令等功能。

在系统的控制和实现上，首先要分析被控对象，研究其状态特点和表达方式，明确其输入输出关系，确定状态变化规律的数学模型。有些被控对象的输入状态较为复杂，有些被控对象的输入状态比较简单，寻求较好的控制算法可以保证系统达到相应的控制指标。

在软件系统的设计过程中，应用软件是根据系统的功能和技术要求在硬件基础上进行设计的。由于应用系统的种类和硬件特点各异，因此单片机应用系统的软件设计是千差万别的。一般在设计的过程中应注意以下几点：

(1) 软件结构简洁、流程合理、布局清晰。

(2) 各功能程序模块化、层次化。

(3) 存储空间规划合理，分配明确，并注意节省内存。

(4) 增强软件抗干扰能力。

(5) 及时整理和备份软件资料，使软件档案工作规范化。

1. 应用软件设计的一般要求

在单片机应用系统软件设计的过程中，想要设计出一个高质量的程序，必须清楚地掌握程序的功能、程序运行的环境，以及用户对系统的要求。而在通常情况下，对计算机应用系统程序的要求大致可以包括以下几个方面。

(1) 实时性。实时性即指单片机应用系统的软件应具有实时性，在工业或其他各个领域中控制系统一般都是实时控制的，所以对应用软件的执行速度都会或多或少有一定的要求，即要求设计出来的程序在运行速度上要尽可能快。为了提高实时性，设计者必须对所使用的单片机指令系统非常熟练，在编程序的过程中，尽量使用单周期指令或周期较少的指令，减少访问存储器的次数，尽量避免延时函数的运用，取而代之则要用定时器/计数器，对于一些需要随机间断处理的项目，通常采用中断系统来完成，以便达到提高程序运行速度的目的。

(2) 程序的简练性。程序的简练性是指设计出来的程序应尽可能简练，既要完成目标要求，还要以最简洁的方式表达出来。在完成功能和技术要求的前提下，程序应当越简单越好，程序占用存储空间越小越好，这样可减少空间应用，避免资源的浪费。为使设计出的程序具备简练性，在编程的过程中，应尽量采用单字节指令，减少程序占用的存储空间。

(3) 程序的灵活性、可扩展性。该要求主要是指设计出的系统程序应该具有较强的适应能力，在设计的过程中应尽量编写子程序函数来增加程序的灵活性，当计算机应用系统的功能需要扩展时，程序在原有基础是否容易修改即为程序的可扩展性。一般应用系统皆要求程序具有较好的扩展性，以便系统的升级及功能的扩展。为达上述目的，设计程序时尽量采用模块化结构，因为模块化结构特别适用于功能的扩展，同时也有利于程序的调试；尽量采用子程序结构，这样在功能扩展时只要使用一些调用指令，便可非常容易达到功能的实现。以上几点是程序设计者在程序设计时必须加以重视的问题，此外还有一些需要考虑的问题，如可读性、维护性、操作性。

(4) 程序的可靠性。在单片机应用系统设计的过程中，系统在运行的过程中如果经常出现因软件问题而产生的故障，那么就失去了程序应该具有的可靠性，系统的可靠性在整个系统中是至关重要的，是决定系统正常工作的重要保障。单片机应用系统的可靠性一方面取决于硬件系统，另一方面也取决于软件系统，为了增加系统的可靠性，通常会在设计程序的时候设计一个诊断程序，定期对系统进行检测，也可以设计软件陷阱，防止程序失控。目前应用较为广泛的是看门狗(WD)方法，它也是增加系统软件可靠性的有效方法，关于可靠性问题在下节内容中还会详细分析。

2. 单片机应用系统软件的设计过程

根据上面讨论过的程序设计要求，以及应用系统功能及性能的要求，我们便可以进行单片机程序设计了，具体的设计步骤如下：

(1) 明确要求，划定软硬件界面。首先对系统的性能要求、技术要求、功能要求等具体要求进行分析，再根据调研结果，划定哪些任务由硬件完成，哪些功能由软件完成。

(2) 分析具体问题，建立数学模型。建立数学模型即提出解决具体问题所需要的数学

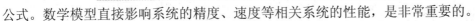

公式。数学模型直接影响系统的精度、速度等相关系统的性能，是非常重要的。

(3) 根据数学模型确定相应的算法。这里所说的算法，是指完成操作所需各种处理的顺序和步骤。

(4) 绘制出各程序模块如主程序、子程序的流程图。

(5) 选择合适的语言，如 C 语言等高级语言或者汇编语言等中级语言，根据流程图编制源程序，编写的过程中，应尽量使用子函数，以提高程序设计的速度。

(6) 最后将各个模块程序组合在一起，组成一个完整的程序。

11.2.4 系统调试

在经过了单片机应用系统的总体设计、硬件系统设计、软件系统设计这三个过程之后，最后需要做的就是将软硬件进行结合的仿真调试工作。软硬件调试在设计初期可相对独立进行，随着软件系统和硬件系统设计的完成，它们之间的结合越来越密切，在调试的过程中需注意加强两部分之间的协调性。

1．硬件调试

硬件调试需要根据硬件设计方案具体设计出各部分电路图，生成电路板，组装好实验电路板后，便可进入硬件调试阶段。硬件调试工作大体上可分两步进行：一是脱机检查，二是联机检查。

(1) 脱机检查。脱机检查包括用万用表和逻辑笔等常用工具，对照电路图检查是否有漏焊点，电路走线连接是否正确可靠，核对元器件的型号与规格是否符合技术要求等。特别要注意其中的两个问题：一是电源极性是否正确，电路是否有短路；二是三大总线(数据总线、控制总线和地址总线)是否存在短路或断路的情况。

(2) 联机检查。脱机检查完成后，可在样机上插入所有的元器件，使用测试程序进行联机检查，所使用的测试程序应能正确地反映有关局部电路的工作状态，以确保系统加电后各部分电路能够正常工作。如果使用开发系统进行联机检查，则单片机和程序存储器不要装入。

2．软件调试

软件调试是通过对用户程序的汇编、连接、执行来发现程序中存在的语法错误与逻辑错误并加以排除纠正的过程。

软件调试的一般方法是先独立后联机、先分块后组合、先单步后连续。

(1) 先独立后联机。单片机应用系统中的软件与硬件是密切相关、相辅相成的。但是，当软件对被测试参数进行加工处理或做某项事务处理时，往往是与硬件无关的，这样，就可以通过对用户程序的仔细分析，把与硬件无关的、功能相对独立的程序段抽取出来，形成与硬件无关和依赖于硬件的两大类用户程序块。

调试时，先调试与硬件无关的程序块，此时可以通过开发系统进行相应的参数设置，通过观察端口或存储器数据判断程序执行结果的正确与否；当与硬件无关的程序块全部调试完成后，就可以将仿真机与主机、用户系统连接起来，进行系统联调。在系统联调中，先对依赖于硬件的程序块进行调试，调试成功后，再进行两大程序块的有机组合及总调试。

(2) 先分块后组合。如果用户系统规模较大、任务较多，即使先行将用户程序分为与硬件无关和依赖于硬件两大部分，这两部分程序仍较为庞大，采用笼统的方法从头至尾调试，既费时间又不容易进行错误定位，所以常规的调试方法是分别对两类程序块进一步采用分模块调试，以提高软件调试的有效性。

在分模块调试时所划分的程序模块应基本保持与软件设计时的程序功能模块或任务一致。每个程序模块调试完后，将相互有关联的程序模块逐块组合起来加以调试，以解决在程序模块连接中可能出现的逻辑错误。对所有程序模块的整体组合是在系统联调中进行的。

由于各个程序模块通过调试已排除了内部错误，所以软件总体调试的错误就大大减少了，调试成功的可能性也就大大提高了。

(3) 先单步后连续。调试好程序模块的关键是实现对错误的正确定位。准确发现程序(或硬件电路)错误的最有效方法是采用单步加断点运行方式调试程序。单步运行可以了解被调试程序中每条指令的执行情况，分析指令的运行结果，以便知道该指令执行的正确性，并进一步确定是由于硬件电路错误、数据错误还是程序设计错误等引起了该指令的执行错误，从而发现、排除错误。

但是，所有程序模块都以单步方式查找错误的话，又比较费时费力，所以为了提高调试效率，一般采用先使用断点运行方式将故障定位在程序的一个小范围内，然后针对故障程序段再使用单步运行方式来精确定位错误所在，这样就可以做到调试的快捷和准确。一般情况下，单步调试完成后，还要做连续运行调试，以防止某些错误在单步执行的情况下被掩盖。

有些实时性操作(如中断等)利用单步运行方式无法调试，必须采用连续运行方法进行调试。为了准确地对错误进行定位，可使用连续加断点运行方式调试这类程序，即利用断点定位的改变，一步步缩小故障范围，直至最终确定出错误位置并加以排除。

3. 软硬件联合调试

当硬件和软件调试完成之后，就可以进行系统软硬件联合调试。对于有电气控制负载的系统，应先试验空载，空载正常后再试验负载情况。系统调试的任务是排除软、硬件中的残留错误，使整个系统能够完成预定的工作任务，达到要求的性能指标。

系统调试成功之后，就可以将程序通过专用程序固化器固化到 ROM 中。将固化好程序的 ROM 插回到应用系统电路板的相应位置，即可脱机运行。系统试运行要连续运行相当长的时间(也称为烤机)，以考验其稳定性，并要进一步进行修改和完善处理。

4. 现场调试及性能测试

一般情况下，通过系统联调，用户系统就可以按照设计要求正常工作了。但在某些情况下，由于系统实际运行的环境较为复杂(如环境干扰较为严重、工作现场含腐蚀性气体等)，在实际现场工作之前，环境对系统的影响无法预料，只能通过现场运行调试来发现问题，找出相应的解决方法。另外，有些用户系统的调试是在用模拟设备代替实际监测、控制对象的情况下进行的，这就更有必要进行现场调试，以检验系统在实际工作环境中工作的正确性。

总之，现场调试对用户系统的调试来说是最后必需的一个过程，只有经过现场调试的系统才能保证其可靠地工作。现场调试仍需利用开发系统来完成，其调试方法与联合调试类似。

　　整个调试过程进行完毕后，一般需进行单片机系统功能的测试，上电、掉电测试，老化测试，静电放电(ElectroStatic Discharge，ESD)抗扰度和电快速瞬变(Electrical Fast Transient，EFT)脉冲群抗扰度等测试。可以使用各种干扰模拟器来测试单片机系统的可靠性，还可以模拟人为使用中可能发生的破坏情况。

　　经过调试、测试后，若系统完全正常工作，功能完全符合系统性能指标要求，则一个单片机应用系统的研制过程全部结束。

11.3　单片机应用系统的可靠性设计

　　产品的可靠性通常是指在规定的条件(环境条件如温度、湿度、振动，供电条件等)下，在规定的时间内(平均无故障时间)完成规定功能的能力。由于测控系统的工作环境往往比较恶劣和复杂，单片机应用系统的可靠性、安全性就成为一个非常突出的问题，因此，必须注意系统的抗干扰设计。

　　凡是能产生一定能量，可以影响周围电路正常工作的媒体都可认为是干扰源。干扰有的来自外部，有的来自内部。一般来说，干扰源可分为以下三类：

　　(1) 自然界的宇宙射线，太阳黑子活动，大气污染及雷电因素造成的；

　　(2) 物质固有的，即电子元器件本身的热噪声和散粒噪声；

　　(3) 人为造成的，主要是由电气和电子设备引起的。

　　单片机系统的噪声干扰产生的原因主要有以下几个：

　　(1) 电路性干扰，是由于两个回路经公共阻抗耦合而产生的，干扰量是电流。

　　(2) 电容性干扰，是由于干扰源与干扰对象之间存在着变化的电场，从而造成了干扰影响，干扰量是电压。

　　(3) 电感性干扰，是由于干扰源的交变磁场在干扰对象中产生了干扰感应电压，而产生感应电压的原因则是由于在干扰源中存在着变化电流。

　　(4) 波干扰，是传导电磁波或空间电磁波所引起的，空间电磁波的干扰量是电场强度和磁场强度，传导波的干扰量是传导电流和传导电压。

　　单片机系统的可靠性设计是一个重要的设计过程，并具有很强的工程实践性。单片机应用系统的可靠性由多种因素决定，提高可靠性包括两方面的工作：一是在工艺上提高构成系统的元器件本身的可靠性，二是在系统结构的合理设计方面提高整个系统的可靠性。下面对以上两点做详细的论述。

11.3.1　元器件的选择与使用

　　元器件是组成单片机应用系统硬件的基本单元，合理选择与使用元器件对整个系统的可靠运行是非常重要的，因为系统中任何一个元器件(甚至一个二极管)发生故障都会导致整个系统不能正常工作，甚至损坏系统。元器件的选择要结合具体系统的硬件可靠性分析来进行。在元器件选择上一般应注意以下几点。

(1) 尽量选用大规模或超大规模集成电路芯片来组成系统。这样可大大减少电路间的分布电容，减少干扰信号的耦合，同时也可减少由于元器件性能的离散性所造成的瞬态偶发性失效故障。目前，CMOS 型集成电路芯片被越来越多地使用，它在可靠性方面具有明显的优点。

(2) 尽可能选择热稳定性好、噪声系数小的元器件。单片机应用系统运行的环境温度变化较大，而且输入信号比较微弱，有些要经过几十倍、几百倍甚至上千倍的放大，温度偏差或噪声信号过大都可能造成系统工作不稳定，甚至出现故障。

(3) 元器件的性能参数应当匹配。通常，电子器件在出厂前都进行了空载老化等质量处理。必要时我们可对重要器件进行带载老化处理，使它们通上电，带上额定负载，在恒温箱中存放几十小时后取出再筛选。

11.3.2　抗干扰措施

单片机应用系统在运行的过程中会遇到各种各样的干扰问题。在单片机应用系统中，影响系统可靠工作的主要干扰源是内部和外部的干扰。内部干扰是指元器件本身产生的干扰，它们通过电源、地线、分布电容和电感等途径影响系统的工作；外部干扰包括其他电器设备的干扰、电源地线引入的干扰等。

如果存在着干扰的问题，则会影响单片机应用系统的运行，因此，抗干扰措施的实施是可靠性运行的重要内容之一。本节主要介绍输入系统的抗干扰措施。

1. 开关量输入的抗干扰措施

开关量输入往往会给系统带来很强的干扰，这样就需要我们设计一个电路(如防抖电路)或者通过软件程序(如延时程序)来抑制干扰。例如，键盘作为开关量输入设备，在按键的过程中会存在着抖动的问题，这样按键抖动就形成了开关量的输入干扰，可在输入端接防抖电路(见图 11-2)。但处理这样的开关量输入干扰一般最常用的措施是光电隔离电路，如图 11-3 所示。这种措施使得开关量输入与单片机系统隔离开来，大大增强了系统的可靠性。

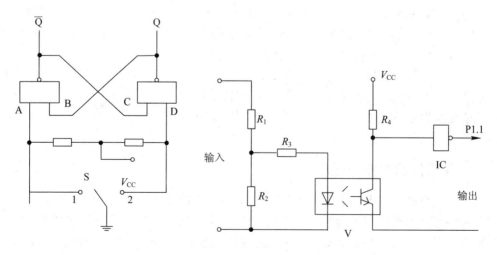

图 11-2　防抖电路　　　　　　　　　图 11-3　抗扰电路

在图 11-3 中，输入为开关量，不论其电平标准如何，都可以通过调节限流电阻 R_3 来控制光电耦合器中发光二极管的发光状态，进而控制耦合器中三极管的通断，使单片机的 P1.1 口得到标准的检测电压值。这种措施能有效地抑制尖峰脉冲及其他各种噪声的干扰。

2. 模拟量通道的抗干扰措施

与开光量输入、输出通道一样，模拟量输入、输出通道也因与测控设备直接相连而成为强电干扰窜入系统的渠道。在模拟量输入、输出通道上采取抗干扰措施时，应尽可能将抗干扰的屏蔽器件设置在执行部件或传感器附近。

用于模拟量抗干扰的器件很多，但主要还是光电耦合器和隔离变压器。A/D 转换器的并行输出口、D/A 转换器的并行输入口，以及它们的地址和控制线都用光电耦合器进行了隔离，同时光电耦合器的输入和输出回路分别供电，完全切断了单片机系统与外部供电系统的联系。

11.3.3　硬件系统可靠性措施

单片机应用系统中，任何外来的干扰或内部电路的噪声都可能引起地址总线的紊乱或程序计数器状态的改变，导致程序运行出错。有效地抑制系统噪声，提高系统的可靠性是系统设计必须考虑的问题。

上述防止和消除干扰的硬件主动性措施是有效的，但并不能完全保证系统的正常运行，有时还需要系统工作状态的监视、异常情况的处理与故障自恢复的问题。这就需要配合一些硬件措施，在软件可靠性方面着手，监视定时器的设计与应用是其中最常用、最有效的方法之一，甚至随着单片机技术的发展，越来越多的单片机本身就带有监视定时器。

监视定时器实质上就是专用的定时计数器，它的时钟来自单片机内部或外部。我们通过适当的程序设计，使系统在正常运行时，定时器每隔一定的时间内将其初值化一次，保证不使其计数溢出。一旦系统出现异常，程序不能正常运行而紊乱时，则监视定时器不能在有限的时间内被消零，造成计数溢出，引起系统中断，而使 CPU 转入故障诊断与处理程序，而后恢复系统的正常运行。由此可见，监视定时器提供了一种使系统从瞬时故障中能够自动回复的能力，其软硬件实现也比较简单，因而获得了广泛的应用，常称之为看门狗。

11.3.4　软件系统可靠性措施

为了提高系统的稳定性和系统的精度，在程序方面可以采用各种措施，如数字滤波、自诊断、自恢复、设置陷阱等。

1. 数字滤波

数字滤波能够清除有用信号中混杂的各种干扰信号，保证采集来的信号不失真，进而达到提高应用系统精度的目的。数字滤波器是根据系统的性质、信号的来源、工作环境、系统精度要求，通过程序的方法，采用不同形式抑制干扰保持信号的本来面目。

数字滤波有多种形式，根据实际情况的不同来加以选择和运用。

(1) 中值滤波。中值滤波就是对某一个被测参数连续采样 n 次(一般 n 取奇数)，然后将

n 次采样值进行排序，最后取中间值作为有效值存入单片机内部存储器中，该方法主要适用于具有脉动干扰的场合，非常适合快速变化的信号采集。

(2) 算术平均值滤波。该方法是将 n 次采样值相加，然后取其算术平均值作为本次采样有效值来使用。

(3) 复合滤波。复合滤波就是将两种或者两种以上的滤波方法同时使用。复合滤波可大大提高滤波效果，目前被经常使用的复合滤波是中值滤波和算术平均值滤波的联合使用。

2. 陷阱指令

为了提高单片机应用系统工作的稳定性，防止程序由于干扰而"飞跑"，设计者可以在程序存储器的空白区(不用地区)设置空操作指令和少量的短字节转移指令。所谓的自陷指令通常指转移指令。在设置陷阱时最好使用单字节转移指令，此时效果最佳。若选用的单片机无单字节转移指令，也可以选择多字节转移指令，但要清楚转移指令字节数越少越好。在使用多字节转移指令时为了提高自陷效果，在程序存储器的空白区尽量多写空操作指令，越多越好，尽量少写多字节转移指令，且越少越好，但必须有多字节转移指令。

在设置陷阱前，若由于干扰使 PC 的地址值跑到程序存储器区域外，此时程序就再也无法正常运行了。

在设置了陷阱后，空白程序区存放了大量的空操作指令和少量的转移指令，由于干扰使 PC 值脱离了程序存储区而进入空白程序存储器区，遇到空操作指令(单字节)，它会顺着 NOP 执行，当运行到转移指令时，系统又回到了正常程序区使系统恢复正常。

该法不但适用单片机应用系统，而且也适用于一切计算机应用系统。

11.4 单片机应用系统举例

11.4.1 模拟电话拨号器设计

1. 设计要求

设计一模拟电话拨号时的电话键盘及显示装置，把电话键盘拨出的电话号码及其他信息，显示在 LCD 显示屏上，要求能显示提示信息"dial the number"以及拨号的号码，并能进行输入最后一位数字的删除以及输入号码的清除等信息。

2. 电路设计与编程

本例的电话拨号键盘采用 Proteus 自带的拨号按键 KEYPAD-PHONE 组件，它其实是一个 3×4 矩阵键盘，共 12 个键，其中 10 个键用于显示 $0 \sim 9$ 的 10 个数字，"*"键用于删除最后输入的 1 位号码，"#"键用于清除显示屏上所有的数字显示。此外还设计了每按下一个键，蜂鸣器发出声响以表示按下该键。显示信息共两行，第一行为拨号提示，第二行显示所拨的电话号码。拨号号码显示采用 LCD 1602 液晶显示模块。

本设计原理图及仿真如图 11-4 所示。

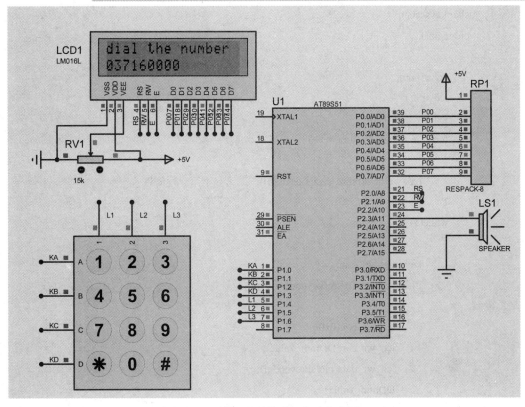

图 11-4　模拟电话拨号器电路仿真图

程序如下：

```c
#include<reg52.h>
#define uchar unsigned char
#define uint unsigned int
uchar keycode,DDram_value=0xc0;
sbit rs=P2^0;
sbit rw=P2^1;
sbit e=P2^2;
sbit speaker=P2^3;
uchar code table[]={0x30,0x31,0x32,0x33,0x34,0x35,0x36,0x37,0x38,0x39,0x20};
uchar code table_designer[]="dial the number";      //第一行显示的信息
void lcd_delay();
void delay(uint);
void lcd_init();
void lcd_busy();
void lcd_wr_con(uchar);
void lcd_wr_data(uchar);
uchar checkkey();
```

```
uchar keyscan();
void main()                                    //主函数
{
    uchar num;
    lcd_init();                                //LCD 初始化
    lcd_wr_con(0x80);                          //写命令函数
    for(num=0;num<=14;num++)
    {
        lcd_wr_data(table_designer[num]);      //显示第一行信息
    }
    while(1)
    {
        keycode=keyscan();
        if((keycode>=0)&&(keycode<=9))
        {
            lcd_wr_con(0x06);
            lcd_wr_con(DDram_value);
            lcd_wr_data(table[keycode]);
            DDram_value++;
        }
        else if(keycode==0x0a)
        {
            lcd_wr_con(0x04);
            DDram_value--;
            if(DDram_value<=0xc0)
            {
                DDram_value=0xc0;
            }
            else if(DDram_value>=0xcf)
                DDram_value=0xcf;
            lcd_wr_con(DDram_value);
            lcd_wr_data(table[10]);
        }
        else if(keycode==0x0b)
        {
            uchar i,j;
            j=0xc0;
            for(i=0;i<15;i++)
            {
```

```
                lcd_wr_con(j);
                lcd_wr_data(table[10]);
                j++;
            }
            DDram_value=0xc0;
        }
    }
}
void lcd_delay()
{
    uchar y;
    for(y=0;y<0xff;y++);
}
void lcd_init()                    //LCD 初始化，向 LCD 写入各种命令
{
    lcd_wr_con(0x01);
    lcd_wr_con(0x38);
    lcd_wr_con(0x0c);
    lcd_wr_con(0x06);
}
void lcd_busy()
{
    P0=0xff;
    rs=0;
    rw=1;
    e=1;
    e=0;
    while(P0&0x80)
    {
        e=0;
        e=1;
    }
    lcd_delay();
}
void lcd_wr_con(uchar c)           //LCD 写命令函数
{
    lcd_busy();
    e=0;
    rs=0;
```

```
        rw=0;
        e=1;
        P0=c;
        e=0;
        lcd_delay();
}
void lcd_wr_data(uchar d)
{
        lcd_busy();
        e=0;
        rs=1;
        rw=0;
        e=1;
        P0=d;
        e=0;
        lcd_delay();
}
void delay(uint n)
{
        uchar i;
        uint j;
        for(i=50;i>0;i--)
                for(j=n;j>0;j--);
}
uchar checkkey()                        //检验是否有键按下
{
        uchar temp;
        P1=0xf0;
        temp=P1;
        temp=temp&0xf0;
        if(temp==0xf0)
                return(0);
        else
                return(1);
}
uchar keyscan()                         //按键扫描
{
        uchar hanghao,liehao,keyvalue,buff;
        if(checkkey()==0)
```

```
            return(0xff);
    else
    {
        uchar sound;
        for(sound=50;sound>0;sound--)
        {
            speaker=0;
            delay(1);
            speaker=1;
            delay(1);
        }
        P1=0x0f;
        buff=P1;                        //按键扫描，先确定行值
        if(buff==0x0e)
            hanghao=0;
        else if(buff==0x0d)
            hanghao=3;
        else if(buff==0x0b)
            hanghao=6;
        else if(buff==0x07)
            hanghao=9;
        P1=0xf0;                        //然后确定按键的列值
        buff=P1;
        if(buff==0xe0)
            liehao=2;
        else if(buff==0xd0)
            liehao=1;
        else if(buff==0xb0)
            liehao=0;
        keyvalue=hanghao+liehao;        //确定按键的行列值，返回键值
        while(P1!=0xf0);
        return(keyvalue);
    }
}
```

11.4.2　简易计算器设计

1. 设计要求

设计一个简易计算器，能进行加、减、乘、除等计算，并将结果显示出来。

2. 电路设计与编程

本例计算器采用液晶显示，分两行显示，第一行显示输入数据，第二行显示结果。计算机按键采用 Proteus 自带的简易计算器按键 KEYPAD-SMALLCALC 组件，上面有 0～9 数字，以及四则运算按键、＝按键以及开始/清除按键。

本设计原理图及仿真如图 11-5 所示。

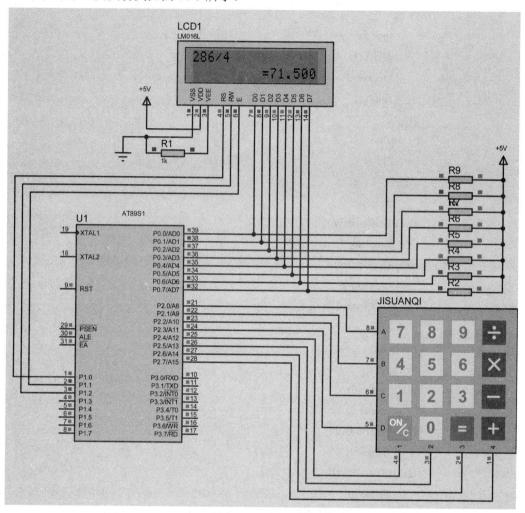

图 11-5　简易计算器电路仿真图

程序如下：

```
#include<reg51.h>            //头文件
#define uint unsigned int
#define uchar unsigned char

sbit lcden=P1^1;             //LCD1602 控制引脚
sbit rs=P1^0;
sbit rw=P1^2;
```

```
sbit busy=P0^7;              //LCD 忙

char i,j,temp,num,num_1;
long a,b,c;                  //a,第一个数 b，第二个数 c，得数
float a_c,b_c;
uchar flag,fuhao;           //flag 表示是否有运算符键按下，fuhao 表征按下的是哪个运算符
                            //flag=1 表示运算符键按下，flag=0 表示运算符键没有按下；
                            //fuhao=1 为加法，fuhao=2 为减法，fuhao=3 为乘法，fuhao=4 为除法。

uchar code table[]={        //运算数字输入数组
7,8,9,0,
4,5,6,0,
1,2,3,0,
0,0,0,0};
uchar code table1[]={       //经处理后进行键输入显示准备的数组
7,8,9,0x2f-0x30,            //7，8，9，÷
4,5,6,0x2a-0x30,            //4，5，6，×
1,2,3,0x2d-0x30,            //1，2，3，－
0x01-0x30,0,0x3d-0x30,0x2b-0x30//C，0，=，＋
};
void delay(uchar z)         //延迟函数
{
uchar y;
for(z;z>0;z--)
    for(y=0;y<110;y++);
}
void write_com(uchar com)   //写指令函数
{
    rs=0;
    P0=com;                 //com 指令付给 P0 口
    delay(5);lcden=1;delay(5); lcden=0;
}

void write_date(uchar date) //写数据函数
{
    rs=1; P0=date; delay(5);
    lcden=1; delay(5); lcden=0;
}

void init()                 //初始化
```

```
    {
        num=-1;
    lcden=1;                          //使能信号为高电平
    rw=0;
    write_com(0x38);                  //8 位，2 行
    delay(5); write_com(0x38);        //8 位，2 行
    delay(5); write_com(0x0c);        //显示开，光标关，不闪烁
    delay(1); write_com(0x06);        //增量方式不移位
    delay(1); write_com(0x80);        //检测忙信号
    delay(1); write_com(0x01);        //显示开，光标关，不闪烁
    num_1=0;
    i=0; j=0;
    a=0;                              //第一个参与运算的数
    b=0;                              //第二个参与运算的数
    c=0;
    flag=0;                           //flag 表示是否有符号键按下，
    fuhao=0;                          //fuhao 表征按下的是哪个符号
    }
    void keyscan()                    //键盘扫描程序
    {
        P2=0xfe;
        if(P2!=0xfe)
        {
            delay(20);                //延迟 20ms
            if(P2!=0xfe) {    temp=P2&0xf0;
             switch(temp)
              {
                case 0xe0:num=0;    break; //7
                case 0xd0:num=1;    break; //8
                case 0xb0:num=2;    break; //9
                case 0x70:num=3;    break; //÷
              }
            }    while(P2!=0xfe);
            if(num==0||num==1||num==2)        //如果按下的是'7','8'或'9'
            {
                if(j!=0){write_com(0x01); j=0;    }
                if(flag==0)                       //没有按过运算符键
                  { a=a*10+table[num];      }     //按下数字存储到 a
                else//如果按过运算符键
                  {      b=b*10+table[num];      }     //按下数字存储到 b
```

```
        }
        else                                        //如果按下的是'/'除法
        {
          flag=1;                                   //按下运算符
          fuhao=4;                                  //4 表示除号已按
        }
        i=table1[num];                              //数据显示做准备
        write_date(0x30+i);                         //显示数据或操作符号
    }


P2=0xfd;
if(P2!=0xfd)
{
    delay(20);
    if(P2!=0xfd){   temp=P2&0xf0;
      switch(temp)
       {
         case 0xe0:num=4; break; //4
         case 0xd0:num=5; break; //5
         case 0xb0:num=6; break; //6
         case 0x70:num=7; break; //×
       }
    }     while(P2!=0xfd);                          //等待按键释放
    if(num==4||num==5||num==6&&num!=7)              //如果按下的是'4','5'或'6'
    {
      if(j!=0){ write_com(0x01);    j=0;      }
          if(flag==0)                               //没有按过运算符键
      { a=a*10+table[num];         }
       else                                         //如果按过运算符键
       { b=b*10+table[num];      }
    }
    else                                            //如果按下的是'×'
    {   flag=1;
        fuhao=3;                                    //3 表示乘号已按
    }
    i=table1[num];                                  //数据显示做准备
    write_date(0x30+i);                             //显示数据或操作符号
}


P2=0xfb;
```

```
if(P2!=0xfb){    delay(20);
   if(P2!=0xfb) { temp=P2&0xf0;
    switch(temp)
     {
       case 0xe0:num=8;        break;       //1
       case 0xd0:num=9;        break;       //2
       case 0xb0:num=10;       break;       //3
       case 0x70:num=11;       break;       //-
     }
   }    while(P2!=0xfb);
   if(num==8||num==9||num==10)                    //如果按下的是'1','2'或'3'
    {
     if(j!=0){ write_com(0x01);   j=0;   }
       if(flag==0)                               //没有按过运算符键
     { a=a*10+table[num];    }
     else                                        //如果按过运算符键
     { b=b*10+table[num]; }
    }
    else if(num==11)                             //如果按下的是'-'
    {
     flag=1;
     fuhao=2;                                    //2 表示减号已按
    }
    i=table1[num];                               //数据显示做准备
    write_date(0x30+i);                          //显示数据或操作符号
}


P2=0xf7;
if(P2!=0xf7){    delay(20);
   if(P2!=0xf7){ temp=P2&0xf0;
    switch(temp)
    {
      case 0xe0:num=12; break;   //清 0 键
      case 0xd0:num=13; break;   //数字 0
      case 0xb0:num=14; break;   //等于键
      case 0x70:num=15; break;   //加
    }
    } while(P2!=0xf7);

   switch(num)
```

```
{
case 12:{write_com(0x01);a=0;b=0;flag=0;fuhao=0;}//按下的是"清零"
      break;
case 13:{                    //按下的是"0"
    if(flag==0)              //没有按过运算符键
    { a=a*10;   write_date(0x30);      P2=0; }
    else if(flag>=1)         //如果按过运算符键
    {   b=b*10;    write_date(0x30);          }
    }       break;
case 14:{j=1;                //按下等于键，根据运算符号进行不同的算术处理
        if(fuhao==1)         //加法运算
         {
                write_com(0x80+0x4f);
                    //按下等于键，光标前进至第二行最后一个显示处
                write_com(0x04);
                    //设置从后住前写数据，每写完一个数据，光标后退一格
                c=a+b;
                while(c!=0){write_date(0x30+c%10);   c=c/10;}
                write_date(0x3d);         //再写"="
                a=0;b=0;flag=0;fuhao=0;
         }
        else if(fuhao==2)                //减法运算
         {
                write_com(0x80+0x4f);    //光标前进至第二行最后一个显示处
                write_com(0x04);
                    //设置从后住前写数据，每写完一个数据，光标后退一格
                if(a-b>0)          c=a-b;
                else               c=b-a;
                while(c!=0)    { write_date(0x30+c%10);c=c/10;  }
                if(a-b<0)    write_date(0x2d);
                 write_date(0x3d);        //再写"="
                  a=0;b=0;flag=0;fuhao=0;
         }
        else if(fuhao==3)                //乘法运算
            {write_com(0x80+0x4f);       write_com(0x04);
            c=a*b;
            while(c!=0)      {write_date(0x30+c%10);   c=c/10;}
            write_date(0x3d);        a=0;b=0;flag=0;fuhao=0;
            }
        else if(fuhao==4)                //除法运算
```

```
{write_com(0x80+0x4f);
write_com(0x04);
i=0;
    if(b!=0)
    {
    c=(long)(((float)a/b)*1000);
    while(c!=0)
    {
            write_date(0x30+c%10);
            c=c/10;
            i++; if(i==3) write_date(0x2e);
        }
        if(a/b<=0)
        {
            if(i<=2)
             {

                    if(i==1) write_date(0x30);
                    write_date(0x2e);
                    write_date(0x30);
                }

                write_date(0x30);
        }
        write_date(0x3d);
          a=0;b=0;flag=0;fuhao=0;
    }
    else
    {
            write_date('!');write_date('R');write_date('O');
            write_date('R');write_date('R');write_date('E');
    }
        }
    } break;
    case 15:{write_date(0x30+table1[num]);flag=1;fuhao=1;} break;
            //加键设置加标志 fuhao=1;
    }
}//P2!=0xf7
}
```

```
main()
{
    init();                 //系统初始化
    while(1)
    {
        keyscan();          //键扫描
    }
}
```

11.4.3　篮球计分器设计

1. 设计要求

设计一个篮球比赛计分器，能进行比赛开始设置，双方比分信息显示，比赛时间显示，以及 24 s 倒计时信息显示和倒计时开始设置。当按下 P3.2 开关时一节比赛开始，比赛时间倒计时。

2. 电路设计与编程

本例的信息显示用 LCD1602 显示，第一行显示双方队伍名字，以及比分；第二行显示时间、节次，倒计时 24 s 时间。按键有 8 个，其中比赛开始，倒计时开始采用中断，并将按键接在单片机的外部中断端口；其余的两对分数加分按键用单片机的 P1 端口进行控制。本设计原理图及仿真如图 11-6 所示。

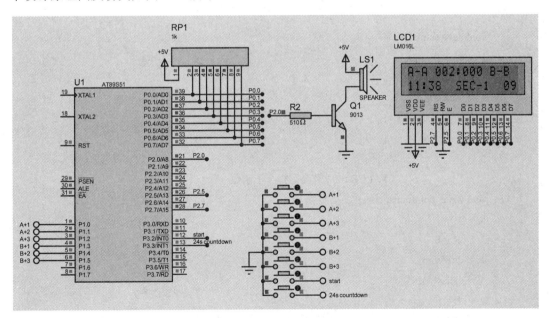

图 11-6　篮球计分器电路仿真图

程序如下：

```
#include<reg51.h>      //51 单片机头文件
typedef unsigned char uchar;
```

```
typedef unsigned int   uint;
sbit S1=P3^2;      //比赛倒计时开始/暂停
sbit S2=P3^3;      //24s 倒计时重新开始
sbit S3=P1^0;      //甲队+1 按键
sbit S4=P1^1;      //甲队+2 按键
sbit S5=P1^2;      //甲队+3 按键

sbit S6=P1^3;      //乙队+1 按键
sbit S7=P1^4;      //乙队+2 按键
sbit S8=P1^5;      //乙队+3 按键

sbit beep=P2^0;  //蜂鸣器接口
sbit RS=P2^7;
sbit E=P2^5;
char miao,fen,num,time,aa;
uchar bb,cc;
uchar code table1[]={"A-A 000:000 B-B "};
uchar code table2[]={"12:00   SEC-1   24"};
                    //延时子函数

void delay(uint z)
{
    uint x;
    uchar y;
    for(x=z;x>0;x--)
        for(y=110;y>0;y--);
}
                    //LCD1602 液晶写指令子函数
void write_com(uchar com)
{
    RS=0;
    P0=com;
    delay(5);
    E=1;
    delay(5);
    E=0;
}
                    //LCD1602 液晶写数据子函数
void write_date(uchar date)
```

```
{
    RS=1;
    P0=date;
    delay(5);
    E=1;
    delay(5);
    E=0;
}
                              //LCD1602 液晶初始化子函数
void LCD1602_init()
{
    uchar i;
    bb=0;                     //A-A 分数初始化
    cc=0;                     //B-B 分数初始化
    time=0;
    TMOD=0x10;                //定时器 1 初始化
    TL1=0x00;
    TH1=0x4c;
    EA=1;                     //开总中断
    ET1=1;                    //开定时器 1
    TR1=0;                    //定时器 1 不工作
    EX0=1;                    //开中断 0
    EX1=1;                    //开中断 1
    IT0=1;                    //中断 0 为边沿触发
    IT1=1;                    //中断 1 为边沿触发
    E=0;
    beep=0;
    miao=0;
    fen=12;
    num=1;
    aa=24;
    write_com(0x38);          //LCD 设置初始化
    write_com(0x0c);
    write_com(0x06);
    write_com(0x01);
    write_com(0x80);          //LCD 显示初始化
    for(i=0;i<16;i++)
    {
        write_date(table1[i]);
    }
```

```
        write_com(0x80+0x40);
        for(i=0;i<16;i++)
        {
            write_date(table2[i]);
        }
    }
                                    //分数更新子函数
void point_lcd(uchar add,uchar dat)
{
        write_com(0x80+add);
        write_date(0x30+dat/100);
        write_date(0x30+(dat%100)/10);
        write_date(0x30+dat%10);
        write_com(0x80+add);
    }
                                    //按键扫描子函数
void keyscan()
{
        if(S3==0)                   //S3 按下 A-A 分数加一
        {
            while(S3==0);
            bb++;
            point_lcd(0x04,bb);     //分数显示更新
            if(S3==0)               //松手检测
            {
                while(S3==0);
                delay(20);
            }
        }
        else if(S4==0)              //S4 按下 A-A 分数加二
        {
            while(S4==0);
            bb=bb+2;
            point_lcd(0x04,bb);
            if(S4==0)
            {
                while(S4==0);
                delay(20);
            }
        }
```

```
        else if(S5==0)                 //S4 按下 A-A 分数加二
        {
            while(S5==0);
            bb=bb+3;
            point_lcd(0x04,bb);
            if(S5==0)
            {
                while(S5==0);
                delay(20);
            }
        }
        else if(S6==0)                 //S5 按下 B-B 分数加一
        {
            while(S6==0);
            cc++;
            point_lcd(0x08,cc);
            if(S6==0)
            {
                while(S6==0);
                delay(20);
            }
        }
        else if(S7==0)                 //S6 按下 B-B 分数加二
        {
            while(S7==0);
            cc=cc+2;
            point_lcd(0x08,cc);
            if(S7==0)
            {
                while(S7==0);
                delay(20);
            }
        }
        else if(S8==0)                 //S6 按下 B-B 分数加二
        {
            while(S8==0);
            cc=cc+3;
            point_lcd(0x08,cc);
            if(S8==0)
            {
```

```
                while(S8==0);
                delay(20);
            }
        }
}
                                        //比赛倒计时/24 s 倒计时
void counter_down()
{
    uchar i;
    if(time>=20)                        //每 1 s 倒计时做减一操作
    {
        miao--;
        aa--;
        write_com(0x80+0x4e);           //24 s 倒计时显示
        write_date(0x30+aa/10);
        write_date(0x30+aa%10);
        write_com(0x80+0x4e);
        if(aa==0)                       //24 s 结束发出 3 s 连续报警
        {
            beep=1;
            delay(3000);
            beep=0;
            aa=24;
        }
        if((miao==0)&&(fen==0))         //检测一节比赛是否结束
        {
            TR1=0;                      //定时器 1 暂停
            write_com(0x80+0x44);
            write_date(0x30);
            num++;
            aa=24;                      //24 s 计时复位
            write_com(0x80+0x4e);       //24 s 倒计时显示
            write_date(0x30+aa/10);
            write_date(0x30+aa%10);
            write_com(0x80+0x4e);
            if(num<5)                   //每节结束蜂鸣器发出 8 s 的间断报警
            {
            for(i=80;i>0;i--)
                {
                        beep=1;
```

```
                    delay(500);
                    beep=0;
                    delay(500);
                }
            }
            if(num==5)                    //终场结束，蜂鸣器发出 10 s 的连续警报声
            {
                    beep=1;
                    delay(10000);
                    num=0;
            }
            beep=0;                       //蜂鸣器关闭
            write_com(0x80+0x4b);         //更新"SEC-?"
            write_date(0x30+num);
            write_com(0x80+0x4b);
            miao=0;                       //倒计时复位
            fen=12;
        }
        if(miao==-1)
        {
            miao=59;
            fen--;
        }
        write_com(0x80+0x40);             //更新倒计时显示
        write_date(0x30+fen/10);
        write_date(0x30+fen%10);
        write_com(0x80+0x43);
        write_date(0x30+miao/10);
        write_date(0x30+miao%10);
        write_com(0x80+0x43);
        time=0;
    }
}
                                          //主函数
void main()
{
    LCD1602_init();
    while(1)
    {
        keyscan();                        //分数按键检测
```

```
        }
    }
                            //外部 0 中断子函数
    void wb0() interrupt 0       //比赛时间开始/暂停
    {
        TR1=~TR1;               //定时器 1 工作/暂停
        if(TR1==1)              //当倒计时工作时，S1 按下定时器立即停止工作
        {
            PT1=0;
        }
        else                    //倒计时不工作时，S1 按下倒计时立即工作
        {
            PT1=1;
        }
        if(S1==0)               //松手检测
        {
            while(S1==0);
            counter_down();
    //      delay(20);
        }
    }
                            //外部 1 中断子函数
    void wb1() interrupt 2       //24 s 倒计时重新开始
    {
        aa=24;
        write_com(0x80+0x4e);    //24 s 倒计时显示
        write_date(0x30+aa/10);
        write_date(0x30+aa%10);
        write_com(0x80+0x4e);
        if(S2==0)               //松手检测
        {
            while(S2==0)
            {
                counter_down();
            }
            delay(20);
        }
    }
                            //定时器 1 中断子函数
    void t1() interrupt 3        //定时器 1 中断 20 次为 1 s
```

```
{
    time++;
    TL1=0x00;
    TH1=0x4c;
    counter_down();          //倒计时
}
```

11.4.4 简易音符发生器设计

1. 设计要求

设计一个简易音符发生器。能够通过按键发出哆、来、咪、发、唆、拉、西、哆(高音)
8 个不同音符的声音，还可以选择播放一首歌曲。

2. 电路设计与编程

电路如图 11-7 所示。发出不同音符声音的原理，就是发出对应不同音符频率的方波，
即给定时器 T0 载入不同的定时时间常数，从而产生对应频率的方波，驱动蜂鸣器发出音符
声音。电路上，P3.7 口用于产生不同频率的方波控制蜂鸣器，P1 口代表 8 个音符的按键，
P0.0 口的按键用于控制 P3.7 发出"世上只有妈妈好"的音符频率方波。

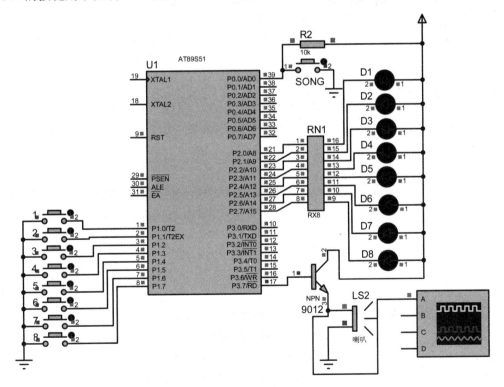

图 11-7 简易音乐盒电路仿真图

程序如下：

```
#include<AT89X52.h>
```

```c
#define KeyPort P1
unsigned char High,Low;          //定时器预装值的高 8 位和低 8 位
sbit SPK=P3^7;                    //定义蜂鸣器接口
sbit playSongKey=P0^0;           //功能键

sbit RS=P2^0;                     //液晶数据命令选择
sbit RW=P2^1;                     //液晶读写选择
sbit EN=P2^2;                     //液晶使能端

unsigned char code freq[][2]={
    0xD8,0xF7,//00440HZ 1
    0xBD,0xF8,//00494HZ 2
    0x87,0xF9,//00554HZ 3
    0xE4,0xF9,//00587HZ 4
    0x90,0xFA,//00659HZ 5
    0x29,0xFB,//00740HZ 6
    0xB1,0xFB,//00831HZ 7
    0xEF,0xFB,//00880HZ `1
};


unsigned char Time;
unsigned char code YINFU[9][1]={{' '},{'1'},{'2'},{'3'},{'4'},{'5'},{'6'},{'7'},{'8'}};
                //世上只有妈妈好数据表
unsigned char code MUSIC[]={ 6,2,3,    5,2,1,    3,2,2,    5,2,2,    1,3,2,    6,2,1,    5,2,1,
                             6,2,4,    3,2,2,    5,2,1,    6,2,1,    5,2,2,    3,2,2,    1,2,1,
                             6,1,1,    5,2,1,    3,2,1,    2,2,4,    2,2,3,    3,2,1,    5,2,2,
                             5,2,1,    6,2,1,    3,2,2,    2,2,2,    1,2,4,    5,2,3,    3,2,1,
                             2,2,1,    1,2,1,    6,1,1,    1,2,1,    5,1,6,    0,0,0
                };
                //音阶频率表 高 8 位
unsigned char code FREQH[]={
                0xF2,0xF3,0xF5,0xF5,0xF6,0xF7,0xF8,
                0xF9,0xF9,0xFA,0xFA,0xFB,0xFB,0xFC,0xFC, //1,2,3,4,5,6,7,8,i
                0xFC,0xFD,0xFD,0xFD,0xFD,0xFE,
                0xFE,0xFE,0xFE,0xFE,0xFE,0xFE,0xFF,
                };
                //音阶频率表 低 8 位
unsigned char code FREQL[]={
                0x42,0xC1,0x17,0xB6,0xD0,0xD1,0xB6,
```

```
    0x21,0xE1,0x8C,0xD8,0x68,0xE9,0x5B,0x8F, //1,2,3,4,5,6,7,8,i
    0xEE,0x44, 0x6B,0xB4,0xF4,0x2D,
    0x47,0x77,0xA2,0xB6,0xDA,0xFA,0x16,
    };

void Init_Timer0(void);        //定时器初始化

                        //延时函数大约 2*z+5us
void delay2xus(unsigned char z)
{
    while(z--);
}
                        // 延时函数大约 1 ms
void delayms(unsigned char x)
{
    while(x--)
    {
      delay2xus(245);
      delay2xus(245);
    }
}


/*-------------------------------------------
                节拍延时函数
  各调 1/4 节拍时间：
  调 4/4   125ms
  调 2/4   250ms
  调 3/4   187ms
-------------------------------------------*/
void delayTips(unsigned char t)
{
    unsigned char i;
        for(i=0;i<t;i++)
    {
        delayms(250);
    }
    TR0=0;
  }
                //播放音乐的函数
```

```c
void PlaySong()
{
    TH0=High;          //赋值定时器时间，决定频率
    TL0=Low;
    TR0=1;             //打开定时器
    delayTips(Time);   //延时所需要的节拍
}
//定时器 T0 初始化子程序
void Init_Timer0(void)
{
    TMOD |= 0x01;      //使用模式 1，16 位定时器，使用"|"符号可以在使用多个定时器时不受影响
    EA=1;              //总中断打开
    ET0=1;             //定时器中断打开
}
                       //定时器 T0 中断子程序
void Timer0_isr(void) interrupt 1
{
    TH0=High;
    TL0=Low;
    SPK=!SPK;
}
//主函数
void main (void)
{
    unsigned char num,k,i;
    Init_Timer0();     //初始化定时器 0，主要用于数码管动态扫描
    SPK=0;             //在未按键时，喇叭低电平，防止长期高电平损坏喇叭
    while (1)
    {
    switch(KeyPort)    //对按键进行处理
    {
            case 0xfe:num= 1;break;
            case 0xfd:num= 2;break;
            case 0xfb:num= 3;break;
            case 0xf7:num= 4;break;
            case 0xef:num= 5;break;
            case 0xdf:num= 6;break;
            case 0xbf:num= 7;break;
            case 0x7f:num= 8;break;          //分别对应不用的音调
```

```
        default:num= 0;break;
   }
   P2 = KeyPort;
   if(num==0)
   {
       TR0=0;
       SPK=0;                       //在未按键时，喇叭低电平，防止长期高电平损坏喇叭
   }
   else
   {
       High=freq[num-1][1];
       Low =freq[num-1][0];
       TR0=1;
   }
   if(playSongKey==0)          //如果播放音乐按键被按下
   {
       delayms(10);
       if(playSongKey==0)
       {
           i=0;
           while(i<100)
       {   k=MUSIC[i]+7*MUSIC[i+1]-1;      //去音符振荡频率所需数据
           High=FREQH[k];
           Low=FREQL[k];
           Time=MUSIC[i+2];               //节拍时长
           i=i+3;
               if(P1!=0xff)                //长按任意 8 音键退出播放
               {
                   delayms(10);
                   if(P1!=0xff)
                   i=101;
               }
               PlaySong();
           }
           TR0=0;
       }
   }
}
}
```

在仿真过程中，用示波器观察波形，可以看到不同音符的波形及歌曲的实时动态波形，如图 11-8 所示。

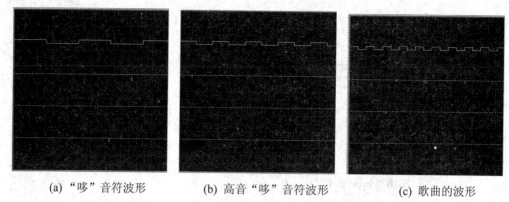

(a) "哆" 音符波形　　　　(b) 高音 "哆" 音符波形　　　　(c) 歌曲的波形

图 11-8　用示波器观察的音符发生器波形

本 章 小 结

本章是对前面所学章节的一个综合运用。在前面的章节中，我们掌握了单片机的结构、特点，了解了它的硬件资源，掌握了单片机程序设计的语言和方法。本章综合这些知识，介绍了单片机应用系统的结构和组成，从总体设计、硬件设计、软件设计、可靠性设计以及调试和测试几个方面详细介绍了单片机应用系统设计的方法和过程，并给出了典型实例设计，使读者对单片机应用系统设计的各个阶段应完成的任务有一个清晰的认识，对整个设计过程有一个全面的了解和把握。

本章的重点是掌握单片机应用系统设计的方法和过程，对每个阶段应完成的任务有明确的认识，难点是如何根据实际需要完成一个单片机应用系统的设计，并将其应用于工程实际中。

习 　 题

1. 一般单片机应用系统由哪几部分组成？
2. 简述单片机应用系统设计中软件、硬件的设计原则。
3. 单片机应用系统设计包括哪些方面的设计？
4. 选择单片机的原则是什么？
5. 单片机应用系统调试的基本步骤是什么？

参 考 文 献

[1] 杨凤年. 单片机原理与接口技术: C51 编程[M]. 哈尔滨: 哈尔滨工业大学出版社, 2021.

[2] 李全利. 单片机原理及接口技术[M]. 3 版. 北京: 高等教育出版社, 2020.

[3] 谢维成, 杨家国. 单片机原理与应用及 C51 程序设计[M]. 4 版. 北京: 清华大学出版社, 2019.

[4] 张毅刚. 单片机原理及应用:C51 编程+Proteus 仿真[M]. 2 版. 北京: 高等教育出版社, 2016.

[5] 张毅刚. 基于 Proteus 的单片机课程的基础实验与课程设计仿真[M]. 北京: 人民邮电出版社, 2012.

[6] 彭伟. 单片机 C 语言程序设计实例 100 例[M]. 北京: 电子工业出版社, 2010.

[7] 杜树春, 张体才. 单片机与外围器件接口实例详解[M]. 北京: 中国电力出版社, 2009.

[8] 陈桂友. 单片微型计算机原理及接口技术[M]. 北京: 高等教育出版社, 2009.

[9] 李平, 杜涛, 罗和平. 单片机应用开发与实践[M]. 北京: 机械工业出版社, 2008.

[10] SCOTT MACKENZIE I 8051 微控制器教程[M]. 3 版. 方承志, 姜田, 译. 北京: 清华大学出版社, 2005.

[11] 何立民. MCS-51 单片机应用系统设计(系统配置与接口技术)[M]. 北京: 北京航空航天大学出版社, 2003.